软件开发魔典

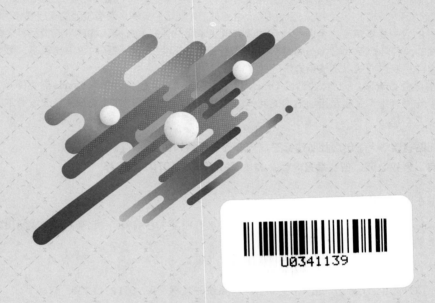

U0341139

Oracle
从入门到项目实践（超值版）

聚慕课教育研发中心　编著

清华大学出版社
北京

内容简介

本书采取"基础知识→核心技术→核心应用→高级应用→项目实践"的结构和"由浅入深，由深到精"的学习模式进行讲解。全书共 5 篇 24 章，第 1 篇讲解 Oracle 数据安装、配置与管理、Oracle 数据库体系结构、SQL 基础、数据库和数据表的基本操作等；第 2 篇深入讲解数据类型和运算符、查询数据表中的数据、数据的基本操作、视图的基本操作、游标的基本操作、存储过程的应用等；第 3 篇详细讲解 Oracle 触发器的应用、Oracle 函数的应用、Oracle 表空间的管理、Oracle 事务与锁的应用等；第 4 篇介绍 Oracle 数据库安全管理、Oracle 控制文件和日志的管理、Oracle 数据的备份与还原、Oracle 数据库的性能优化、Oracle 的其他高级技术等；第 5 篇在实践环节讲解设计公司人事管理系统、设计学生错题管理系统、设计大型商务网站系统等实践案例，介绍了完整的 Oracle 数据库系统开发流程。全书不仅融入了作者丰富的工作经验和多年的使用心得，还提供了大量来自工作现场的实例，具有较强的实战性和可操作性。

本书的目的是多角度、全方位地帮助读者快速掌握软件开发技能，构建从高校到社会的就职桥梁，让有志于从事软件开发的读者轻松步入职场。同时本书还赠送王牌资源库，由于赠送的资源比较多，我们在本书前言部分对资源包的具体内容、获取方式以及使用方法等做了详细说明。

本书适合 Oracle 入门者，也适合 Oracle 数据库管理员以及想全面学习 Oracle 数据库技术以提升实战技能的人员阅读，还可作为大中专院校及培训机构的老师、学生以及正在进行软件专业相关毕业设计的学生阅读。

图书在版编目（CIP）数据

Oracle 从入门到项目实践：超值版 / 聚慕课教育研发中心编著. —北京：清华大学出版社，2019
（软件开发魔典）

ISBN 978-7-302-51831-0

Ⅰ. ①O… Ⅱ. ①聚… Ⅲ. ①关系数据库系统—教材 Ⅳ. ①TP311.138

中国版本图书馆 CIP 数据核字（2018）第 284309 号

责任编辑：张　敏
封面设计：杨玉兰
责任校对：徐俊伟
责任印制：丛怀宇

出版发行：清华大学出版社
　　　　网　　　址：http://www.tup.com.cn, http://www.wqbook.com
　　　　地　　　址：北京清华大学学研大厦 A 座　　　　邮　　编：100084
　　　　社 总 机：010-62770175　　　　邮　　购：010-62786544
　　　　投稿与读者服务：010-62776969, c-service@tup.tsinghua.edu.cn
　　　　质量反馈：010-62772015, zhiliang@tup.tsinghua.edu.cn
印 装 者：三河市铭诚印务有限公司
经　　销：全国新华书店
开　本：203mm×260mm　　　印　张：26　　　字　数：770 千字
版　次：2019 年 2 月第 1 版　　　印　次：2019 年 2 月第 1 次印刷
定　价：79.90 元

产品编号：075191-01

前言
PREFACE

丛书说明

本套"软件开发魔典"系列图书，是专门为编程初学者量身打造的编程基础学习与项目实践用书。

本丛书针对"零基础"和"入门"级读者，通过案例引导读者深入技能学习和项目实践。为满足初学者在基础入门、扩展学习、编程技能、行业应用、项目实践 5 个方面的职业技能需求，特意采用"基础知识→核心应用→核心技术→高级应用→行业应用→项目实践"的结构和"由浅入深，由深到精"的学习模式进行讲解。

本丛书目前计划有以下分册：

《Java 从入门到项目实践（超值版）》	《HTML 5 从入门到项目实践（超值版）》
《C 语言从入门到项目实践（超值版）》	《MySQL 从入门到项目实践（超值版）》
《JavaScript 从入门到项目实践（超值版）》	《C++从入门到项目实践（超值版）》
《Oracle 从入门到项目实践（超值版）》	《HTML 5+CSS 3+JavaScript 从入门到项目实践（超值版）》

古人云：读万卷书，不如行万里路；行万里路，不如阅人无数；阅人无数，不如有高人指路。这句话道出了引导与实践对于学习知识的重要性。本丛书始于基础，结合理论知识的讲解，从项目开发基础入手，逐步引导读者进行项目开发实践，深入浅出地讲解 Oracle 数据库在软件编程的各项技术和项目实践技能。本丛书的目的是多角度、全方位地帮助读者快速掌握软件开发技能，构建从高校到社会的就职桥梁，让有志从事软件开发的读者轻松步入职场。

Oracle 数据库最佳学习线路

本书以 Oracle 最佳的学习模式来分配内容结构，第 1～4 篇可使读者掌握 Oracle 数据库基础知识和应用技能，第 5 篇可使读者拥有多个行业项目开发经验。遇到问题可学习本书同步微视频，也可以通过在线技术支持，让老程序员为读者答疑解惑。

本书内容

全书分为 5 篇 24 章。

第 1 篇（第 1~5 章）为"基础知识"，主要讲解 Oracle 初探，Oracle 数据库安装、配置与管理，熟悉 Oracle 数据库体系结构，SQL 基础，数据库和数据表的基本操作。读者在学完本篇后，将会了解 Oracle 数据库的基本概念，掌握 Oracle 数据库的基本操作及应用方法，为后面更好地学习 Oracle 数据库编程打好基础。

第 2 篇（第 6~11 章）为"核心技术"，主要讲解数据类型和运算符、查询数据表中的数据、数据的基本操作、视图的基本操作、游标的基本操作、存储过程的应用。通过本篇的学习，读者可对使用 Oracle 数据库进行基础编程具有一定的水平。

第 3 篇（第 12~15 章）为"核心应用"，主要讲解 Oracle 触发器的应用、Oracle 函数的应用、Oracle 的表空间管理、Oracle 的事务与锁。学完本篇，读者能对 Oracle 数据库的管理、恢复、日志管理，以及使用 Oracle 数据库进行综合性编程有一定的综合应用能力。

第 4 篇（第 16~20 章）为"高级应用"，主要讲解 Oracle 数据库安全管理、Oracle 控制文件和日志的管理、Oracle 数据的备份与还原、Oracle 数据库的性能优化、Oracle 的其他高级技术等。读者学好本篇内容可以进一步提高在多种编程语言中运用 Oracle 数据库进行编程的能力和编程技巧。

第 5 篇（第 21~24 章）为"项目实践"，通过项目开发与规划、Oracle 在人力资源行业开发中的应用、设计学生错题管理系统、设计大型电子商务网站系统等实践案例，介绍了完整的 Oracle 数据库系统开发流程。通过本篇的学习，读者将对 Oracle 数据库编程在项目开发中的实际应用拥有切身的体会，为日后进行软件开发积累项目管理及实践开发经验。

全书不仅融入了作者丰富的工作经验和多年的使用心得，还提供了大量来自工作现场的实例，具有较强的实战性和可操作性。读者系统学习后可以掌握 Oracle 数据库基础知识、全面的 Oracle 数据库编程能力、优良的团队协同技能和丰富的项目实战经验。我们的目标就是让初学者、应届毕业生快速成长为一名合格的初级程序员，通过演练积累项目开发经验和团队合作技能，在未来的职场中获取一个高的起点，并能迅速融入到软件开发团队中。

本书特色

1. 结构科学，易于自学

本书在内容组织和范例设计中都充分考虑初学者的特点，由浅入深，循序渐进，无论是否接触过 Oracle 数据库，都能从本书中找到最佳的起点。

2. 视频讲解，细致透彻

为降低学习难度，提高学习效率，本书录制了同步微视频（模拟培训班模式），通过视频学习除能轻松学会专业知识外，还能获取老师的软件开发经验，使学习变得更轻松有效。

3. 超多、实用、专业的范例和实战项目

本书结合实际工作中的应用范例逐一讲解 Oracle 数据库的各种知识和技术，在"项目实践"篇以多个项目实践来贯通本书所学，使读者在实践中掌握知识，轻松拥有项目开发经验。

4. 随时检测自己的学习成果

每章首页中，均提供了学习指引和重点导读，以指导读者重点学习及学后检查；章后的就业面试技巧与解析，均根据当前最新求职面试（笔试）精选而成，读者可以随时检测自己的学习成果，做到融会贯通。

5. 专业创作团队和技术支持

本书由聚慕课教育研发中心编著并提供在线服务。读者在学习过程中遇到任何问题，均可登录 http://www.jumooc.com 网站或加入图书读者（技术支持）服务 QQ 群（529669132）进行提问，由作者和资深程序员为您在线答疑。

本书附赠超值王牌资源库

本书附赠了极为丰富超值的王牌资源库，具体内容如下。

（1）王牌资源 1：随赠本书"配套学习与教学"资源库，提升读者学会、用好 Oracle 数据库的学习效率。

- 全书同步 393 节教学微视频录像（支持扫描二维码观看），总时长 16.5 学时。
- 全书 3 个大型项目案例及全书实例源代码。
- 本书配套上机实训指导手册，全书学习、授课与教学 PPT 课件。

（2）王牌资源 2：随赠"职业成长"资源库，突破读者职业规划与发展弊端与瓶颈。

- 求职资源库：206 套求职简历模板库、600 套毕业答辩与 80 套学术开题报告 PPT 模板库。
- 面试资源库：程序员面试技巧、100 例常见面试（笔试）题库、200 道求职常见面试（笔试）真题与解析。
- 职业资源库：程序员职业规划手册、开发经验及技巧集、软件工程师技能手册、100 例常见错误及解决方案、100 套岗位竞聘模板。

（3）王牌资源 3：随赠"Oracle 数据库软件开发魔典"资源库，拓展读者学习本书的深度和广度。

- 案例资源库：120 个 Oracle 经典案例库。
- 程序员测试资源库：计算机应用测试题库、编程基础测试题库、编程逻辑思维测试题库、编程英语水平测试题库。
- 软件开发文档模板库：10 套八大行业软件开发文档模板库，40 个 Oracle 项目案例库、Oracle 数据库等级考级真题库等。
- 软件学习必备工具及 7 套电子书资源库：Oracle 常用命令速查手册、全书案例操作命令集、Oracle 数据库管理技术速查手册、Oracle 安全配置速查手册、Oracle 常用维护管理工具电子书、Oracle 数据备份与技术优化电子书、Oracle 数据库优化技术手册等。

（4）王牌资源 4：编程代码优化纠错器。

- 本助手能让软件开发更加便捷和轻松，无须安装配置复杂的软件运行环境即可轻松运行程序代码。
- 本助手能一键格式化，让凌乱的程序代码更加规整优美。
- 本助手能对代码精准纠错，让程序查错不在难。

上述资源获取及使用

注意：由于本书不配送光盘，因此书中所用及上述资源均需借助网络下载才能使用。

1. 资源获取

采用以下任意途径，均可获取本书所附赠的超值王牌资源库。

（1）加入本书微信公众号聚慕课 jumooc，下载资源或者咨询关于本书的任何问题。

（2）登录网站 www.jumooc.com，搜索本书并下载对应资源。

（3）加入本书读者（技术支持）服务 QQ 群（529669132），获取网络下载地址和密码。

（4）通过电子邮件 elesite@163.com、408710011@qq.com 与我们联系，获取本书对应资源。

（5）通过扫描封底刮刮卡二维码，获取本书对应资源。

2. 使用资源

读者可通过以下途径学习和使用本书微视频和资源。

（1）通过 PC 端（在线）、App 端（在/离线）、微信端（在线）以及平板端（在/离线）学习本书微视频和练习考试题库。

（2）将本书资源下载到本地硬盘，根据学习需要选择性使用。

本书适合哪些读者阅读

本书非常适合以下人员阅读：

- 没有任何 Oracle 数据库基础的初学者。
- 有一定的 Oracle 数据库基础，想精通 Oracle 数据库编程的人员。
- 有一定的 Oracle 数据库编程基础，没有项目实践经验的人员。
- 正在进行软件专业相关毕业设计的学生。
- 大专院校及培训学校的老师和学生。

创作团队

本书由聚慕课教育研发中心组织编写，张州老师任主编，编写了本书第 1～10 章，河南工业大学的王锋、中国石化石油勘探开发研究院韩萌任副主编，编写了本书的第 11～22 章，主要参与本书编写的人员还有王湖芳、张开保、贾文学、张翼、白晓阳、李伟、李欣、樊红、徐明华、白彦飞、卜良、常鲁、陈诗谦、崔怀奇、邓伟奇、凡旭、高增、郭永、何旭、姜晓东、焦宏恩、李春亮、李团辉、刘二有、王朝阳、王春玉、王发运、王桂军、王平、王千、王小中、王玉超、王振、徐利军、姚玉忠、于建杉、张俊锋、张晓杰、张在有等。

在编写过程中，我们尽可能地将最好的讲解呈现给读者，但也难免有疏漏和不妥之处，敬请广大读者不吝指正。若您在学习中遇到困难、疑问，或有何建议，可发邮件至 elesite@163.com。另外，您也可以登录我们的网站 http://www.jumooc.com 进行交流以及免费下载学习资源。

作　者

CONTENTS 目录

第2篇 核心技术

第 1 篇

基础知识

只有具备了牢固的基础知识，才能更快地掌握高级的技术。本章从 Oracle 数据库基础部分讲起，通过对 Oracle 数据库的安装与配置、认识 Oracle 数据库的体系结构、SQL 语言基础、数据库和数据表的基本操作讲解，为以后更深入地学习数据库奠定扎实的基础。

- 第 1 章　步入 Oracle 编程世界——Oracle 初探
- 第 2 章　Oracle 数据库安装、配置与管理
- 第 3 章　熟悉 Oracle 数据库体系结构
- 第 4 章　数据库操作语言——SQL 基础
- 第 5 章　数据库和数据表的基本操作

第1章
步入 Oracle 编程世界——Oracle 初探

 学习指引

Oracle Database，又名 Oracle RDBMS，或简称 Oracle，它是在数据库领域一直处于领先地位的产品。本章详细介绍 Oracle 数据库的基础知识，主要内容包括 Oracle 数据库的发展历史、行业应用、体系结构、数据库的特性和规范等。

 重点导读

- 熟悉数据库系统基本知识。
- 熟悉数据库系统的体系结构。
- 熟悉 Oracle 数据库相关内容。
- 掌握关系数据库的设计规范。
- 掌握关系数据库的设计原则。

1.1　数据库系统简介

数据库系统是由数据库及其管理软件组成的系统，人们常把与数据库有关的硬件和软件系统统称为数据库系统。

1.1.1　数据库技术的发展

数据管理技术是对数据进行分类、组织、编码、输入、存储、检索、维护和输出的技术，数据管理技术的发展大致经过了以下 3 个阶段：人工管理阶段、文件系统阶段和数据库系统阶段。

1. 人工管理阶段

20 世纪 50 年代以前，计算机主要用于数值计算，从当时的硬件看，外存只有纸带、卡片、磁带等，没有直接存储设备；从软件看，没有操作系统及管理数据的软件；从数据看，数据量小，数据无结构，由用户直接管理，数据间缺乏逻辑组织，数据依赖特定的应用程序，缺乏独立性。

2. 文件系统阶段

20 世纪 50 年代后期到 60 年代中期，出现了磁鼓、磁盘等数据存储设备，新的数据处理系统迅速发展，这种数据处理系统是把计算机中的数据组织成相互独立的数据文件，系统可以按照文件的名称对其进行访问，对文件中的记录进行存取，并可以实现对文件的修改、插入和删除，这就是文件系统。

文件系统实现了记录内的结构化，即给出了记录内各种数据间的关系。但是，文件从整体来看却是无结构的，其数据面向特定的应用程序，因此，数据共享性、独立性差，且冗余度大，管理和维护的代价也很大。

3. 数据库系统阶段

20 世纪 60 年代后期，出现了数据库这样的数据管理技术，数据库的特点是数据不再只针对某一特定应用，而是面向全组织，具有整体的结构性、共享性高、冗余度小，具有一定的程序与数据间的独立性，并且实现了对数据进行统一的控制。

1.1.2　数据库系统的组成

数据库系统是采用数据库技术的计算机系统，是由数据库、数据库管理系统、数据库管理员、支持数据系统的硬件和软件（应用开发工具、应用系统等）、用户等多个部分构成的运行实体，如图 1-1 所示。

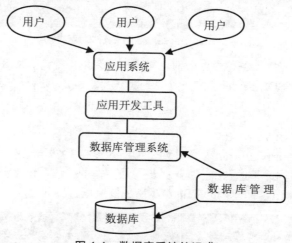

图 1-1　数据库系统的组成

下面详细介绍主要部分的功能与作用。

（1）数据库。数据库（DataBase System）提供了一个存储空间，用以存储各种数据，可以将数据库视为一个存储数据的容器。一个数据库可能包含许多文件，一个数据库系统中通常包含许多数据库。

（2）数据库管理员（DataBase Administrator，DBA）。数据库管理员是对数据库进行规划、设计、维护和监视等的专业管理人员，在数据库系统中起着非常重要的作用。

（3）数据库管理系统。数据库管理系统（DataBase Management System，DBMS）是用户创建、管理和维护数据库时所使用的软件，位于用户与操作系统之间，对数据库进行统一管理。DBMS 能定义数据存储结构，提供数据的操作机制，维护数据库的安全性、完整性和可靠性。

（4）数据库应用程序（DataBase Application）。数据库应用程序的使用可以满足对数据管理的更高要求，还可以使数据管理过程更加直观和友好，数据库应用程序负责与 DBMS 进行通信，访问和管理 DBMS 中存

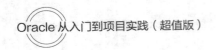
储的数据，允许用户插入、修改、删除 DB 中的数据。

1.1.3 当前主流数据库产品

目前，主流数据库包括 SQL Server、Oracle、MySQL、DB2、Access 等，下面分别进行介绍。

1. SQL Server 数据库

Microsoft SQL Server 是微软公司开发的大型关系型数据库系统。SQL Server 的功能比较全面、效率高，可以作为中型企业或单位的数据库平台。SQL Server 可以与 Windows 操作系统紧密集成，不论是应用程序开发速度还是系统事务处理运行速度，都能得到较大的提升。图 1-2 所示为 SQL Server 2016 的版本宣传图片。

图 1-2　SQL Server 2016 的版本宣传图片

对于在 Windows 平台上开发的各种企业级信息管理系统来说，不论是 C/S（客户机/服务器）架构还是 B/S（浏览器/服务器）架构，SQL Server 都是一个很好的选择。SQL Server 的缺点是只能在 Windows 系统下运行。

2. Oracle 数据库

Oracle 前身为 SDL，由 Larry Ellison 和另外两个编程人员在 1977 年创办。在 1979 年，Oracle 公司引入了第一个商用 SQL 关系数据库管理系统，其产品支持最广泛的操作系统平台，目前 Oracle 关系数据库产品的市场占有率名列前茅。图 1-3 所示为 Oracle 数据库的安装配置界面。

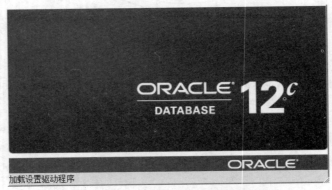

图 1-3　Oracle 数据库的安装配置界面

Oracle 公司是目前全球最大的数据库软件公司，也是近年业务增长极为迅速的软件提供与服务商，在 2013 年 6 月 26 日，Oracle Database 12c 版本正式发布，12c 中的 c 为 cloud，代表云计算。

3. MySQL 数据库

　　MySQL 数据库是一个小型关系型数据库管理系统，开发者为瑞典 MySQL AB 公司。目前 MySQL 被广泛地应用在 Internet 上的中小型网站中，由于其体积小、速度快、总体拥有成本低，尤其是开放源码，因此，许多中小型网站为了降低网站总体拥有成本而选择了 MySQL 作为网站数据库。图 1-4 所示为 MySQL 数据库的登录成功界面。

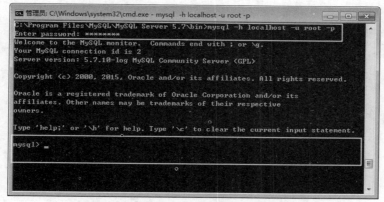

图 1-4　MySQL 数据库的登录成功界面

　　另外，MySQL 还是一种关联数据库管理系统，关联数据库将数据保存在不同的表中，而不是将所有数据放在一个大仓库内，这样就提高了速度和数据应用的灵活性。

4. DB2 数据库

　　DB2 是 IBM 著名的关系型数据库产品，DB2 系统在企业级的应用中十分广泛。用户遍布各个行业，目前，DB2 支持从 PC 到 UNIX，从中小型机到大型机，从 IBM 到非 IBM（HP 及 SUN UNIX 系统等）的各种操作平台。图 1-5 所示为 DB2 数据库的下载页面。

图 1-5　DB2 数据库的下载页面

5. Access 数据库

　　Access 数据库是 Microsoft 公司于 1994 年推出的微机数据库管理系统。它具有界面友好、易学易用、开发简单、接口灵活等特点，是典型的新一代桌面关系型数据库管理系统。它结合了 Microsoft Jet Database Engine 和图形用户界面两项特点，是 Microsoft Office 的成员之一。图 1-6 所示为 Access 数据库工作界面。

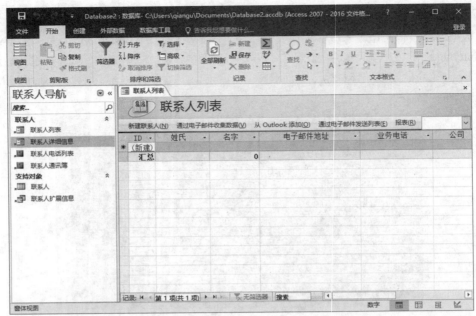

图 1-6　Access 数据库工作界面

作为 Office 套件的一部分，可以与 Office 集成，实现无缝连接。另外，Access 提供了表（Table）、查询（Query）、窗体（Form）、报表（Report）、宏（Macro）、模块（Module）等用来建立数据库系统的对象，并提供了多种向导、生成器、数据库模板等，把数据存储、数据查询、界面设计、报表生成等操作都进行了规范化，以方便用户使用。

目前最新版本为 Office 2016，其主要特点如下：

（1）完善地管理各种数据库对象，具有强大的数据组织、用户管理、安全检查等功能。

（2）强大的数据处理功能，在一个工作组级别的网络环境中，使用 Access 开发的多用户数据库管理系统具有传统数据库系统所无法实现的客户服务器结构和相应的数据库安全机制，Access 具备了许多先进的大型数据库管理系统所具备的特征，如事务处理、出错回滚能力等。

（3）可以方便地生成各种数据对象，利用存储的数据建立窗体和报表，可视性好。

（4）作为 Office 套件的一部分，可以与 Office 集成，实现无缝连接。

（5）能够利用 Web 检索和发布数据，实现与 Internet 的连接。Access 主要适用于中小型应用系统，或作为客户机/服务器系统中的客户端数据库。

1.2　数据库系统的体系结构

数据库具有一个严谨的体系结构，这样可以有效地组织、管理数据，提高数据库的逻辑独立性和物理独立性，下面介绍数据系统的体系结构。

1.2.1　数据库的三级模式

数据库领域公认的标准结构是三级模式结构，包括外模式、概念模式、内模式，如图 1-7 所示。

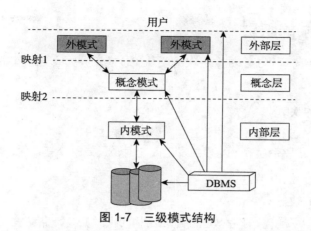

图 1-7　三级模式结构

通过这样的划分，可以使不同级别的用户对数据库形成不同的视图。所谓视图，就是指观察、认识和理解数据的范围、角度和方法，是数据库在用户"眼中"的反映，很显然，不同层次（级别）的用户所"看到"的数据库是不相同的。

1. 外模式

外模式又称为用户模式，它是数据库用户（包括应用程序员和最终用户）能够看见和使用的局部数据的逻辑结构和特征的描述，是数据库用户的数据视图，是与某一应用有关的数据的逻辑表示。外模式是模式的子集，一个数据库可以有多个外模式。外模式是保证数据安全性的一个有力措施。

2. 概念模式

概念模式又称为模式或逻辑模式，对应于概念级。它是由数据库设计者综合所有用户的数据，按照统一的观点构造的全局逻辑结构，是对数据库中全部数据的逻辑结构和特征的总体描述，是所有用户的公共数据视图（全局视图）。它是由数据库管理系统提供的数据模式描述语言（Data Description Language，DDL）来描述、定义的，体现、反映了数据库系统的整体观。

3. 内模式

内模式又称存储模式，对应于物理级。它是数据库中全体数据的内部表示或底层描述，是数据库最低一级的逻辑描述，描述了数据在存储介质上的存储方式和物理结构，对应着实际存储在外存储介质上的数据库。内模式由内模式描述语言来描述、定义，是数据库的存储观。

在一个数据库系统中，只有唯一的数据库，因而作为定义、描述数据库存储结构的内模式和定义、描述数据库逻辑结构的模式，也是唯一的，但建立在数据库系统之上的应用则是非常广泛、多样的，所以，对应的外模式不是唯一的，也不可能是唯一的。

1.2.2　三级模式的工作原理

数据库的三级模式是数据库在三个级别（层次）上的抽象，使用户能够逻辑地、抽象地处理数据而不必关心数据在计算机中的物理表示和存储。实际上，对于一个数据库系统而言，物理级数据库是客观存在的，是进行数据库操作的基础；概念级数据库不过是物理数据库的一种逻辑的、抽象的描述（即模式）；用户级数据库则是用户与数据库的接口，是概念级数据库的一个子集（外模式）。

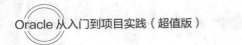

1.2.3　三级模式之间的映射

为了能够在内部实现数据库的 3 个抽象层次的联系和转换，数据库管理系统在三级模式之间提供了两层映射。

1. 外模式与模式之间的映射

用户应用程序根据外模式进行数据操作，通过外模式与模式的映射，定义和建立某个外模式与模式间的对应关系，将外模式与模式联系起来。当模式发生改变时，只要改变其映射，就可以使外模式保持不变，对应的应用程序也可保持不变。

2. 模式与内模式之间的映射

通过模式与内模式的映射，定义建立数据的逻辑结构（模式）与存储结构（内模式）间的对应关系，当数据的存储结构发生变化时，只需改变模式与内模式的映射，就能保持模式不变，因此，应用程序也可以保持不变。

1.3　认识 Oracle 数据库

Oracle 数据库系统是目前世界上流行的关系数据库管理系统，系统可移植性好、使用方便、功能强，适用于各类大、中、小、微机环境。目前，Oracle 数据库最新版本为 Oracle DataBase 12c。Oracle 数据库 12c 引入了一个新的多承租方架构，使用该架构可轻松部署和管理数据库云。

1.3.1　Oracle 数据库的发展历程

1977 年 6 月，Larry Ellison 与 Bob Miner 和 Ed Oates 在硅谷共同创办了一家名为软件开发实验室（Software Development Laboratories，SDL）的计算机公司（Oracle 公司的前身）。公司创立之初，Miner 是总裁，Oates 为副总裁。没多久，Miner 和 Oates 厌倦了那种合同式开发工作，于是，他们决定开发通用软件，不过他们还不知道自己能开发出来什么样的产品。Oates 最先看到了埃德加·考特的那篇著名的论文，并连同其他几篇相关的文章一起推荐 Ellison 和 Miner 也阅读一下，Ellison 和 Miner 从中得到了启发，并预见到数据库软件的巨大潜力，于是，SDL 开始策划构建可商用的关系型数据库管理系统（RDBMS），这就是 Oracle 数据库的来源。

Ellison 和 Miner 根据在前一家公司从事的一个由中央情报局投资的项目代码，把这个产品命名为 Oracle。因为他们相信，Oracle（字典里的解释有"神谕、预言"之意）是一切智慧的源泉。1979 年，SDL 更名为关系软件有限公司（Relational Software，Inc.，RSI）。1983 年，为了突出公司的核心产品，RSI 再次更名为 Oracle，Oracle 从此正式进入人们的视野。

RSI 在 1979 年的夏季发布了可用于 DEC 公司的 PDP-11 计算机上的商用 Oracle 产品，这个数据库产品整合了比较完整的 SQL 实现，其中包括子查询、连接及其他特性。出于市场策略，公司宣称这是该产品的第二版，但却是实际上的第一版，这就是 Oracle 这种"要命"的市场策略，事实上，这种策略有时候也是非常成功的。

1983 年 3 月，RSI 发布了 Oracle 第三版。该版本是 Miner 和 Scott 用 C 语言重新编写的，于是 Oracle 产品有了一个非常关键的特性，那就是可移植性。在同类产品中，Oracle 已经占取了先机。

1984 年 10 月，Oracle 发布了第 4 版产品，产品的稳定性总算得到了一定的增强，用 Miner 的话说，达到了"工业强度"。

1985 年，Oracle 发布了第 5 版。有用户说，这个版本算得上是 Oracle 数据库的稳定版本，这也是首批可以在 Client/Server 模式下运行的 RDBMS 产品，在技术趋势上，Oracle 数据库始终没有落后。

1988 年，Oracle 发布了第 6 版。由于过去的版本在性能上有漏洞，Miner 带领着工程师对数据库核心进行了重新改写，并引入了行级锁（Row-Level Locking）这个重要的特性，也就是说，执行写入的事务处理只锁定受影响的行，而不是整个表。这个版本还引入不算完善的 PL/SQL（Procedural Language extension to SQL）语言。除此之外，第 6 版还引入了联机热备份功能，使数据库能够在使用过程中创建联机的备份，这极大地增强了可用性。

1992 年 6 月，Oracle 发布了第 7 版，这次公司吸取了第 6 版匆忙上市的教训，听取了用户的多方面的建议，并集中力量对新版本进行了大量而细致的测试，可以说第 7 版是 Oracle 真正出色的产品，并取得了巨大的成功。该版本增加了许多新的性能特性：分布式事务处理功能、增强的管理功能、用于应用程序开发的新工具及安全性方法。

1997 年 6 月，Oracle 发布了第 8 版。Oracle 8 支持面向对象的开发及新的多媒体应用，这个版本也为支持 Internet、网络计算等奠定了基础，同时这一版本开始具有同时处理大量用户和海量数据的特性。

1998 年 9 月，Oracle 公司正式发布 Oracle 8i。"i"代表 Internet，这一版本中添加了大量为支持 Internet 而设计的特性，为数据库用户提供了全方位的 Java 支持。Oracle 8i 成为第一个完全整合了本地 Java 运行时环境的数据库，用 Java 就可以编写 Oracle 的存储过程。

在 2001 年 6 月的 Oracle Open World 大会中，Oracle 发布了 Oracle 9i。在 Oracle 9i 的诸多新特性中，最重要的就是实时应用集群（Real Application Clusters，RAC）。说起 Oracle 集群服务器，早在第 5 版的时候，Oracle 就开始开发 Oracle 并行服务器（Oracle Parallel Server，OPS），并在以后的版本中逐渐完善了其功能，不过，严格来说，尽管 OPS 算得上是个集群环境，但是并没有体现出集群技术应有的优点。

2003 年 9 月 8 日，旧金山举办的 Oracle World 大会上，Ellison 宣布下一代数据库产品为 Oracle 10g。Oracle 应用服务器 10g（Oracle Application Server 10g）也将作为 Oracle 公司下一代应用基础架构软件集成套件。g 代表 grid（网格）。这一版的最大特性就是加入了网格计算功能。

2007 年 11 月，Oracle 11g 正式发布，功能上大大加强。11g 是 Oracle 公司 30 年来发布的最重要的数据库版本，根据用户的需求实现了信息生命周期管理（Information Lifecycle Management）等多项创新。大幅提高了系统性能安全性，全新的 Data Guard 最大化了可用性，利用全新的高级数据压缩技术降低了数据存储的支出，明显缩短了应用程序测试环境部署及分析测试结果所花费的时间，增加了 RFID Tag、DICOM 医学图像、3D 空间等重要数据类型的支持，加强了对 Binary XML 的支持和性能优化。

2013 年 6 月 26 日，Oracle Database 12c 版本正式发布，之前 10g、11g 中的 g 是代表 grid，而 12c 中的 c 是 cloud，代表云计算的意思。

1.3.2　Oracle 数据库的行业应用

Oracle 数据库的应用非常广泛，使用者包括程序开发人员、企业架构师、IT 主管及数据库管理员等行业。

1．程序开发人员

（1）高效的开发——Oracle 数据库环境能提供开发人员需要的所有方案，在经过整合和预集成的环境中开发应用，以充分提高基础设施利用率。

（2）加快开发——Oracle 数据库基础设施能支持快速应用开发，在 DbaaS 环境中快速访问数据库，从而加快开发应用速度。

（3）高可用性应用——利用 Oracle 数据库能运用关系和非关系数据来构建高可用性应用，确保零数据丢失，以及更少的停机和更短的停机时间，从而充满信心地运用关系数据和非关系数据来开发应用。

（4）高性能应用——利用 Oracle 数据库能构建高性能的数据驱动型应用，从而使开发人员能够快速开发应用，而无须大量编码工作和开发后的应用优化。

2. 企业架构师

（1）安全设计——利用 Oracle 数据库优化的数据库架构可以支持数据增长。通过设置和拆解新数据库确保安全性，并利用高级配置将 Oracle Exadata 集成系统的卓越性能与 Oracle 独特的可插拔数据库技术相结合。

（2）释放大数据和分析的潜能——传统数据库系统在一定程度上限定了企业结构师部署大数据的能力，利用 Oracle 数据库可以将关系平台与其他云端大数据和分析技术相结合，从而提高性能。

（3）连接用户的云——企业结构师利用 Oracle 数据库可以将内部部署 IT 与公有云应用和服务整合到一起。利用全面的解决方案统一用户的公有云服务和内部部署应用，从而简化企业管理，利用一套统一的组件实现端到端的可视性。

（4）创造业务价值——利用 Oracle 数据库的快速、高效的自助云服务交付应用和底层基础设施，可以帮助企业结构师摆脱 IT 管理重负，专注业务发展。

3. IT 主管

（1）改善业务洞察——利用 Oracle 数据库的管理系统能帮助 IT 主管获得更有价值的业务信息，从而为客户提供共享基础设施，使其能够查看各种应用、数据库和业务流程，以便监视日常运营情况、查明问题和发现趋势。

（2）云端安全性——传统的数据库管理系统不能确保云平台的合规性和安全性，而利用 Oracle 数据库可以确保用户的云提供商对数据进行隔离并在其数据中心内采用先进的安全技术和实践。这将确保用户的内部私有云拥有适当的安全策略。

（3）支持企业未来发展——使用 Oracle 数据库可以轻松应对指数级增长的数据量，从而避免数据库中的数据冗余。

（4）自助式 IT——使用 Oracle 数据库系统，可以在一定程度上让核心用户自助访问所有 IT 服务。

4. 数据库管理员

（1）无缝云迁移——通过 Oracle 自动化工具，数据库管理员几乎无须停机就可以将内部部署数据库无缝迁移至 Oracle 云。数据无论在传输中还是存储时都被加密。一键供应和管理有助于简化迁移和管理。

（2）扩展的企业级功能——利用 Oracle 数据库系统可以抵御数据威胁，预防停机和数据丢失，防止未授权访问，确保敏感数据和关键应用的合规性。

（3）数据中心内的云——利用 Oracle 数据库可以在企业内构建共享的响应式云环境，从而满足用户对数据安全性和数据主权的需求，同时获得巨大的成本效益和云的敏捷性。

1.3.3　Oracle 数据库的行业地位

Oracle 作为一个通用的数据库系统，经过多年的发展，在数据库领域处于领导地位，深受很多用户的喜爱。Oracle 数据库之所以能成为很流行的数据库系统，除具有很高的安全性、可扩展性、简单性等特点外，还具有以下突出特点。

1. 支持分布式数据库和分布处理

Oracle 为了充分利用计算机系统和网络，允许将处理分为数据库服务器和客户应用程序，所有共享的数据管理由数据库管理系统的计算机处理，而运行数据库应用的工作站集中于解释和显示数据。通过网络连接的计算机环境，Oracle 将存放在多台计算机上的数据组合成一个逻辑数据库，可被全部网络用户存取，分布式系统像集中式数据库一样具有透明性和数据一致性。

2. 具有可移植性、可兼容性和可连接性

由于 Oracle 软件可在许多不同的操作系统上运行，以致 Oracle 上所开发的应用可移植到任何操作系统，只需很少修改或无须修改。Oracle 软件同工业标准相兼容，包括很多工业标准的操作系统，所开发应用系统可在任何操作系统上运行。可连接性是指 Oracle 允许不同类型的计算机和操作系统通过网络可共享信息。

3. 支持大数据库、多用户的高性能的事务处理

Oracle 支持最大数据库，其大小可到几千兆字节，可充分利用硬件设备。支持大量用户同时在同一数据库中执行各种数据应用，并使数据占用最小，保证数据一致性。系统维护具有高的性能，Oracle 每天可连续 24 小时工作，正常的系统操作（后备或个别计算机系统故障）不会中断数据库的使用。可控制数据库中数据的可用性，可在数据库级或在子数据库级上控制。

4. Oracle 严格遵守相关的工业标准

Oracle 严格遵守数据存取语言、操作系统、用户接口和网络通信协议等工业标准，所以，它是一个开放系统，保护了用户的投资。美国标准化和技术研究所（NIST）对 Oracle 7 Server 进行检验，检测结果发现 Oracle 完全符合 ANSI/ISO SQL 89 标准。

1.3.4　Oracle 数据库的发展前景

目前，Oracle 数据库的最新版本是 12c，其中 c 是 cloud，代表云计算。云计算功能提高了 Oracle 数据库的运行效率。这是因为 Oracle 自治数据库云消除了复杂性、人为错误和人工管理，能够以更低的成本提供更高的可靠性和安全性，让用户能够专注于价值更高的业务任务，同时利用数据分析来挖掘新的盈利机会。

1. 基于机器学习的完全自动化

Oracle 自治数据库云基于新的"无人驾驶"数据库技术，实现了完全自动化的管理和调优（包括自动化的配置和联机恢复）。它消除了复杂性、人为错误和手动调优，可确保更高的可用性。它能够自动完成重要的例行维护任务，如升级、更新和打补丁，消除了成本高昂且易出错的手动处理，让用户能够专注于创新。

2. 享受云带来的不折不扣的价值

新的 Oracle 数据库创新技术已优先部署到云中。跨内部部署和云部署的完全兼容性让客户能够从新的云服务中快速获益。开发人员可获得所有开发和测试用途的 Oracle 数据库选件，且 IT 可以在生产部署之前验证数据库迁移，或对现有数据库进行负载测试、性能测试。无论选择何种部署方案，IT 和开发人员都可以即时访问数据库云服务，这进一步简化了数据库访问。

3. 与 Oracle 云平台完全集成

利用全面的数据管理产品组合支持 SQL、NoSQL、Hadoop 等任何数据类型及不同规模的负载，适用于

开发/测试人员、负责关键任务负载的 IT 人员等。**Oracle** 数据库云与其他 **Oracle** 云服务完全集成，跨 **Oracle IaaS** 和 **PaaS** 提供了一致的云体验，利用优化的基础设施、应用开发服务、分析和 **SaaS** 扩展为客户铺平腾云之路。**Oracle** 云无须手动集成，让用户能够专注于业务发展。

4. 私有云、公有云和混合云之间的完全兼容性

云环境采用与内部部署环境中相同的应用、数据库、架构和技能，因此，用户无须更改代码和进行长时间的学习，不会感觉到任何不同。用户可以在 **Oracle Exadata Express** 数据库云中进行开发和测试，然后部署到内部部署环境或云中，或从内部部署环境备份到云中，也可以利用任意环境组合部署灾难恢复：从内部部署到云、从云端到云端等。

5. 一键供应和管理

高安全性，可轻松访问。**Oracle** 凭借近 40 年来为大型企业级运营构建数据管理和数据保护系统的经验，将深入的安全性置入所有计算层中，以确保数据隐私和安全。除了为开发和测试目的使用默认的始终加密和数据脱敏外，客户还可以通过一组常用的安全控制来确保内部部署环境和云端的全面合规性。

1.3.5　Oracle 数据库的云服务特性

Oracle 数据库为用户提供了云服务功能，可以使数据的应用更具有安全性、可扩展性、简单性等特性。

1. 轻松迁移

跨内部部署环境与云环境的完全兼容性让客户无须更改代码即可将现有数据库应用轻松迁移至云中，并沿用类似的自动化云管理工具。

2. 及时分析

通过制定数据驱动的决策，即时响应需求并不断优化关键流程，快速提升竞争力和盈利能力。**Oracle** 数据库云服务采用新的创新技术，提供更快的分析速度和简化的设置，通过即时分析帮助用户提升数据价值。

3. 云快速扩展

Oracle 数据库云旨在帮助开发人员充分利用基础设施，通过即时访问优化的基础设施来进行扩展并迅速满足业务需求。通过立即访问经过完全配置和全面集成的基础设施云服务（如 Oracle Exadata 云服务和 Oracle Exadata Express 云服务），组织可以快速、轻松地实施技术转型，进而在未来经济中发展壮大。

4. 深入的安全性

利用 Oracle 数据库云为用户的数据提供无处不在的安全保障——无论是在云中还是在内部部署环境中。通过始终加密、数据脱敏、集成的风险和分析工具、涵盖整个体系的多层安全性，在整个数据生命周期内保护所有层内的数据。

5. 全面的数据管理

在同一云平台上管理从数据仓储到大数据的所有结构化数据和非结构化数据。 Oracle 数据管理与 Oracle IaaS 和 PaaS 云服务完全集成（包含分析功能），通过提供单一供应商云体验帮助用户轻松管理宝贵的数据资产。

6. 云的简单性

完全的负载兼容性和优化、全面集成的基础设施让用户的数据中心现代化变得比以往任何时候都要简单。通过理顺 IT 和数据库管理，让用户能够专注于对业务至关重要的事项。

1.3.6　Oracle 数据库的优点与缺点

Oracle 数据库的优点如下：

（1）运行速度：目前，Oracle 数据库的运行速度比较快。

（2）稳定性：Oracle 是目前数据库中稳定性非常好的数据库。

（3）共享 SQL 和多线索服务器体系结构：Oracle 7.x 以来引入了共享 SQL 和多线索服务器体系结构。这减少了 Oracle 的资源占用，并增强了 Oracle 的能力，使之在低档软硬件平台上用较少的资源就可以支持更多的用户，而在高档平台上可以支持成百上千个用户。

（4）可移植性：能够工作在不同的系统平台上，如 Windows 和 Linux 等。

（5）安全性强：提供了基于角色（Role）分工的安全保密管理。在数据库管理功能、完整性检查、安全性、一致性方面都有良好的表现。

（6）支持类型多：支持大量多媒体数据，如二进制图形、声音、动画及多维数据结构等。

（7）方面管理数据：提供了新的分布式数据库能力。可通过网络较方便地读/写远端数据库中的数据，并有对称复制的技术。

Oracle 数据库的缺点如下：

（1）对硬件的要求很高。

（2）价格比较昂贵。

（3）管理维护麻烦一些。

（4）操作比较复杂，技术含量较高。

1.4　关系数据库的特性和规范

关系数据库是指以关系数据模型为基础的数据库系统。目前，基于关系数据模型（关系系统）的数据库管理系统仍然在数据库市场上占据主导地位，最主要的产品包括 IBM 公司的 DB2、微软公司的 SQL Server、Oracle 公司的 Oracle 等。

1.4.1　关系数据库的基本特性

关系数据库最重要的特性之一是具有坚实的数学理论基础。该理论包括两方面内容：其一是关系数据库设计的理论基础，即数据依赖与规范化理论；其二是数据库查询的实现与优化理论。这两方面内容构成了数据库设计和应用最重要的理论基础。

关系数据库是基于关系系统的，那么究竟什么是关系系统呢？介绍如下。

（1）结构化方面：数据库中的数据对用户来说是表，并且只是表。

（2）完整性方面：数据库中的表需要满足一定的完整性约束。

（3）操纵性方面：用户可以使用操作符进行表操作。例如，为了检索数据，需要使用从一个表导出另一个表的操作符。

关系系统和非关系系统的区别在于：关系系统的用户把数据看作表，而且只能是表；非关系系统的用户则把数据看作其他的数据结构，代替或者扩展关系系统中的表结构。

关系是关系系统的核心，是汇集在表结构中行和列的集合。每个关系由一个或多个属性（列）组成，属性将类型相似的数据归纳在一起。属性与关系直接关联，数据以元组（行）的方式存储在关系中，每个元组代表相关数据的一个记录。

1.4.2　关系数据库的设计规范

关系数据库的规范化理论认为，关系数据库中的每一个关系都要满足一定的设计规范。根据满足规范的条件不同，可以分为 5 个等级：第一范式（1NF）、第二范式（2NF）、……、第五范式（5NF）。其中，NF 是 Normal Form 的缩写。一般情况下，只要把数据规范到第三个范式就可以满足要求了。

（1）第一范式（1NF）：字段值具有原子性，不能再分（所有关系型数据库系统都满足第一范式），例如，姓名字段，其中姓和名是一个整体，如果区分姓和名，那么必须设立两个独立字段。

（2）第二范式（2NF）：一个表必须有主键，即每行数据都能被唯一地区分。不过，事先必须先满足第一范式。

（3）第三范式（3NF）：一个表中不能包含其他相关表中非关键字段的信息，即数据表不能有冗余字段。不过，事先必须先满足第二范式。

1.4.3　关系数据库的设计原则

在开发软件应用时，数据库是整个软件应用的根基，是软件设计的起点，起着决定性的质变作用，因此，必须对数据库设计高度重视起来，那么如何才能设计出满足用户需求的优化数据库呢？下面介绍关系数据库的几个设计原则。

1. 多与客户沟通，完成数据库的需求分析

数据库是需求的直观反映和表现，因此，设计时必须切实符合用户的需求，要多次与用户沟通交流来细化需求，将需求中的要求和每一次变化都要一一体现在数据库的设计当中。

2. 合理并深入设计数据库字段

页面内容所需要的字段，在数据库设计中只是一部分，还有系统运转、模块交互、中转数据、表之间的联系等所需要的字段，因此，数据库设计绝对不是简单的基本数据存储，还有逻辑数据存储。

3. 数据库设计时就要考虑到效率和优化问题

一开始就要分析哪些表会存储较多的数据量，对于数据量较大的表的设计往往是粗粒度的，也会冗余一些必要的字段，以尽量用最少的表、最弱的表关系去存储海量的数据。并且在设计表时，一般都会对主键建立聚集索引，含有大数据量的表更要建立索引以提供查询性能。对于含有计算、数据交互、统计这类需求时，还要考虑是否有必要采用存储过程。

4. 添加必要的冗余字段

像 "创建时间" "修改时间" "备注" "操作用户 IP" 和一些用于其他需求（如统计）的字段，在每张表中都必须有，这样做的目的是便于日后维护。

5. 设计合理的表关联

若多张表之间的关系复杂，建议采用第三张映射表来关联维护两张表之间的关系，以降低表之间的直接耦合度。若多张表涉及大量的数据，表结构也应尽量简单，关联也要尽可能避免。

6. 设计表时不加主外键等约束性关联，系统编码阶段完成后再添加约束性关联

这样做的目的是有利于团队并行开发，减少编码时所遇到的问题，表之间的关系靠程序来控制，编码完成后再加关联并进行测试。

1.5　就业面试技巧与解析

1.5.1　面试技巧与解析（一）

面试官：你觉得你个性上最大的优点是什么？

应聘者：我认为我具有沉着冷静、条理清楚、乐于助人、关心他人、适应能力强等优点。我相信经过一到两个月的培训及项目实战，我能胜任这份工作。

1.5.2　面试技巧与解析（二）

面试官：你对公司加班有什么看法？

应聘者：如果是工作需要，我会义不容辞地加班，再加上我现在单身，没有任何家庭负担，可以全身心地投入工作。但同时，我也会提高工作效率，减少不必要的加班。

第 2 章
Oracle 数据库安装、配置与管理

 学习指引

Oracle 12c 为用户提供了图形化的安装包，并提供了详细的安装向导，通过向导，用户可以一步一步地完成 Oracle 数据库的安装。本章详细介绍 Oracle 数据库的安装、配置与管理等，主要内容包括 Oracle 数据库的安装条件、安装的详细步骤、启动与停止 Oracle 数据库、移除 Oracle 数据库等。

 重点导读

- 熟悉 Oracle 数据库的安装条件。
- 掌握安装 Oracle 数据库软件的方法。
- 掌握启动与停止 Oracle 数据库的方法。
- 掌握移除 Oracle 数据库的方法。

2.1　Oracle 数据库安装条件

Oracle 数据库的安装需要一定的计算机硬件条件与软件条件，当这些条件不被满足时，安装过程不能顺利完成。

2.1.1　硬件条件

Oracle 数据库的硬件安装条件主要包括磁盘空间大小、内存大小及监视器配置等，下面列出满足 Oracle 数据库安装的硬件条件，如表 2-1 所示。

表 2-1　Oracle 数据库安装的硬件条件

硬 件 名 称	最低配置要求	推荐配置大小
磁盘空间	至少 6GB	推荐大于 20GB

续表

硬 件 名 称	最低配置要求	推荐配置大小
内存大小	至少 2GB	推荐 4GB
监视器配置	至少显示 256 种颜色	推荐高于 256 种颜色
处理器	至少是基于 64 位的处理器	推荐基于 64 位的处理器
CPU 主频	CPU 主频不小于 550MHz	推荐等于或大于 800MHz
Swap 分区空间	不少于 2GB	推荐等于或大于 4GB

2.1.2　软件条件

　　Oracle 数据库的安装软件条件要求比较简单，一般也会在检测先决条件时给出相应的提示，不过，最低软件条件是计算机的操作系统为 Windows 10 操作系统，该系统是目前主流的操作系统。图 2-1 为本台计算机的“系统”窗口，显示当前计算机的操作系统版本为 Windows 10。

图 2-1　“系统”窗口

2.2　安装 Oracle 数据库软件

　　在使用 Oracle 数据库之前，需要安装 Oracle 数据库软件，下面介绍安装 Oracle 数据库软件的方法与步骤。

2.2.1　获取 Oracle 数据库软件

　　安装 Oracle 12c 之前，需要到 Oracle 官方网站（www.oracle.com）下载该数据库软件，根据不同的系统，下载不同的 Oracle 版本，这里选择 Windows x64 系统的版本，如图 2-2 所示。在下载前，需要选中 Accept License Agreement 单选按钮。

　　要想在 Windows 中运行 Oracle 12c 的 64 位版，需要 64 位 Windows 操作系统。本书的操作系统为 Windows 10 的 64 位版本。Windows 可以将 Oracle 服务器作为服务来运行，通常，在安装时需要具有系统的管理员权限。

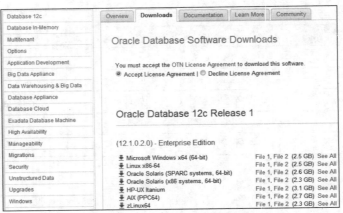

图 2-2　Oracle 下载界面

2.2.2　在 Windows 中安装 Oracle

　　Oracle 下载完成后，找到下载文件，双击进行安装，具体操作步骤如下。

　　步骤 1：双击下载的 setup.exe 文件，软件会加载并初步校验系统是否达到了数据库安装的最低配置，如图 2-3 所示。

　　步骤 2：检测完毕后，弹出 Oracle 12c 的"配置安全更新"窗口，如图 2-4 所示，取消选择"我希望通过 My Oracle Support 接收安全更新"复选框的勾选。

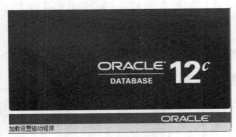

图 2-3　检查操作系统

图 2-4　"配置安全更新"窗口

　　提示：安装时操作系统需要连接网络，如果提示软件更新，选择软件更新即可。

　　步骤 3：单击"下一步"按钮，打开"选择安装选项"窗口，选择"创建和配置数据库"单选按钮，如图 2-5 所示。

　　步骤 4：单击"下一步"按钮，打开"系统类"窗口，这里选择"桌面类"单选按钮，如图 2-6 所示。

　　提示：如果选中"服务器类"单选按钮，则用户需要高级的设置。

　　步骤 5：单击"下一步"按钮，打开"指定 Oracle 主目录用户"窗口，选中"创建新 Windows 用户"单选按钮，然后输入用户名和口令，专门管理 Oracle 文件，如图 2-7 所示。

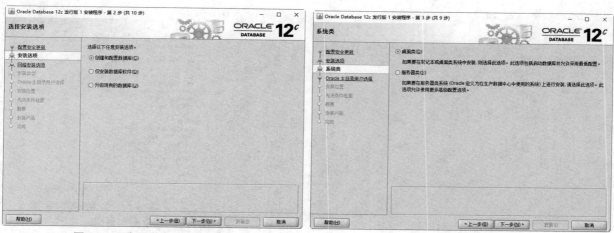

图 2-5 "选择安装选项"窗口 图 2-6 "系统类"窗口

提示：这一步是其他版本没有的，主要作用是更安全地管理数据库，防止登录 Window 操作系统的用户误删除 Oracle 文件。

步骤 6：单击"下一步"按钮，打开"典型安装配置"窗口，选择 Oracle 的基目录，选择"企业版"和"默认值"，并输入统一的管理口令，如图 2-8 所示。

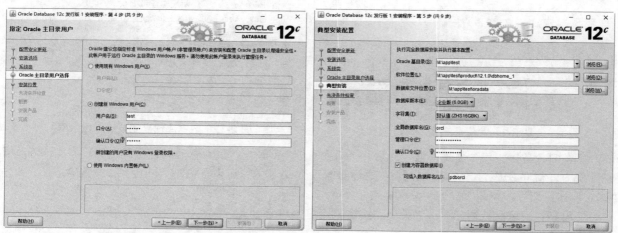

图 2-7 "指定 Oracle 主目录用户"窗口 图 2-8 "典型安装配置"窗口

提示：安全起见，Oracle 要求密码强度比较高，认为输入的密码不能被复制，建议的标准密码组合为"小写字母+数字+大写字母"，当然，字符长度必须在 Oracle 12c 数据库要求的范围之内。

步骤 7：单击"下一步"按钮，打开"执行先决条件检查"窗口，开始检查目标环境是否满足最低安装和配置要求，如图 2-9 所示。

步骤 8：检查完成后进入"概要"窗口，在其中可以查看全局设置及相关的数据库信息，如图 2-10 所示。

步骤 9：单击"安装"按钮，进入"安装产品"窗口，开始安装 Oracle 文件，并显示具体内容和进度，如图 2-11 所示。

步骤 10：数据库实例安装成功后，弹出数据库创建完成信息提示框，如图 2-12 所示。

图 2-9 "执行先决条件检查"窗口

图 2-10 "概要"窗口

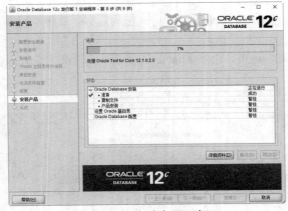

图 2-11 "安装产品"窗口

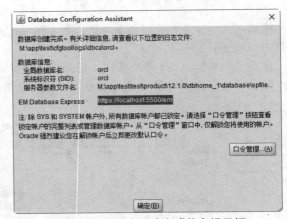

图 2-12 数据库创建完成信息提示框

步骤 11：单击"口令管理"按钮，打开"口令管理"对话框，即可修改管理员的密码，本实例修改管理员 SYSTEM 的密码为"Youyou123456"、超级管理员 SYS 的密码为"YOU_you123"，设置完成后，单击"确定"按钮即可，如图 2-13 所示。

步骤 12：安装完成后，单击"关闭"按钮，如图 2-14 所示。

图 2-13 "口令管理"对话框

图 2-14 "完成"窗口

2.3　启动与停止 Oracle 数据库服务

Oracle 安装完毕之后，需要启动 Oracle 服务进程，否则，客户端无法连接数据库。下面介绍启动与停止 Oracle 数据库服务的方法。

2.3.1　启动 Oracle 数据库服务

在前面的配置过程中，已经将 Oracle 安装为 Windows 服务，当 Windows 启动、停止时，Oracle 也自动启动、停止。不过，用户还可以使用图形服务工具来控制 Oracle 服务器状态，下面介绍查看 Oracle 数据库服务状态的方法，具体的操作步骤如下。

步骤 1：右击桌面左下角的"开始"图标，在弹出的快捷菜单中选择"运行"命令，打开"运行"对话框，在"打开"文本框中输入 services.msc，如图 2-15 所示。

图 2-15　"运行"对话框

步骤 2：单击"确定"按钮，打开 Windows 的"服务"窗口，在其中可以看到服务名以 Oracle 开头的 5 个服务项，其右边状态全部为"正在运行"，表明该服务已经启动，如图 2-16 所示。

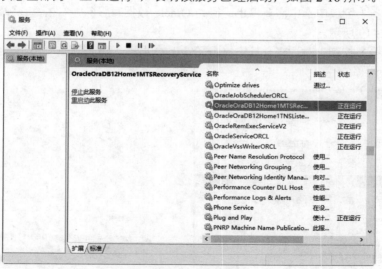

图 2-16　"服务"窗口

由于设置了 Oracle 为自动启动，因此，在这里可以看到服务已经启动，而且启动类型为自动。如果没有"正在运行"字样，说明 Oracle 服务未启动。此时可以选择服务并右击，在弹出的快捷菜单中选择"启动"命令，如图 2-17 所示。

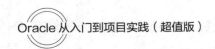
另外，用户也可以直接双击 Oracle 服务，在打开的对话框中通过单击"启动"按钮来启动服务，如图 2-18 所示。

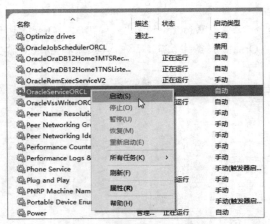

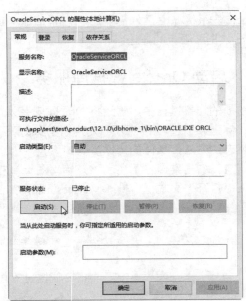

图 2-17　选择"启动"命令　　　　　　　　图 2-18　"OracleServiceORCL 的属性（本地计算机）"对话框

2.3.2　停止 Oracle 数据库服务

当不需要 Oracle 数据库服务时，可以将其停止运行，具体操作步骤如下：

步骤 1：在"服务"窗口中选中需要停止运行的 Oracle 数据库服务并右击，在弹出的快捷菜单中选择"停止"命令，如图 2-19 所示。

步骤 2：弹出"服务控制"对话框，其中显示了停止的进度。稍等片刻，即可停止选中的 Oracle 数据库服务，如图 2-20 所示。

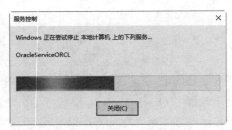

图 2-19　选择"停止"命令　　　　　　　　　图 2-20　"服务控制"对话框

2.3.3　重启 Oracle 数据库服务

将 Oracle 数据库服务暂停后，还可以通过菜单将其重新启动，具体操作步骤如下：

步骤 1：在"服务"窗口中选中暂停的 Oracle 数据库服务并右击，在弹出的快捷菜单中选择"重新启动"命令，如图 2-21 所示。

步骤 2：弹出"服务控制"对话框，其中显示了重新启动 Oracle 数据库服务的进度，如图 2-22 所示。

图 2-21　选择"重新启动"命令

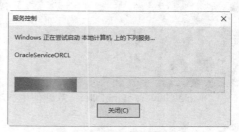

图 2-22　"服务控制"对话框

2.4　移除 Oracle 数据库软件

当不需要 Oracle 数据库软件时，可以将 Oracle 数据库软件从本机中移除，下面介绍移除 Oracle 数据库软件的方法与步骤。

2.4.1　卸载 Oracle 产品

通过菜单命令可以卸载 Oracle 产品，具体操作步骤如下：

步骤 1：依次选择"开始"→"所有程序"→Oracle OraDB12Home1→"Oracle 安装产品"→Universal Installer 命令，如图 2-23 所示。

步骤 2：　打开 Oracle Universal Installer 窗口，其中显示了相应的核实信息，如图 2-24 所示。

图 2-23　选择 Universal Installer 命令

图 2-24　Oracle Universal Installer 窗口

步骤 3：稍等片刻，即可打开"Oracle Universal Installer：欢迎使用"对话框，如图 2-25 所示。

步骤 4：单击"卸载产品"按钮，打开"产品清单"对话框，选择需要删除的内容，单击"删除"按钮，即可开始卸载，如图 2-26 所示。

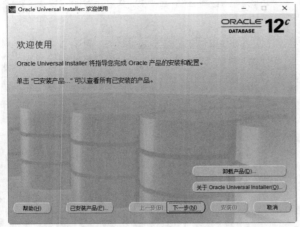

图 2-25　"Oracle Universal Installer：欢迎使用"对话框

图 2-26　"产品清单"对话框

2.4.2　删除注册表项

在"运行"对话框中输入 regedit，单击"确定"按钮，即可启动注册表，如图 2-27 所示，要彻底删除 Oracle 12c，还需要把注册表中关于 Oracle 的相关信息删除。

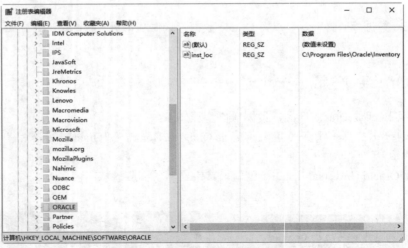

图 2-27　"注册表编辑器"窗口

需要删除的注册表列表有以下几个：

（1）HKEY_LOCAL_MACHINE\SOFTWARE\ORACLE 项。

（2）HKEY_LOCAL_MACHINE\SYSTEM\CurrentControlSet\Services 节点下的所有 Oracle 项。

（3）HKEY_LOCAL_MACHINE\SYSTEM\CurrentControlSet\Services\Eventlog\Application 节点下的所有 Oracle.VSSWriter.ORCL 项。

2.4.3　删除环境变量

在使用 Oracle 数据库时，需要配置环境变量，在移除 Oracle 数据库后，还需要删除环境变量，具体操作步骤如下：

步骤 1：在系统桌面上右击"此电脑"图标，在弹出的快捷菜单中选择"属性"命令，如图 2-28 所示。

步骤 2：打开"系统"窗口，在其中可以查看有关计算机的基本信息，如图 2-29 所示。

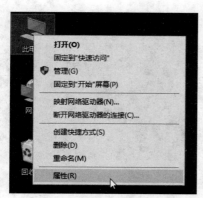

图 2-28　选择"属性"命令

图 2-29　"系统"窗口

步骤 3：单击"高级系统设置"超链接，打开"系统属性"对话框，并选择"高级"选项卡，如图 2-30 所示。

步骤 4：单击"环境变量"按钮，打开"环境变量"对话框，在"系统变量"列表框中查找 Path 变量，然后单击"删除"按钮。另外，如果发现有关于 Oracle 的选项，一并删除即可，如图 2-31 所示。

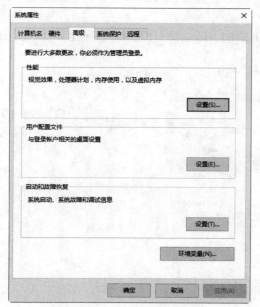

图 2-30　"系统属性"对话框

图 2-31　"环境变量"对话框

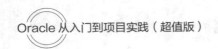

2.4.4　删除目录并重启计算机

为了更加彻底删除 Oracle，还需要把安装目录下的内容全部删除，删除后还需要重新启动计算机，这样就可以把 Oracle 完全删除了，最后才能重新安装 Oracle，图 2-32 为 Oracle 软件在计算机中的所在位置。

删除目录后，需要重启计算机，重启计算机常用的方法是单击"开始"按钮，在弹出的列表中单击"电源"图标，然后在弹出的列表中选择"重启"选项，如图 2-33 所示。

图 2-32　Oracle 文件所在位置

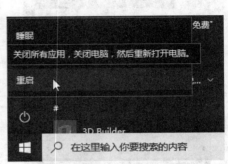

图 2-33　选择"重启"选项

2.5　创建我的第一个 Oracle 数据库

Oracle 12c 安装过程中已经创建了名称为 orle 的数据库。用户也可以在安装完成后重新创建数据库，具体操作步骤如下：

步骤 1：依次选择"开始"→"所有程序"→Oracle OraDB12Home1→"配置和移植工具"→Database Configuration Assistant 命令，如图 2-34 所示。

步骤 2：打开"数据库操作"窗口，选中"创建数据库"单选按钮，如图 2-35 所示。

图 2-34　Database Configuration Assistant 菜单命令

图 2-35　"数据库操作"窗口

步骤 3：单击"下一步"按钮，打开"创建模式"窗口，输入全局数据库的名称、设置数据库文件的位置、输入管理口令和 test 口令，如图 2-36 所示。

步骤 4：单击"下一步"按钮，打开"概要"窗口，查看创建数据库的详细信息，检查无误后，如图 2-37 所示。

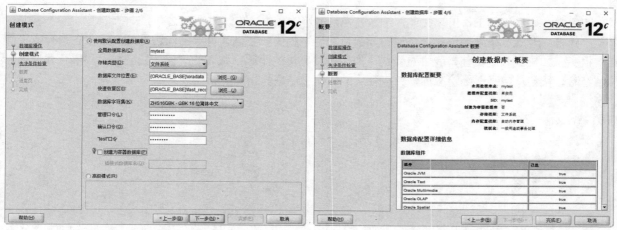

图 2-36 "创建模式"窗口　　　　　　　　　图 2-37 "概要"窗口

步骤 5：单击"完成"按钮，系统开始自动创建数据库，并显示数据库的创建过程和创建的详细信息，如图 2-38 所示。

步骤 6：数据库创建完成后，打开"完成"窗口，查看数据库创建的最终信息，单击"关闭"按钮，即可完成数据库的创建操作，如图 2-39 所示。

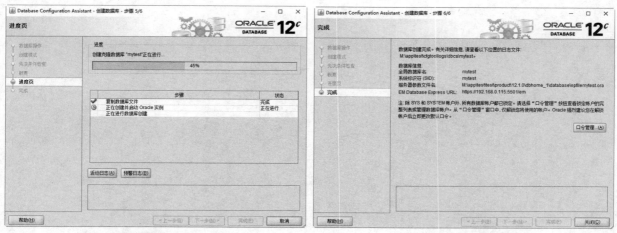

图 2-38 创建数据库的过程　　　　　　　　　图 2-39 "完成"窗口

2.6 就业面试技巧与解析

2.6.1 面试技巧与解析（一）

面试官：你对薪资有什么要求？

应聘者： 我对工资没有硬性要求，我受过系统的软件编程训练，不需要进行大量的培训，而且我本人也对编程特别感兴趣。因此，我希望公司能根据我的情况和市场标准水平，给我合理的薪水。

2.6.2　面试技巧与解析（二）

面试官： 如果你的工作出现失误，给本公司造成经济损失，你认为该怎么办？

应聘者： 我本意是为公司努力工作，如果造成经济损失，我认为首要的问题是想方设法去弥补或挽回经济损失。如果是我的责任，我甘愿受罚；如果是我负责的团队中别人的失误，我会帮助同事查找原因，总结经验。我会从中吸取经验教训，并在今后的工作中避免发生同类错误。

第 3 章

熟悉 Oracle 数据库体系结构

 学习指引

Oracle 数据库是一款关系型数据库管理系统，具有极其复杂和庞大的数据体系结构。对于初学者来说，事先从宏观上了解其体系结构，对今后的深入学习至关重要。本章将详细介绍 Oracle 数据库的体系结构，主要内容包括 Oracle 数据库的逻辑存储结构、物理存储结构、内容结构、内存组成、数据库实例、数据字典等。

 重点导读

- 熟悉 Oracle 数据库的体系结构。
- 掌握 Oracle 数据库的逻辑存储结构。
- 掌握 Oracle 数据库的物理存储结构。
- 掌握 Oracle 数据库的内存结构和组成。
- 掌握 Oracle 数据库的进程、实例和字典。

3.1　Oracle 体系结构概述

体系结构是对一个系统的框架描述，是设计一个系统的宏观工作。数据库系统结构设计了整个数据库系统的组成和各部分组件的功能，这些组件各司其职，相互协调，完成数据库的管理和数据维护工作。

为满足用户的数据需求，Oracle 设计了复杂的系统结构，如图 3-1 所示。该体系结构包括实例、数据库文件、用户进程、服务器进程及其他文件，如参数文件、警报文件、密码文件和归档日志文件等。

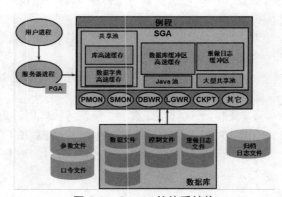

图 3-1　Oracle 的体系结构

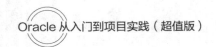

3.2　逻辑存储结构

逻辑存储结构是从逻辑的角度来分析数据库的构成的，是数据库创建后利用逻辑概念来描述 Oracle 数据库内部数据的组织和管理形式。在操作系统中，没有数据库逻辑存储结构信息，只有物理存储结构信息。

数据库的逻辑存储结构概念存储在数据库的数据字典中，可以通过数据字典查询逻辑存储结构信息。逻辑存储结构主要由数据块（Data Block）、数据区（Extents）、数据段（Segment）、表空间（Table Space）等组成，如图 3-2 所示。

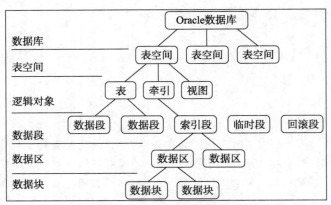

图 3-2　Oracle 的逻辑存储结构

3.2.1　表空间

表空间是数据库中最大的逻辑划分区域，通常用来存放数据表、索引、回滚段等数据对象，任何数据对象在创建时必须被指定存储在某个表空间中。表空间（属逻辑存储结构）和数据文件（属物理存储结构）相对应，一个表空间由一个或多个数据文件组成，而一个数据文件只属于一个表空间。

3.2.2　数据段

数据段是一个独立的逻辑存储结构，用于存储表、索引或簇等占用空间的数据对象。数据段是为特定的数据对象（如表、索引、回滚）分配的一系列数据区，一般有以下 4 种类型的数据段。

- 数据段：保存的是表中的数据记录。当创建一个表时，系统自动创建一个以该表的名字命名的数据段。
- 索引段：索引段包含用于提高系统性能的索引。一旦建立索引，系统自动创建一个以该索引的名字命名的索引段。
- 回滚段：也称撤销段，保存了回滚条目，也就是保存修改前的值。当一个事务开始处理时，系统为之分配回滚段。
- 临时段：当执行创建索引、查询等操作时，用于存放临时数据。一般在 CREATE INDEX、SELECT ORDER BY、SELECT DISTINCT、SELECT GROUP BY 等 SQL 语句中，Oracle 系统就会在临时表空间为这些语句的操作分配一个临时段。在需要经常执行上述语句时，可以调整 SORT_AREA_SIZE 的大小。

3.2.3 数据区

数据区也称为数据扩展区,是由一组连续的 Oracle 数据块所构成的 Oracle 存储结构,一个或多个数据块组成一个数据区,一个或多个数据区组成一个段。数据区是 Oracle 存储分配的最小单位,使用数据区的目的是保存特定数据类型的数据。

3.2.4 数据块

数据块是 Oracle 逻辑存储结构中最小的逻辑单位,也是执行数据库输入/输出操作的最小存储单位。数据块有以下几个组成部分。

- 块头:存放数据块的基本信息,如块的物理地址、块所属的段的类型。
- 表目录:存放表的相关信息。
- 行目录:如果块中有行数据存在,则这些行的信息将被记录在行目录中。
- 空余空间:是一个块中未使用的区域,这片区域用于新行的插入和已经存在行的更新。
- 行数据:用于存放表数据和索引数据的地方,这部分空间已经被数据行所占用。

一般情况下,通常把块头、表目录、行目录合称为头部信息区,该区不存放数据,它存放整个块的引导信息,起到引导系统读取数据的作用。所以,头部信息区若遭到破坏,则 Oracle 系统将无法读取这部分数据。空余空间和行数据共同构成块的存储区,用于存放真正的数据记录。

3.3 物理存储结构

Oracle 物理存储结构是由数据文件(Data File)、联机重做日志文件(Online Redo Log File)、控制文件(Control File)组成的,当然也包括一些其他的文件,如归档重做日志文件、参数文件、密码文件、警报文件、跟踪文件、备份文件等,如图 3-3 所示。

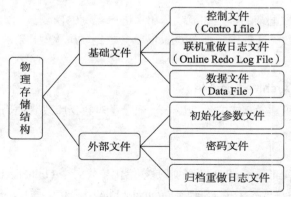

图 3-3 Oracle 的物理存储结构

3.3.1 数据文件

一个数据库可以由多个数据文件组成,数据文件是真正存放数据库数据的,一个数据文件就是一个操作系统文件,数据库的对象(表和索引)物理上是被存放在数据文件中的。数据文件具有以下特征:

（1）一个数据文件只能属于一个数据库。

（2）数据文件可以被设置成自动增长。

（3）一个或多个数据文件组成了表空间。

（4）一个数据文件只能属于一个表空间。

当要查询一个表的数据时，如果该表的数据没有在内存中，那么 Oracle 就要读取该表所在的数据文件，然后把数据存放到内存中。

3.3.2　控制文件

一个数据库至少要有一个控制文件，控制文件中存放数据库的"物理结构信息"，这些物理结构信息包括以下几部分：

（1）数据库的名字。

（2）数据文件和联机重做日志文件的名字及位置。

（3）创建数据库时的时间戳。

为了更好地保护数据库，可以镜像控制文件，每个控制文件中的内容就是相同的，镜像了控制文件，即使其中的一个控制文件出现了问题，也不会损坏或丢失数据，在启动数据库时，Oracle 就会根据控制文件中的数据文件和联机日志文件的信息来打开数据库。

3.3.3　日志文件

日志文件包括联机重做日志文件与归档重做日志文件，下面分别进行介绍。

1. 联机重做日志文件（Online Redo Log File）

一个数据库可以有多个联机重做日志文件，联机重做日志文件包含重做记录（Undo Records），联机重做日志文件记录了数据库的改变，例如，当一次意外导致对数据的改变没有及时写到数据文件中，那么 Oracle 就会根据联机重做日志文件中的信息获得这些改变，然后把这些改变写到数据文件中，这也是联机重做日志文件存在的意义。

联机重做日志文件中重做记录的唯一功能就是用来进行实例的恢复。例如，一次系统的意外掉电，导致内存中的数据没有被写到数据文件中，那么 Oracle 就会根据联机重做日志文件中的重做记录功能包数据库恢复到失败前的状态。

2. 归档重做日志文件（Archive Log File）

归档重做日志文件是联机重做日志文件的副本，记录了对数据库改变的历史。

3.3.4　参数文件

通常情况下，参数文件（Parameter File）指的就是初始化参数文件（Initialization Parameter File）。参数文件包括初始化参数文件和服务器端参数文件（Server Parameter File），在数据库启动的时候就会读取参数文件，然后根据参数文件中的参数来分配 SGA 并启动一系列后台进程，参数文件中存放的是数据库和实例的参数。

3.3.5　密码文件

Oracle 数据库的密码文件是 Oracle 数据库中拥有 Administrator 权限的用户登录 Oracle 数据库的其中一种方式，即这些用户可以通过 Oracle 的密码文件来登录数据库。

3.3.6 警报文件

警报文件（Alert Log File）就是警报日志文件，它记录了数据库的重大活动和所发生的错误。警报文件按照时间的先后来记录所发生的重大活动和错误，警报文件的命名格式是 alertSID.log，警报文件的位置是由初始化参数 background_dump_desc 指定的。

3.3.7 跟踪文件

跟踪文件（Trace Log File）就是跟踪日志文件，每个服务器进程和后台进程都写跟踪文件，例如，当后台进程发生了错误时，Oracle 就会把错误的信息写到跟踪文件中，DBA 就可以根据跟踪文件的信息来查看进程中所发生的错误。

一般情况下，跟踪文件被写到了两个目录中，与服务器进程有关的信息被写到了由初始化参数user_dump_desc 指定的目录中；与后台进程有关信息被写到了由初始化参数 background_dump_desc 指定的目录中。随着时间的推移，跟踪文件就会被写满，DBA 可以手动来删除跟踪文件，也可以限制跟踪文件的大小，初始化参数 MAX_DUMP_FILE_SIZE 就可以限制跟踪文件的大小。

3.3.8 备份文件

备份文件（Backup File）就是在数据库发生介质损坏时用来还原（Restore）数据库的文件。

3.4 Oracle 内存结构

Oracle 是一个内存消耗大户，它消耗的内存可以分成两部分——进程共享部分和进程专有部分，这里的进程专指 Oracle 进程（Server Process 和 Background Process），进程共享部分称为系统全局区（Shared Global Area，SGA），进程专有部分称为程序全局区（Program Global Area，PGA）。图 3-4 所示为 Oracle 的内存结构示意图。

图 3-4　Oracle 的内存结构示意图

3.4.1 系统全局区（SGA）

SGA 是一组共享的内存结构，其中存储了 Oracle 数据库实例（Instance）的数据和控制文件信息。如果有多个用户同时连接到数据库，他们会共享这一区域，因此，SGA 又被称为 Shared Global Area。

SGA 和 Oracle 的进程组成了 Oracle 的实例（Instance），在实例启动时内存会自动分配，当实例停止运行时，操作系统会将内存回收，没一个实例（Instance）拥有自己的 SGA。SGA 是可以读/写的，每一个用户连到数据库实例时都是可以读实例的 SGA 的内容，Oracle 通过服务器进程执行一个命令去写 SGA 的数据。

SGA 中还包含后台进程访问的一些关于数据库和实例状态的信息，称为 fixed SGA，用户的信息不会存储在这块区域中，但进程之间的交流的信息会存储在 SGA 中。如果使用共享 Server 模式，有些 PGA 的内容也会存储在 SGA 中。

SGA 可以动态调整大小，也就是说调整其大小时不用关闭数据库。在初始化参数中可以设置 sga_max_size 参数，当 SGA 各部分的和大于设置的 sga_max_size 参数时，设置的 sga_max_size 将会被忽略掉，然后将各部分值的大小相加。当 sga_max_size 参数大于各部分的和时，会使用 sga_max_size 参数。

对于性能的考虑，SGA 区域的内存应该是真正的内存，如果使用虚拟内存，会大大降低性能，影响 SGA 大小的参数说明如表 3-1 所示。

表 3-1 影响 SGA 大小的参数说明

参 数 名 称	参 数 说 明
DB_CACHE_SIZE	标准块缓存的大小
LOG_BUFFER	分配给重做日志缓冲区的字节数
SHARED_POOL_SIZE	用于共享 SQL 和 PL.SQL 语句的区域的字节大小
LARGE_POOL_SIZE	大池的大小；默认为 0

3.4.2 程序全局区（PGA）

PGA 是一个内存区，其中包含每个服务器进程的数据及控制信息。服务器进程是处理客户机请求的进程。每个服务器进程都有在服务器进程启动时创建的自己专用的 PGA，只有该服务器进程才能访问。

PGA 内存的内容会因不同情况而变化，这取决于例程是在专用服务器配置还是在共享服务器配置下运行。一般来讲，PGA 内存包括下列组件：

1. 专用 SQL 区

专用 SQL 区包含绑定信息和运行时内存结构之类的数据。发出 SQL 语句的每个会话均拥有一个专用 SQL 区。提交同一 SQL 语句的每个用户都拥有自己的使用单个共享 SQL 区的专用 SQL 区。因此，许多专用 SQL 区都与同一个共享 SQL 区相关联。

一个游标的专用 SQL 区可以分成以下两个区。

- 永久区：包含绑定信息，并且只在关闭游标时释放。
- 运行时区：在执行请求时的第一步创建。对于 INSER、UPDATE 和 DELETE 命令，该区在执行语句后释放，对于查询操作，该区只在提取所有行或取消查询后释放。

专用 SQL 区的位置取决于为会话建立的连接。在专用服务器环境中，专用 SQL 区位于各自服务器进程的 PGA 中。在共享服务器环境中，专用 SQL 区位于 SGA 中。

管理专用 SQL 区是用户进程的职责。用户进程可以分配的专用 SQL 区的数目始终由初始化参数 OPEN_CURSORS 来限制。

2. 会话内存

会话内存包含为保留会话变量及与该会话相关的其他信息而分配的内存。对于共享服务器环境，该会话是共享的而不是专用的。

3. SQL 工作区

SQL 工作区用于大量占用内存的操作，如排序、散列联接、位图合并和位图创建。工作区的大小可进行控制和调整。

3.5　Oracle 内存组成

系统全局区中包含以下几个内容结构：共享池、数据库高速缓冲区、重做日志缓冲区和其他一些结构（如锁和统计数据等）。

3.5.1　数据库高速缓冲区

数据库高速缓冲区（Database Buffer Cache）是 SGA 区中专门用于存放从数据文件中读取的数据块副本的区域。Oracle 进程如果发现需要访问的数据块已经在数据库高速缓冲区中，就直接读/写内存中的相应区域，而无须读取数据文件，从而大大提高性能（要知道，内存的读取效率是磁盘读取效率的 14000 倍）。

数据库高速缓冲区对于所有 Oracle 进程都是共享的，即能被所有 Oracle 进程访问。与共享池一样，数据库高速缓冲区被分为多个集合，这样能够大大降低多 CPU 系统中的争用问题。

最近最少使用（LRU）列表可反映数据库高速缓冲区的使用情况。数据库高速缓冲区将依据其被引用时间的远近和引用频率进行排序。因此，最经常使用且最近使用过的数据库高速缓冲区将列在最近最常使用一端。传入的块先被复制到最近最少使用一端的数据库高速缓冲区中，然后该数据库高速缓冲区将被指定到列表中央，作为起点。从这个起点开始，数据库高速缓冲区根据使用情况在列表中上下移动。

数据库高速缓冲区中的缓冲区可以处于以下 4 种状态之一：

- 已连接：当前正将该块读入高速缓存或正在写入该块。其他会话正等待访问该块。
- 干净的：该数据库高速缓冲区目前未连接，如果其当前内容（数据块）将不再被引用，则可以立即执行过期处理。这些内容与磁盘保持同步，或者数据库高速缓冲区包含块的读一致性快照。
- 空闲/未使用：数据库高速缓冲区因实例刚启动而处于空白状态。此状态与"干净的"状态非常相似，不同之处在于该缓冲区未曾使用过。
- 灰：数据库高速缓冲区不再处于连接状态，但内容（数据块）已更改，因此，必须先通过 Oracle 数据库后台写入进程将内容刷新到磁盘，然后才能执行过期处理。

服务器进程使用数据库高速缓冲区缓存中的缓冲区；而 Oracle 数据库后台写入进程通过将更改的缓冲区写回数据文件，使高速缓存中的缓冲区变为可用状态。检查点队列中列出将要写出到磁盘的缓冲区。

Oracle 数据库支持同一数据库中有多种块大小。标准块大小用于 SYSTEM 表空间。标准块大小可以通过设置初始化参数 **DB_BLOCK_SIZE** 来指定。其有效值为 2～32KB，默认值为 8KB。非标准块大小的缓冲区的高速缓存大小通过以下参数指定：

```
DB_2K_CACHE_SIZE
DB_4K_CACHE_SIZE
DB_8K_CACHE_SIZE
DB_16K_CACHE_SIZE
DB_32K_CACHE_SIZE
```

DB_nK_CACHE_SIZE 参数不能用于调整标准块大小的高速缓存的大小。如果 DB_BLOCK_SIZE 的值为 nK，则设置 DB_nK_CACHE_SIZE 是非法的。标准块大小的高速缓存的大小始终由 DB_CACHE_SIZE 的值确定。

由于每个数据库高速缓冲区的大小都有限制，因此，通常并非磁盘上的所有数据都能放在高速缓存中。当高速缓存写满时，后续高速缓存未命中会导致 Oracle 数据库将高速缓存中已有的灰数据写入磁盘，以便为新数据腾出空间。如果缓冲区中没有灰数据，则不需要写入磁盘，即可将新数据块读入该缓冲区。以后若对已写入磁盘的任何数据进行访问，则会导致再次出现高速缓存未命中现象。

数据库管理员（DBA）可以创建多个缓冲区池来提高数据库缓冲区高速缓存的性能。可以根据对象的访问情况将其分配给某个缓冲区池。

缓冲区池有以下 3 种：

- 保留池：此池用于保留内存中可能要重用的对象。将这些对象保留在内存中可减少 I/O 操作。通过使池的大小大于分配给该池的各个段的总大小，可以将缓冲区保留在此池中。这意味着缓冲区不必执行过期处理。保留池可通过指定 **DB_KEEP_CACHE_SIZE** 参数的值来配置。
- 循环池：此池用于内存中重用概率很小的块。循环池的大小要小于分配给该池的各个段的总大小。这意味着读入该池的块经常需要在缓冲区内执行过期处理。循环池可通过指定 **DB_RECYCLE_CACHE_SIZE** 参数的值来配置。
- 默认池：此池始终存在。它相当于没有保留池和循环池的实例的缓冲区高速缓存，可通过 **DB_CACHE_SIZE** 参数进行配置。

注意：保留池或循环池中的内存不是默认缓冲区池的子集。

3.5.2　数据字典缓冲区

数据字典缓冲区用来存放数据库的数据字典信息，在数据库系统启动时分配，是共享内存空间，所有进程都可以访问。数据字典是数据库的一个重要组成部分，是对数据库本身作详细说明的数据集。

系统维护人员对数据库系统的维护，最终反映在数据字典中；用户对数据库中数据的访问，需要通过数据字典返回结构化的信息。根据信息所起作用的不同，数据字典中的信息可以分为以下几类：

（1）数据库的物理结构。说明数据库使用了哪些操作系统文件、设备，表空间如何被创建等。

（2）数据库的逻辑结构。一个数据库包括表、索引、视图、触发器、存储过程等结构，这些结构就是数据库对象。数据库的逻辑结构，就是对数据库对象的结构说明及定义。对一个表来说，在数据字典中要存放表中的字段、字段的类型、字段中是否存在完整性定义、表中是否有索引、表中是否有外健等信息；此外，还要说明表存放在哪个表空间中，系统如何为表分配存储空间等。

（3）用户定义及授权信息。保存可以访问数据库的用户信息，记录为不同用户设定的操作权限等。

（4）数据库对象的统计信息。这些信息是对表、索引中存放的数据进行统计后得到的。后台进程根据这些信息，生成 SQL 语句费用最低的执行计划。经常被使用的统计信息有表中记录的数量、字段上数值的分布、表使用的数据页数量、索引的深度及使用的数据页数量等。

数据库系统对用户请求的处理过程，可以清楚地说明数据字典的关键作用。当数据库系统接收到用户的 SQL 语句请求后，首先需要获取 SQL 语句的执行计划，然后按照执行计划处理数据，最后将结果返回。要获取 SQL 语句的执行计划，优化器需要按照以下步骤对 SQL 语句进行分析、优化：

（1）验证 SQL 语句是否存在语法错误。以访问一个表来说，系统要检查是否存在这个表，表中的字段是否相符、数据类型是否匹配、是否违反字段的完整性定义、是否违背唯一索引限制、是否违背参照完整性等。

（2）检查发出请求用户的执行权限。根据 SQL 语句要执行的操作，检查用户是否有相应的操作权限。不仅要检查用户获得的直接授权，还要检查所有可能的隐含授权。对视图的访问来说，不仅要检查用户是否有访问该视图的权限，还要检查视图所基于数据表的访问权限。

（3）选择 SQL 语句的执行计划。优化器首先生成 SQL 语句的所有执行方式，根据数据库对象的统计信息，评估所有的执行方式，选择费用最低的执行方式为该 SQL 语句的最终执行计划。

从以上处理过程可以明确地看出数据字典的重要作用。由于数据字典信息要不断被使用，因此，应当避免在系统的正常运行过程中，不断地将数据字典信息读出和读入内存，这可以通过加大数据字典缓冲区的内存空间而实现。

3.5.3　重做日志缓冲区

Oracle 设置重做日志缓冲区的目的是在数据库崩溃时可以进行恢复数据库，例如，当 Oracle 进行 DML 或 DDL 操作时，在写入数据高速缓冲区之前，先写入重做日志缓冲区。重做日志缓冲区是 SGA 中一段连续且被循环使用的内存空间。重做日志是对用户事务的执行情况所产生的记录，如事务执行的时间、修改的数据、对数据的访问类型等。通过重做日志能够重新产生数据，它是保证数据安全的一种重要方法。

重做日志缓冲区中的内容在一定的时机下，被 LGWR 后台进程写入重做日志文件。如果数据库系统出现了故障，导致数据丢失，管理员可以通过重做日志文件中的重做日志对数据库进行恢复。引入重做日志缓冲区的好处是将重做日志记录在重做日志缓冲区中，比直接写入重做日志文件要快得多。

另外，LGWR 进程并不是在每次用户访问数据之后，都要将重做日志缓冲区中的日志立刻写入重做日志文件，而是在一定时机下，将最近一段时间产生的重做日志一起写入，这样可以减少访问磁盘的次数，从而提高数据库的性能。

重做日志缓冲区的大小由初始化参数 LOG_BUFFER 指定。不过，重做日志缓冲区越大越好，这样它就能够缓存更多的重做日志，事务被挂起的可能性将减少，LGWR 进程写重做日志文件的次数也将越少，这样也可以提高数据库的性能。当然，重做日志缓冲区位于 SGA 中，它的大小是受物理内存大小的限制的。

3.5.4　SQL 共享池

Oracle 共享池（Share Pool）属于 SGA，由库高速缓存（Library Cache）和数据字典高速缓存（Data Dictionary Cache）组成。

Oracle 引入库高速缓存的目的是共享 SQL 和 PL/SQL 代码。服务器进程执行 SQL 和 PL/SQL 时，首先会进入库高速缓存查找是否有相同的 SQL，如果有，就不再进行后续的编译处理，直接使用已经编译的 SQL 和执行计划。

Oracle 通过比较两条 SQL 语句的正文来确定两条 SQL 是否相同，所以，如果想共享 SQL 语句，必须使用绑定变量的方式。例如，下面两行代码：

```
select * from emp where sal >100
select * from emp where sal >101
```

它们是不同的，而使用绑定变量时，即使 v_sal 的值不同，Oracle 也会认为 select * from emp where sal >&v_sal 是相同的。

Oracle 使用 LRU 队列和算法来管理库高速缓存，最近使用过的 SQL 会放在队首，长时间没有使用的 SQL 放在队尾，当库高速缓存需要内存空间而又没有空闲的内存空间时，队尾内存中的 SQL 会被清除，放入最新的 SQL，并且队首会指向次段内存。

当 Oracle 执行 SQL 时，会将相关的数据文件、表、索引、列、用户、其他数据对象的定义和权限信息存放到数据字典高速缓存中。在此之后，如果需要相同的相关数据，Oracle 会从数据字典高速缓存中提取。

不过，Oracle 没有提供直接修改库高速缓存大小和数据字典高速缓存大小的方法，只能通过修改共享池的大小来间接修改库高速缓存和数据字典高速缓存的大小。

具体的修改语句代码如下：

```
alter system set shared_pool_size= xxx m
```

注意：共享池的大小受限制于 SGA_MAX_SIZE 参数的大小。

3.6　Oracle 数据库进程

Oracle 数据库进程主要包括用户进程（User Process）、服务器进程（Server Process）和后台进程（Background Process）。

3.6.1　用户进程

用户进程是一个需要与 Oracle Server 交互的程序，该进程是一个运行在客户端，并独立出来的一种进程。一个数据库中是可以不需要用户进程的，当用户要访问 Oracle 数据库，执行查询操作时，需要用到用户进程，也就是说当用户运行某个工具或应用程序（如 SQL*Plus）时创建，当用户退出上述程序时该进程结束。常见的用户进程包括 SQL/PLUS、PL/SQL 等。

3.6.2　服务器进程

服务器进程是一个直接与 Oracle Server 交互的程序，与 Oracle Server 运行于同一台机器上，使用 PGA 执行用户进程发出的调用，并向用户进程返回结果状态和结果信息。

Oracle 创建服务器进程来处理连接到这个实例的用户进程的请求。在应用程序和 Oracle 运行在一台机器的情况下，可以将用户进程和对应的服务器进程合并来降低系统开销。但是，当应用程序和 Oracle 在不同的计算机上运行时，用户进程总是通过不同的服务器进程连接 Oracle。

为每个用户应用程序创建的服务器进程（或者合并的用户/服务器进程的服务器部分）可以执行下列任务：

（1）解析和运行应用程序发布的 SQL 语句。

（2）如果 SGA 中不存在一些数据块的数据，服务器进程会从磁盘上的数据文件中读取必要的数据块到 SGA 的共享服务器缓存中。

（3）以应用程序可以处理的信息方式返回结果。

3.6.3　后台进程

后台进程用于维护物理存储与内存中的数据之间的关系。为获得最高的性能和适应多用户，一个 Oracle 实例可以有很多后台进程，但不是所有的都必须存在。查看视图 V$BGPROCESS 可以得到关于后台进程的信息。一个 Oracle 实例中的后台进程主要包含以下几种。

1. 数据库写入进程（Database Writer Process，DBWn）

DBWn 在以下情况将数据写入磁盘：

- 发生检查点。
- 达到脏缓冲区阈值。
- 没有可用的缓冲区。
- 超时。
- 将表空间设置为脱机或只读。
- 删除或截断表。
- 备份表空间。

2. 日志写入进程（Log Writer Process，LGWR）

LGWR 在以下情况将缓冲区中的数据写入磁盘（联机日志文件 redo log）：

- 事务提交。
- 1/3 的 redo 日志缓冲区已满。
- Redo 日志缓冲区中的内容超过 1MB。
- 每 3s。
- 在 DBWn 写磁盘之前。

3. 检查点进程（Checkpoint Process，CKPT）

CKPT 主要负责以下事项：

- 使 DBWn 将 SGA 中所有被修改的数据库缓冲区的内容写入磁盘，无论事务是否被提交。
- 用检查点信息更新数据文件头。
- 用检查点信息更新控制文件。

CKPT 可以保证完成以下任务：

- 将经常被修改的数据块写入磁盘。
- 简化实例恢复。

4. 系统监视进程（System Monitor Process，SMON）

SMON 负责检查和维护 Oracle Database 的一致性，它主要完成以下工作：

- 实例恢复。
- 重做已提交的事务。
- 打开数据库。
- 回滚未提交的事务。
- 合并数据文件中相邻的自由空间。
- 释放临时段的空间。

5. 进程监视进程（Process Monitor Process，PMON）

当某个进程失效，需要清除相关的资源时，PMON 主要负责以下工作：

- 回滚用户的当前事务。
- 释放相关的锁。
- 是否存在与之相关的其他资源。

6. 归档进程（ARCn）

ARCn 是一个可选的后台进程，当把数据库设置为 ARCHIVELOG 模式时，可以自动归档联机 Redo 日志，能够保存所有对数据库所做修改的记录。

除上述介绍的后台进程外，一个数据库的后台进程还包括恢复进程（Recoverey Process，RECO）、任务队列进程（Job Queue Processes）、队列监控进程（Queue Monitor Processes，QMNn）及其他一些后台进程。

3.7　Oracle 数据库实例

Oracle 数据库实例是用户向数据库读/写数据或读数据的媒介，在 Oracle 单实例数据库中，只有一个实例，而且只能通过当前实例访问数据库。安装 Oracle 时，通常会安装一个数据库实例，实例的名字与数据库名字可以相同，也可以不同。

3.7.1　数据库实例

Oracle 数据库实例是一种访问数据库的机制，它由内存结构和一些后台进程组成，它的内存结构也成为系统全局区。

系统全局区是数据库实例最基本的部件之一，实例的后台进程中有 5 个是必需的，即只要这 5 个后台进程中的任何一个未能启动，该实例就会自动关闭，这 5 个进程分别是 SMON、DBWR、LGWR、CKPT、PMON。

（1）SMON 是系统监视器（System Monitor）的缩写。如果 Oracle 实例失败，则在 SGA 中的任何没有写到磁盘中的数据都会丢失。有许多情况可能引起 Oracle 实例失败，例如，操作系统的崩溃就会引起 Oracle 实例的失败。当实例失败之后，如果重新打开该数据库，则背景进程 SMON 自动执行实例的复原操作。

（2）DBWR 是数据库书写器（Database Write）的缩写。该服务器进程在缓冲存储区中记录所有的变化和数据，DBWR 把来自数据库的缓冲存储区中的临时数据写到数据文件中，以便确保数据库缓冲存储区中有足够的空闲的缓冲存储区，临时数据就是正在使用但是没有写到数据文件中的数据。

（3）LGWR 是日志书写器（Log Write）的缩写。LGWR 负责把重做日志缓冲存储区中的数据写入到重做日志文件中。

（4）CKPT 进程是检查点（Checkpoint）的缩写。该进程可以用来同步化数据库的文件，它可以把日志中的文件写入到数据库中。

（5）PMON 是进程监视器（Process Monitor）的缩写。当取消当前的事务，或释放进程占用的锁及释放其他资源之后，PMON 进程清空那些失败的进程。

3.7.2　实例的启动

数据库可以理解为是一个物理的静态概念，主要包括一些物理存在的数据库文件，而数据库实例则是一个动态概念，包括一些内存区域及若干进程，数据库实例是对数据库进行操作的执行者。

安装完 Oracle 数据库后，需要创建数据库实例才能真正开始使用 Oracle 数据库服务。下面介绍几种启动数据库实例的方法。

第一种方法是通过 DBCA（Database Configuration Assistant），这是 Oracle 提供的一个图形界面的数据库实例配置工具，如图 3-5 所示。通过它可以创建、删除和修改数据库实例，它的使用也比较简单、易懂，交互式的图形界面操作，非常准确有效的提示与配置，是一个比较方便的创建数据库实例的方式。按照 DBCA 给出的提示，很容易创建一个新数据库实例。

第二种方法是通过脚本或命令行自动创建数据库实例。这里所说的脚本包括 Shell 脚本和 SQL 脚本，这种方法是最适合与编程结合的，因为这些 Shell 脚本或者 SQL 脚本都可以直接在 Shell 命令中调用执行，所以，可以很好地与 Shell 编程相结合。而这其实是基于一个非常重要的事实，即 Oracle 提供了一个交互式的命令行工具 SQL Plus（类似于 DB2 的 db2cmd），如图 3-6 所示。

图 3-5　DBCA 操作界面

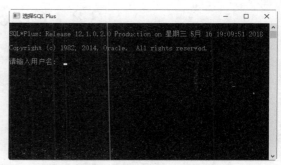

图 3-6　命令行工具——SQL Plus

SQL Plus 可以认为是一个 Oracle 数据库管理工具，通过它可以执行一些 Oracle 的数据库管理命令，来完成一些数据库管理工作（这当然就包括数据库实例的创建），同时还可以把它当作一个 SQL 语句执行器，直接在其中执行用户想要执行的 SQL 语句或者存储过程等，并获取执行结果。并且，SQL Plus 可以直接在 Shell 命令行中进行非交互式的调用执行（通常是调用执行一段 SQL Plus 语句，或者是一个由一些 SQL Plus 语句组成的 SQL 脚本，这里所说的 SQL Plus 语句包括 Oracle 数据库管理维护命令、SQL 语句和存储过程等），这就为在 Shell 编程中使用 SQL Plus 完成数据库实例自动创建工作提供了可能，如图 3-7 所示。

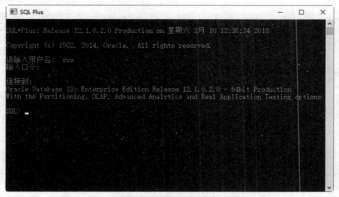

图 3-7　连接数据库

第三种方法是物理恢复法，严格来说不能算作一种创建 Oracle 数据库实例的方法，它是通过已有的数据库实例为基础来完成新数据库实例的创建的。这种方法是首先通过第一种或者第二种方法来创建一个数据库实例，然后对该数据库实例的物理文件进行备份，直接使用备份的物理文件恢复出一个与原数据库实例完全一样新的数据库实例，所以，这种方法需要和前两种方法相配合才能使用。这种方法其实已经属于 Oracle 数据备份与恢复的范畴了，就是 Oracle 数据备份恢复方式中的物理备份恢复，所以，这种方法可以称为物理恢复法。

物理恢复法的具体实现过程如下：首先对一个已经存在的数据库实例（最好已关闭）进行物理备份，所谓物理备份，其实就是复制该数据库实例所使用的操作系统文件，这些文件主要包括 DataFiles、RedoLogs、ControlFiles 和 UndoFiles（这些文件一般存在于 $ORACLE_HOME/oradata 目录下），进行数据库实例恢复时只需将备份的操作系统文件复制到新的 oradata 目录下，可以直接启动使用恢复后的该数据库实例。不难看出，这种备份恢复是依赖于操作系统平台的。

3.8　Oracle 数据字典

数据字典是 Oracle 数据库中最重要的组成部分，数据字典记录了数据库的系统信息，它是只读表和视图的集合，数据字典的所有者为 sys 用户。用户只能在数据字典上执行查询操作，而其维护和修改是由系统自动完成的。

3.8.1　Oracle 数据字典概述

Oracle 数据字典包括数据字典基表和数据字典视图，其中基表存储数据库的基本信息，普通用户不能直接访问数据字典的基表。数据字典视图是基于数据字典基表所建立的视图，普通用户可以通过查询数据字典视图取得系统信息。

数据字典视图主要包括 user_×××、all_×××、dba_×××3 种类型。

- user_tables：用于显示当前用户所拥有的所有表，它只返回用户所对应方案的所有表，如 select table_name from user_tables。
- all_tables：用于显示当前用户可以访问的所有表，它不仅会返回当前用户方案的所有表，还会返回当前用户可以访问的其他方案的表，如 select table_name from all_tables。
- dba_tables：它会显示所有方案拥有的数据库表。但是查询这种数据库字典视图，要求用户必须是 dba 角色或有 select any table 系统权限。例如，当 system 用户查询数据字典视图 dba_tables 时，会返回 system、sys、scott...方案所对应的数据库表。

3.8.2　Oracle 常用数据字典

Oracle 数据字典主要由表 3-2 中的几种视图构成。

表 3-2　Oracle 数据库的视图

user 视图	以 user_为前缀，用来记录用户对象的信息
all 视图	以 all_为前缀，用来记录用户对象的信息及被授权访问的对象信息
dba 视图	以 dba_为前缀，用来记录数据库实例的所有对象的信息
v$视图	以 v$为前缀，用来记录与数据库活动相关的性能统计动态信息
gv$视图	以 gv$为前缀，用来记录分布式环境下所有实例的动态信息

为此，Oracle 数据字典可以分为基本数据字典（见表 3-3）、与数据库组件相关的数据字典（见表 3-4）和常用动态性能视图（见表 3-5）。

表 3-3　基本数据字典

字 典 名 称	说　明
dba_tables	所有用户的所有表信息
dba_tab_columns	所有用户的表的字段信息
dba_views	所有用户的所有视图信息
dba_synonyms	所有用户的所有同义词信息
dba_sequences	所有用户的所有序列信息
dba_constraints	所有用户的表的约束信息
dba_ind_columns	所有用户的表的索引的字段信息
dba_triggers	所有用户的触发器信息
dba_sources	所有用户的存储过程信息
dba_segments	所有用户的段的使用空间信息
dba_extents	所有用户的段的扩展信息
dba_objects	所有用户对象的基本信息
cat	当前用户可以访问的所有基表
tab	当前用户创建的所有基表、视图、同义词等
dict	构成数据字典的所有表的信息

表 3-4　与数据库组件相关的数据字典

数据库组件	数据字典中的表或视图	说　明
数据库	v$datafile	记录系统的运行情况
表空间	dba_tablespaces	记录系统表空间的基本信息
	dba_free_space	记录系统表空间的空闲空间信息
控制文件	v$controlfile	记录系统控制文件的基本信息
	v$control_record_section	记录系统控制文件中记录文档段的信息
	v$parameter	记录系统参数的基本信息
数据文件	dba_data_files	记录系统数据文件及表空间的基本信息
	v$filestat	记录来自控制文件的数据文件信息
	v$datafile_header	记录数据文件头部的基本信息
段	dba_segments	记录段的基本信息
区	dba_extents	记录数据区的基本信息
日志	v$thread	记录日志线程的基本信息
	v$log	记录日志文件的基本信息
	v$logfile	记录日志文件的概要信息

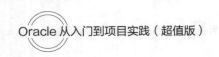

数据库组件	数据字典中的表或视图	说　明
归档	v$archived_log	记录归档日志文件的基本信息
	v$archived_dest	记录归档日志文件的路径信息
数据库实例	v$instance	记录实例的基本信息
	v$system_parameter	记录实例当前有效的参数信息
内存结构	v$sga	记录 SGA 的信息
	v$sgastat	记录 SGA 的详细信息
	v$db_object_cache	记录对象缓存的大小信息
	v$sql	记录 SQL 语句的详细信息
	v$sqltext	记录 SQL 语句的语句信息
	v$sqltext	记录 SQL 语句的语句信息
	v$sqlarea	记录 SQL 区的 SQL 基本信息
后台进程	v$bgprocess	显示后台进程信息
	v$session	显示当前会话信息

表 3-5　常用动态性能视图

视　图　名　称	说　明
v$fixed_table	显示当前发行的固定对象的说明
v$instance	显示当前实例的信息
v$latch	显示锁存器的统计数据
v$librarycache	显示有关库缓存性能的统计数据
v$rollstat	显示联机的回滚段的名字
v$rowcache	显示活动数据字典的统计
v$sag	记录 SGA 的信息
v$sgastat	记录 SGA 的详细信息
v$sort_usage	显示临时段的大小及会话
v$sqltext	记录 SQL 语句的语句信息
v$sqlarea	记录 SQL 区的 SQL 基本信息
v$stsstat	显示基本的实例统计信息
v$system_event	显示一个事件的总计等待时间
v$waitstat	显示块竞争统计数据

3.9　就业面试技巧与解析

3.9.1　面试技巧与解析（一）

面试官： Oracle 中有 3 个重要的概念需要理解，分别是什么？它们之间是什么关系和联系？

应聘者：三个重要概念为实例（Instance）、数据库（Database）和数据库服务器（Database Server）。

实例是指一组 Oracle 后台进程及在服务器中分配的共享内存区域。

数据库是由基于磁盘的数据文件、控制文件、日志文件、参数文件和归档日志文件等组成的物理文件集合；其主要功能是存储数据，其存储数据的方式通常称为存储机构。

数据库服务器是指管理数据库的各种软件工具（如 SQL Plus、OEM 等）和实例及数据库 3 个部分。

关系：实例用于管理和控制数据库；数据库为实例提供数据。一个数据库可以被多个实例装载和打开；一个实例在其生存期内只能装载和打开一个数据库。

注意：当用户连接到数据库时，实际上连接的是数据库的实例，然后由实例负责与数据库进行通信，最后将处理结果返回给用户。

3.9.2　面试技巧与解析（二）

面试官：数据字典是什么？有什么用？有没有命名规则？

应聘者：数据字典是 Oracle 存放关于数据库内部信息的地方，其用途是用来描述数据库内部的运行和管理情况。例如，一个数据表的所有者、创建时间、所属表空间、用户访问权限等信息。

数据字典的命名规则如下：

（1）DBA_：包含数据库实例的所有对象信息。

（2）V$_：当前实例的动态视图，包含系统管理和系统优化等所使用的视图。

（3）USER_：记录用户的对象信息。

（4）GV_：分布式环境下所有实例的动态视图，包含系统管理和系统优化使用的视图。

（5）ALL_：记录用户的对象信息及被授权访问的对象信息。

第 4 章
数据库操作语言——SQL 基础

SQL（Structured Query Language，结构化查询语言）是用于访问和处理数据库的标准的计算机语言。使用 SQL 可以访问和处理数据库，它是一种 ANSI（American National Standards Institute，美国国家标准学会）标准的计算机语言。本章就来学习 SQL 语言基础，主要内容包括 SQL 语言的种类、功能、数据类型，以及数据定义语言、数据操纵语言、数据查询语言、数据控制语言等。

 重点导读

- 了解 SQL 的概念。
- 掌握 SQL 的数据类型。
- 掌握数据定义语言的应用。
- 掌握数据操纵语言的应用。
- 掌握数据查询语言的应用。
- 掌握数据控制语言的应用。

4.1　认识 SQL

下面从 SQL 语言的标准、种类和功能 3 个方面来介绍 SQL 语言。

4.1.1　SQL 的标准

SQL 是数据库沟通的语言标准，有 3 个主要的标准：

（1）ANSI SQL。对 ANSI SQL 修改后在 1992 年采纳的标准，称为 SQL-92 或 SQL2。

（2）最近的 SQL-99 标准。SQL-99 标准从 SQL2 扩充而来，并增加了对象关系特征和许多其他新功能。

（3）各大数据库厂商提供不同版本的 SQL，这些版本的 SQL 不但能包括原始的 ANSI 标准，而且在很大程度上支持新推出的 SQL-92 标准。

注意：虽然 SQL 是一门 ANSI 标准的计算机语言，但是仍然存在多种不同版本的 SQL 语言。然而，为了与 ANSI 标准相兼容，它们必须以相似的方式共同来支持一些主要的命令（如 SELECT、UPDATE、DELETE、INSERT、WHERE 等）。

4.1.2　SQL 的种类

SQL 共分为 4 大类——数据查询语言（DQL）、数据操纵语言（DML）、数据定义语言（DDL）、数据控制语言（DCL），具体介绍如下：

（1）数据查询语言：SELECT 语句。

（2）数据操作语言：INSERT（插入）、UPDATE（修改）、DELETE（删除）语句。

（3）数据定义语言：DROP、CREATE、ALTER 等语句。

（4）数据控制语言：GRANT、REVOKE、COMMIT、ROLLBACK 等语句。

4.1.3　SQL 的功能

SQL 的主要功能是管理数据库，具体来讲，它可以面向数据库执行查询操作，还可以从数据库中取回数据。除了这两个主要功能外，使用 SQL 还可以执行如下操作：

- 可在数据库中插入新的记录。
- 可更新数据库中的数据。
- 可从数据库删除记录。
- 可创建新数据库。
- 可在数据库中创建新表。
- 可在数据库中创建存储过程。
- 可在数据库中创建视图。
- 可以设置表、存储过程和视图的权限。

4.2　SQL 的数据类型

SQL 数据类型是一个属性，用于定义数据库列中存放的值的种类。数据库表中的每个列都要求有名称和数据类型。SQL 开发人员必须在创建 SQL 表时决定表中的每个列将要存储的数据的类型。

4.2.1　SQL 通用数据类型

数据类型是一个标签，是便于 SQL 了解每个列期望存储什么类型的数据的指南，它也标识了 SQL 如何与存储的数据进行交互。表 4-1 列出了 SQL 中通用的数据类型。

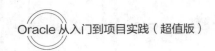

表 4-1　SQL 中通用的数据类型

数 据 类 型	描　述
CHARACTER(n)	字符/字符串。固定长度 n
VARCHAR(n)或 CHARACTER VARYING(n)	字符/字符串。可变长度。最大长度 n
BINARY(n)	二进制串。固定长度 n
BOOLEAN	存储 TRUE 或 FALSE 值
VARBINARY(n)或 BINARY VARYING(n)	二进制串。可变长度。最大长度 n
INTEGER(p)	整数值（没有小数点）。精度 p
SMALLINT	整数值（没有小数点）。精度 5
INTEGER	整数值（没有小数点）。精度 10
BIGINT	整数值（没有小数点）。精度 19
DECIMAL(p,s)	精确数值，精度 p，小数点后位数 s。例如，decimal(5,2)是一个小数点前有 3 位数，小数点后有 2 位数的数字
NUMERIC(p,s)	精确数值，精度 p，小数点后位数 s（与 DECIMAL 相同）
FLOAT(p)	近似数值，尾数精度 p。一个采用以 10 为基数的指数计数法的浮点数。该类型的 size 参数由一个指定最小精度的单一数字组成
REAL	近似数值，尾数精度 7
FLOAT	近似数值，尾数精度 16
DOUBLE PRECISION	近似数值，尾数精度 16
DATE	存储年、月、日的值
TIME	存储小时、分、秒的值
TIMESTAMP	存储年、月、日、小时、分、秒的值
INTERVAL	由一些整数字段组成，代表一段时间，取决于区间的类型
ARRAY	元素的固定长度的有序集合
MULTISET	元素的可变长度的无序集合
XML	存储 XML 数据

4.2.2　SQL DB 数据类型

不同的数据库所使用的数据类型和范围会有所不同，下面给出 SQL 用于常用的数据库的数据类型。

1. Microsoft Access 数据类型

表 4-2 为 SQL 用于 Microsoft Access 数据库的数据类型和范围。

表 4-2 Microsoft Access 数据类型

数 据 类 型	描　述	存　储
Text	用于文本或文本与数字的组合。最多 255 个字符	
Memo	Memo 用于更大数量的文本。最多存储 65 536 个字符。注释：无法对 memo 字段进行排序。不过它们是可搜索的	
Byte	允许 0 到 255 的数字	1B
Integer	允许介于–32 768～32 767 的全部数字	2B
Long	允许介于–2 147 483 648～2 147 483 647 的全部数字	4B
Single	单精度浮点。处理大多数小数	4B
Double	双精度浮点。处理大多数小数	8B
Currency	用于货币。支持 15 位的元，外加 4 位小数。提示：可以选择使用哪个国家的货币	8B
AutoNumber	AutoNumber 字段自动为每条记录分配数字，通常从 1 开始	4B
Date/Time	用于日期和时间	8B
Yes/No	逻辑字段，可以显示为 Yes/No、True/False 或 On/Off。在代码中，使用常量 True 和 False（等价于 1 和 0） 注释：Yes/No 字段中不允许 Null 值	1bit
Ole Object	可以存储图片、音频、视频或其他 BLOBs（Binary Large OBjects）	最多 1GB
Hyperlink	包含指向其他文件的链接，包括网页	
Lookup Wizard	允许创建一个可从下拉列表中进行选择的选项列表	4B

2. MySQL 数据类型

在 MySQL 中有 3 种主要的类型：Text（文本）、Number（数值）和 Date/Time（日期/时间）。表 4-3 为 Text（文本）数据类型，表 4-4 为 Number（数值）数据类型，表 4-5 为 Date/Time（日期/时间）数据类型。

表 4-3 Text（文本）数据类型

数 据 类 型	描　述
CHAR(size)	保存固定长度的字符串（可包含字母、数字及特殊字符）。在括号中指定字符串的长度。最多 255 个字符
VARCHAR(size)	保存可变长度的字符串（可包含字母、数字及特殊字符）。在括号中指定字符串的最大长度。最多 255 个字符。注释：如果值的长度大于 255，则被转换为 TEXT 类型
TINYTEXT	存放最大长度为 255 个字符的字符串
TEXT	存放最大长度为 65 535 个字符的字符串
BLOB	用于 BLOBs（Binary Large OBjects）。存放最多 65 535B 的数据
MEDIUMTEXT	存放最大长度为 16 777 215 个字符的字符串
MEDIUMBLOB	用于 BLOBs（Binary Large OBjects）。存放最多 16 777 215B 的数据
LONGTEXT	存放最大长度为 4 294 967 295 个字符的字符串

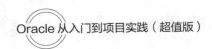

数 据 类 型	描 述
LONGBLOB	用于 BLOBs (Binary Large OBjects)。存放最多 4 294 967 295B 的数据
ENUM(x,y,z,etc.)	允许输入可能值的列表。可以在 ENUM 列表中列出最大 65 535 个值。如果列表中不存在插入的值，则插入空值。注释：这些值是按照输入的顺序排序的。可以按照此格式输入可能的值：ENUM('X','Y','Z')
SET	与 ENUM 类似，不同的是，SET 最多只能包含 64 个列表项且 SET 可存储一个以上的选择

表 4-4　Number（数值）数据类型

数 据 类 型	描 述
TINYINT(size)	带符号-128 到 127，无符号 0 到 255
SMALLINT(size)	带符号范围-32 768 到 32 767，无符号 0 到 65 535，size 默认为 6
MEDIUMINT(size)	带符号范围-8 388 608 到 8 388 607，无符号的范围是 0 到 16 777 215。size 默认为 9
INT(size)	带符号范围-2 147 483 648 到 2 147 483 647，无符号的范围是 0 到 4 294 967 295。size 默认为 11
BIGINT(size)	带符号的范围是-9 223 372 036 854 775 808 到 9 223 372 036 854 775 807，无符号的范围是 0 到 18 446 744 073 709 551 615。size 默认为 20
FLOAT(size,d)	带有浮动小数点的小数字。在 size 参数中规定显示最大位数。在 d 参数中规定小数点右侧的最大位数
DOUBLE(size,d)	带有浮动小数点的大数字。在 size 参数中规显示定最大位数。在 d 参数中规定小数点右侧的最大位数
DECIMAL(size,d)	作为字符串存储的 DOUBLE 类型，允许固定的小数点。在 size 参数中规定显示最大位数。在 d 参数中规定小数点右侧的最大位数

表 4-5　Date（日期）数据类型

数 据 类 型	描 述
DATE()	日期。格式：YYYY-MM-DD 注释：支持的范围是从'1000-01-01'到'9999-12-31'
DATETIME()	*日期和时间的组合。格式：YYYY-MM-DD HH:MM:SS 注释：支持的范围是从 '1000-01-01 00:00:00'到'9999-12-31 23:59:59'
TIMESTAMP()	*时间戳。TIMESTAMP 值使用 Unix 纪元('1970-01-01 00:00:00' UTC) 至今的秒数来存储。格式：YYYY-MM-DD HH:MM:SS 注释：支持的范围是从'1970-01-01 00:00:01' UTC 到'2038-01-09 03:14:07' UTC
TIME()	时间。格式：HH:MM:SS 注释：支持的范围是从'-838:59:59' 到 '838:59:59'
YEAR()	2 位或 4 位格式的年 注释：4 位格式所允许的值为 1 901 到 2 155。2 位格式所允许的值为 70 到 69，表示从 1 970 到 2 069

3. SQL Server 数据类型

SQL Server 数据库中常用的数据类型包括 String（字符串）数据类型（见表 4-6）、Number（数值）数据类型（见表 4-7）和 Date（日期）数据类型（见表 4-8）等。

表 4-6　String（字符串）数据类型

数 据 类 型	描　　述
char(n)	固定长度的字符串。最多 8 000 个字符
varchar(n)	可变长度的字符串。最多 8 000 个字符
varchar(max)	可变长度的字符串。最多 1 073 741 824 个字符
text	可变长度的字符串。最多 2GB 文本数据
nchar	固定长度的 Unicode 字符串。最多 4 000 个字符
nvarchar	可变长度的 Unicode 字符串。最多 4 000 个字符
nvarchar(max)	可变长度的 Unicode 字符串。最多 536 870 912 个字符
ntext	可变长度的 Unicode 字符串。最多 2GB 文本数据
bit	允许 0、1 或 NULL
binary(n)	固定长度的二进制字符串。最多 8 000B
varbinary	可变长度的二进制字符串。最多 8 000B
varbinary(max)	可变长度的二进制字符串。最多 2GB
image	可变长度的二进制字符串。最多 2GB

表 4-7　Number（数值）数据类型

数 据 类 型	描　　述	存　　储
tinyint	允许从 0 到 255 的所有数字	1B
smallint	允许介于-32 768 与 32 767 的所有数字	2B
int	允许介于-2 147 483 648 与 2 147 483 647 的所有数字	4B
bigint	允许介于-9 223 372 036 854 775 808 与 9 223 372 036 854 775 807 的所有数字	8B
decimal(p,s)	固定精度和比例的数字 允许从 $-10^{38}+1$ 到 $10^{38}-1$ 的数字 p 参数指示可以存储的最大位数（小数点左侧和右侧）。p 必须是 1 到 38 的值。默认是 18 s 参数指示小数点右侧存储的最大位数。s 必须是 0 到 p 的值。默认是 0	5～17B
numeric(p,s)	固定精度和比例的数字 允许从 $-10^{38}+1$ 到 $10^{38}-1$ 的数字 p 参数指示可以存储的最大位数（小数点左侧和右侧）。p 必须是 1 到 38 的值。默认是 18 s 参数指示小数点右侧存储的最大位数。s 必须是 0 到 p 的值。默认是 0	5～17B
smallmoney	介于-214 748.3648 与 214 748.3647 的货币数据	4B
money	介于-922 337 203 685 477.5808 与 922 337 203 685 477.5807 的货币数据	8B
float(n)	从-1.79E+308 到 1.79E+308 的浮动精度数字数据 n 参数指示该字段保存 4B 还是 8B。float(24)保存 4B，而 float(53)保存 8B n 的默认值是 53	4 或 8B
real	从-3.40E +38 到 3.40E +38 的浮动精度数字数据	4B

表 4-8　Date（日期）数据类型

数 据 类 型	描　　述	存　　储
datetime	从 1753 年 1 月 1 日到 9999 年 12 月 31 日，精度为 3.33ms	8B
datetime2	从 1753 年 1 月 1 日到 9999 年 12 月 31 日，精度为 100ns	6～8B
smalldatetime	从 1900 年 1 月 1 日到 2079 年 6 月 6 日，精度为 1min	4B
date	仅存储日期。从 0001 年 1 月 1 日到 9999 年 12 月 31 日	3B
time	仅存储时间。精度为 100ns	3～5B
datetimeoffset	与 datetime2 相同，外加时区偏移	8～10B
timestamp	存储唯一的数字，每当创建或修改某行时，该数字会更新。timestamp 值基于内部时钟，不对应真实时间。每个表只能有一个 timestamp 变量	

4.3　数据定义语言

数据定义语言（Data Definition Language，DDL）是 SQL 集中负责数据结构定义与数据库对象定义的语言，由 CREATE、ALTER、DROP 和 RENAME 4 个语句组成。

4.3.1　CREATE 语句

CREATE 语句主要用于数据库对象的创建，凡是数据库、数据表、数据库索引、用户函数、触发程序等对象，都可以使用 CREATE 语句来创建，而为了各种数据库对象的不同，CREATE 语句也有很多不同参数。

例如，创建一个数据库的语法格式如下：

```
CREATE DATABASE dbname;
```

其中，dbname 为数据库的名称，下面使用 SQL 语句创建一个名为"my_db"的数据库，具体 SQL 代码如下：

```
CREATE DATABASE my_db;
```

又如，使用 CREATE 语句还可以创建数据库中的数据表，包括表的行与列，具体语法格式如下：

```
CREATE TABLE table_name
(
    column_name1 data_type(size),
    column_name2 data_type(size),
    column_name3 data_type(size),
    ...
);
```

参数介绍如下：

- column_name 参数规定表中列的名称。
- data_type 参数规定列的数据类型（如 varchar、integer、decimal、date 等）。
- size 参数规定表中列的最大长度。

例如，现在我们想要创建一个名为 Persons 的表，包含 4 列：PersonID、Name、Address 和 City。具体的 SQL 代码如下：

```
CREATE TABLE Persons
```

```
(
    PersonID int,
    Name varchar(255),
    Address varchar(255),
    City varchar(255)
);
```

其中，PersonID 列的数据类型是 int，包含整数；Name、Address 和 City 列的数据类型是 varchar，包含字符，且这些字段的最大长度为 255 个字符。

除数据库与数据表外，在数据库中，还可以使用 CREATE 语句创建其他对象，具体如下：

- CREATE INDEX：创建数据表索引。
- CREATE PROCEDURE：创建预存程序。
- CREATE FUNCTION：创建用户函数。
- CREATE VIEW：创建查看表。
- CREATE TRIGGER：创建触发程序。

4.3.2 ALTER 语句

ALTER 语句主要用于修改数据库中的对象，相对于 CREATE 语句来说，该语句不需要定义完整的数据对象参数，还可以依照要修改的幅度来决定使用的参数，因此使用简单。

例如，如果需要在表中添加列，具体的语法格式如下：

```
ALTER TABLE table_name
ADD column_name datatype
```

如果需要删除表中的列，具体的语法格式如下：

```
ALTER TABLE table_name
DROP COLUMN column_name
```

如果要改变表中列的数据类型，具体的语法格式如下：

SQL Server/MS Access：

```
ALTER TABLE table_name
ALTER COLUMN column_name datatype
```

My SQL/Oracle：

```
ALTER TABLE table_name
MODIFY COLUMN column_name datatype
```

Oracle 10g 之后版本：

```
ALTER TABLE table_name
MODIFY column_name datatype;
```

下面给出一个具体实例，首先列出一个 Persons 表，如表 4-9 所示。

表 4-9　Persons 表

P_Id	Name	Address	City
1	刘天明	北安路 10 号	北京
2	张泽涵	上都路 5 号	上海
3	王天泽	天明路 11 号	郑州

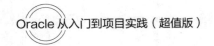

现在，需要在 Persons 表中添加一个名为 Date Of Birth 的列。具体 SQL 语句如下：

```
ALTER TABLE Persons
ADD Date Of Birth date
```

新列 Date Of Birth 的类型是 date，可以存放日期，执行完上述语句后，Persons 表将添加一列，具体显示效果如表 4-10 所示。

表 4-10　Persons 表 1

P_Id	Name	Address	City	Date Of Birth
1	刘天明	北安路 10 号	北京	
2	张泽涵	上都路 5 号	上海	
3	王天泽	天明路 11 号	郑州	

如果想要改变 Persons 表中 Date Of Birth 列的数据类型，可以执行如下 SQL 代码：

```
ALTER TABLE Persons
ALTER COLUMN DateOfBirth year
```

这样，Date Of Birth 列的类型是 year，可以存放 2 位或 4 位格式的年份。

如果想要删除 Person 表中的 Date Of Birth 列，可以执行如下 SQL 代码：

```
ALTER TABLE Persons
DROP COLUMN Date Of Birth
```

另外，用户还可以为 ALTER 语句添加更为负责的参数，如下面一段 SQL 语句：

```
ALTER TABLE doc_exa ADD column_b VARCHAR(20) NULL;
```

这段代码的作用如下：在数据表 doc_exa 中加入一个新的字段，名称为 column_b，数据类型为 varchar(20)，允许 NULL 值。

又如，下面一段 SQL 语句：

```
ALTER TABLE doc_exb DROP COLUMN column_b;
```

表示在数据表 doc_exb 中移除 column_b 字段。

4.3.3　DROP 语句

通过使用 DROP 语句，可以轻松删除数据库中的索引、表和数据库，该语句的使用比较简单。

删除索引的 SQL 语句如下：

```
DROP INDEX index_name
```

删除表的 SQL 语句如下：

```
DROP TABLE table_name
```

删除数据库的 SQL 语句如下：

```
DROP DATABASE database_name
```

4.4　数据操纵语言

用户通过数据操纵语言（Data Manipulation Language，DML）可以实现对数据库的基本操作。例如，对表中数据的插入、删除和修改等。

4.4.1　INSERT 语句

使用 INSERT 语句可以在指定记录前添加记录。INSERT 语句可以有两种编写形式。

第一种形式无须指定要插入数据的列名，只需提供被插入的值即可，语法结构如下：

```
INSERT INTO table_name
VALUES (value1,value2,value3,...);
```

第二种形式需要指定列名及被插入的值，语法结构如下：

```
INSERT INTO table_name (column1,column2,column3,...)
VALUES (value1,value2,value3,...);
```

例如，想要在表 4-1 中插入一个新行，具体的 SQL 语句如下：

```
INSERT INTO Persons (P_Id, Name, Address, City)
VALUES ('田宗明','索林路 25 号','天津');
```

执行上述 SQL 语句后，即可得到表 4-11 中的新表。

表 4-11　Persons 表 2

P_Id	Name	Address	City
1	刘天明	北安路 10 号	北京
2	张泽涵	上都路 5 号	上海
3	王天泽	天明路 11 号	郑州
4	田宗明	索林路 25 号	天津

注意：表中的 P_Id 列是自动更新的，表中的每条记录都有一个唯一的数字。

4.4.2　UPDATE 语句

UPDATE 语句用于更新表中已存在的记录。具体语法格式如下：

```
UPDATE table_name
SET column1=value1,column2=value2,...
WHERE some_column=some_value;
```

例如，要把表 4-11 中刘天明的 **Address** 更改为"北安路 12 号"，City 更改为"上海"。具体 SQL 语句如下：

```
UPDATE Persons
SET Address ='北安路 12 号', City='上海'
WHERE Name ='刘天明';
```

执行完上述 SQL 语句，会得到表 4-12 中的新表。

表 4-12　Persons 表 3

P_Id	Name	Address	City
1	刘天明	北安路 12 号	上海
2	张泽涵	上都路 5 号	上海
3	王天泽	天明路 11 号	郑州

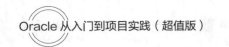

注意：SQL UPDATE 语句中的 WHERE 子句规定哪条记录或者哪些记录需要更新。如果省略了 WHERE 子句，那么所有的记录都将被更新。

4.4.3 DELETE 语句

DELETE 语句用于删除表中不需要的记录，该语句使用比较简单，具体的语法格式如下：

```
DELETE FROM table_name
WHERE some_column=some_value;
```

参数介绍如下：

- table_name：要删除的数据所在的表名。
- some_column=some_value：限制要删除的行，该条件可以是指定具体的列名、表达式、子查询或者比较运算符等。

注意：SQL DELETE 语句中的 WHERE 子句规定哪条记录或者哪些记录需要删除。如果省略了 WHERE 子句，所有的记录都将被删除。

如果想要在不删除表的情况下，删除表中所有的行，意味着表结构、属性、索引将保持不变，具体的语法格式如下：

```
DELETE FROM table_name;
```

或

```
DELETE * FROM table_name;
```

注意：在删除记录时要格外小心，因为不能重来。

4.5 数据查询语言

数据查询语言（Data Query Language，DQL）是由 SELECT 子句、FROM 子句、WHERE 子句组成的查询块，具体格式如下：

```
SELECT <字段名表>
FROM <表或视图名>
WHERE <查询条件>
```

4.5.1 SELECT 语句

SELECT 语句用于从数据库中选取数据，结果被存储在一个结果表中，称为结果集。SELECT 语法结构如下：

```
SELECT column_name,column_name
FROM table_name;
```

与

```
SELECT * FROM table_name;
```

例如，想要查询表 4-9 中的 Name 和 City 列，需要使用如下 SQL 语句：

```
SELECT Name,City FROM Persons;
```

如果想要获取表 Persons 中的所有列，需要使用如下 SQL 语句：

```
SELECT * FROM Persons;
```

4.5.2 SELECT TOP 语句

SELECT TOP 语句用于规定要返回的记录的数目，SELECT TOP 语句对于拥有数千条记录的大型表来说，是非常有用的。

注意：并非所有的数据库系统都支持 SELECT TOP 语句。MySQL 支持 LIMIT 语句来选取指定的条数数据，Oracle 可以使用 ROWNUM 来选取。

SELECT TOP 语句在 Oracle 中的语法结构如下：

```
SELECT column_name(s)
FROM table_name
WHERE ROWNUM <= number;
```

例如，想要获取表 Persons 中 ROWNUM <=5 的数据，可以使用以下 SQL 语句：

```
SELECT *FROM Persons WHERE ROWNUM <=5;
```

4.5.3 SELECT INTO 语句

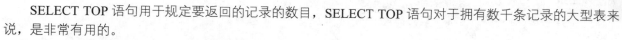

使用 SELECT INTO 语句可以从一个表复制数据，然后把数据插入到另一个新表中。SELECT INTO 语句的语法格式如下。

复制所有的列插入到新表中，SQL 语句如下：

```
SELECT *
INTO newtable [IN externaldb]
FROM table1;
```

只复制希望的列插入到新表中，SQL 语句如下：

```
SELECT column_name(s)
INTO newtable [IN externaldb]
FROM table1;
```

创建表 Websites 的备份复件，SQL 语句如下：

```
SELECT *
INTO Websites Backup2016
FROM Websites;
```

只复制部分列插入到新表中，SQL 语句如下：

```
SELECT name, url
INTO Websites Backup2016
FROM Websites;
```

只复制指定列插入到新表中，SQL 语句如下：

```
SELECT *
INTO WebsitesBackup2016
FROM Websites
WHERE country='CN';
```

复制多个表中的数据插入到新表中，SQL 语句如下：

```
SELECT Websites.name, access_log.count, access_log.date
INTO WebsitesBackup2016
FROM Websites
LEFT JOIN access_log
ON Websites.id=access_log.site_id;
```

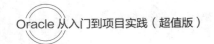

提示：SELECT INTO 语句可用于通过另一种模式创建一个新的空表，只需要添加促使查询没有数据返回的 WHERE 子句即可。

4.6 数据控制语言

数据控制语言（Data Control Language，DCL）是用来设置或者更改数据库用户或角色权限的语句，这些语句包括 GRANT、REVOKE、COMMIT、ROLLBACK 等语句，在默认状态下，只有 sysadmin、dbcreator、db_owner 或 db_securityadmin 等角色的成员才有权利执行数据控制语言。

4.6.1 GRANT 语句

利用 SQL 的 GRANT 语句可向用户授予操作权限，当用该语句向用户授予操作权限时，若允许用户将获得的权限再授予其他用户，应在该语句中使用 WITH GRANT OPTION 短语。

授予语句权限的语法格式如下：

```
GRANT {ALL | statement[,...n]} TO security_account [ ,...n ]
```

授予对象权限的语法格式如下：

```
GRANT{ ALL [ PRIVILEGES ] | permission [ ,...n ] }{[ ( column [ ,...n ] ) ]ON { table | view }|
ON { table | view } [ ( column [ ,...n ] ) ]| ON {stored_procedure | extended_procedure }| ON
{ user_defined_function } }TO security_account [ ,...n ] [ WITH GRANT OPTION ] [ AS { group | role} ]
```

4.6.2 REVOKE 语句

REVOKE 语句是与 GRANT 语句相反的语句，它能够将以前在当前数据库内的用户或者角色上授予或拒绝的权限删除，但是该语句并不影响用户或者角色从其他角色中作为成员继承过来的权限。

收回语句权限的语法格式如下：

```
REVOKE { ALL | statement [ ,...n ] } FROM security_account [ ,...n ]
```

收回对象权限的语法格式如下：

```
REVOKE[ GRANT OPTION FOR ] { ALL [ PRIVILEGES ] | permission [ ,...n ] } { [( column [ ,...n ] )
ON { table | view } | ON { table | view } [ (column [ ,...n ] ) ] | ON { stored_procedure | extended_procedure
|ON { user_defined_function } } { TO | FROM } security_account [ ,...n ][ CASCADE ] [ AS { group | role } ]
```

4.6.3 COMMIT 语句

COMMIT 命令用于把事务所做的修改保存到数据库，它把上一个 COMMIT 或 ROLLBACK 命令之后的全部事务都保存到数据库。使用 COMMIT 提交当前事务，使事务中执行的变更永久化，所有事务的更改都将为其他事务可见，而且保证当崩溃发生时的可持续性。

4.6.4 ROLLBACK 语句

在 Oracle 中，ROLLBACK 语句用于撤销当前事务或有问题的事务所执行的工作。ROLLBACK 语句的语法格式如下：

```
ROLLBACK [ WORK ] [ TO [SAVEPOINT] savepoint_name | FORCE 'string' ];
```

主要参数介绍如下：

- WORK：可选参数。它被 Oracle 添加为符合 SQL 标准。 使用或不使用 WORK 参数来发出 ROLLBACK 会导致相同的结果。
- TO SAVEPOINT savepoint_name：可选参数。ROLLBACK 语句撤销当前会话的所有更改，直到由 savepoint_name 指定的保存点。如果省略该子句，则所有更改都将被撤销。
- FORCE 'string'：可选参数。它用于强制回滚可能已损坏或有问题的事务。使用此子句，可以将单引号中的事务 ID 指定为字符串。可以在系统视图中找到名为 DBA_2PC_PENDING 的事务标识。

注意：必须拥有 DBA 权限才能访问系统视图 DBA_2PC_PENDING 和 V$CORRUPT_XID_LIST，而且无法将有问题的事务回滚到保存点。

4.7 就业面试技巧与解析

4.7.1 面试技巧与解析（一）

面试官：你并非毕业于名牌院校，你认为你和名牌院校的毕业生相比，有哪些优势？

应聘者：是否毕业于名牌院校不重要，重要的是有能力完成您交给我的工作，我接受了相关知识的职业培训，掌握的技能完全可以胜任贵公司现在的工作，而且我比一些名牌院校的应届毕业生的动手能力还要强，我想我更适合贵公司这个职位。

4.7.2 面试技巧与解析（二）

面试官：你希望这个职务能给你带来什么？

应聘者：希望能借此发挥我的所学及专长，同时也会吸收贵公司在这方面的经验，就公司、我个人而言，可以缔造"双赢"的局面。

第 5 章

数据库和数据表的基本操作

 学习指引

数据实际存储在数据表中，可见，数据表是数据库中最重要、最基本的操作对象，是数据存储的基本单位。本章详细介绍数据表的基本操作，主要内容包括创建数据表、查看数据表结构、修改数据表、删除数据表与删除数据库等。

 重点导读

- 掌握创建数据表的方法。
- 掌握查看数据表结构的方法。
- 掌握修改数据表的方法。
- 掌握数据表其他操作的方法。
- 掌握删除数据表的方法。
- 掌握删除数据库的方法。

5.1　登录数据库

当 Oracle 服务启动完成后，便可以通过客户端来登录 Oracle 数据库。在 Windows 操作系统下，可以通过两种方式登录 Oracle 数据库。

5.1.1　以 SQL Plus 命令行方式登录

通过 SQL Plus 命令行方式登录方法有多种，常见的方式有通过 DOS 窗口的方式和直接利用 SQL Plus 登录。下面介绍详细的登录步骤。

（1）通过 DOS 窗口的方式，具体操作步骤如下：

步骤 1：在桌面上右击"开始"图标，在弹出的快捷菜单中选择"命令提示符（管理员）"命令，打开

"管理员：命令提示符"窗口，如图 5-1 所示。

步骤 2：单击"确定"按钮，打开 DOS 窗口，输入以下命令并按 Enter 键确认，如图 5-2 所示。

```
sqlplus "/as sysdba"
```

图 5-1　"管理员：命令提示符"窗口

图 5-2　DOS 窗口

（2）直接利用 SQL Plus 登录，具体操作步骤如下：

步骤 1：选择"开始"→Oracle OraDB12Home1→SQL Plus 命令，如图 5-3 所示。

步骤 2：打开 SQL Plus 窗口，输入用户名和口令并按 Enter 键确认，如图 5-4 所示。

```
请输入用户名：sys
输入口令：安装时密码 as sysdba
```

图 5-3　选择 SQL Plus 命令

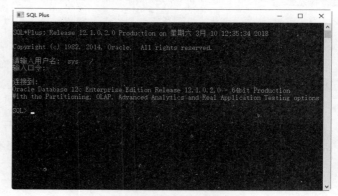

图 5-4　SQL Plus 窗口

提示：当窗口中出现图 5-4 所示的说明信息，命令提示符变为"SQL>"时，表明已经成功登录 Oracle 服务器了，可以开始对数据库进行操作。

5.1.2　使用 SQL Developer 登录

SQL Developer 是 Oracle 公司出品的一个免费的集成开发环境。使用 SQL Developer 可以登录数据库。具体操作步骤如下：

步骤 1：选择"开始"→Oracle OraDB12Home1→SQL Developer 命令，如图 5-5 所示。

步骤 2：打开 Oracle SQL Developer 窗口，如图 5-6 所示。

步骤 3：单击"连接"选项卡下"新建连接"右侧的下拉按钮，在弹出的下拉列表中选择"新建连接"选项，如图 5-7 所示。

图 5-5　选择 SQL Developer 命令

图 5-6　Oracle SQL Developer 窗口

步骤 4：打开"新建/选择数据库连接"对话框，输入"连接名"为 orle，选择"连接类型"为"本地/继承"，选择"角色"为 SYSDBA，勾选"操作系统验证"复选框，如图 5-8 所示。

图 5-7　"新建连接"选项

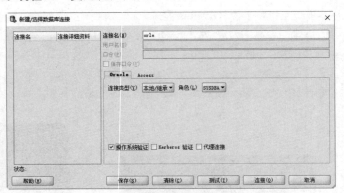

图 5-8　"新建/选择数据库连接"对话框

步骤 5：单击"连接"按钮，即可登录到数据库，并打开 SQL Developer 主界面窗口，在打开的窗口中输入 SQL 命令，就可以进行相关数据库文件的操作，如图 5-9 所示。

图 5-9　SQL Developer 主界面窗口

5.2　创建数据表

所谓创建数据表，是指在已经创建好的数据库中建立新表。创建数据表的过程是规定数据列的属性的过程，同时也是实施数据完整性（包括实体完整性、引用完整性和域完整性）约束的过程。

5.2.1　创建普通 Oracle 数据表

数据表属于数据库，在创建好数据库后，就可以创建数据表了。创建数据表的语句为 CREATE TABLE，语法规则如下：

```
CREATE  TABLE <表名>
(
    字段名 1 数据类型 [列级别约束条件] [默认值],
    字段名 2 数据类型 [列级别约束条件] [默认值],
    ⋮
    [表级别约束条件]
);
```

使用 **CREATE TABLE** 创建表时，必须指定以下信息：

（1）要创建的表的名称不区分大小写，不能使用 SQL 语言中的关键字，如 DROP、ALTER、INSERT 等。

（2）数据表中每一个列（字段）的名称和数据类型，如果创建多个列，要用逗号隔离开。

下面以创建数据表 **db_1** 为例进行讲解。

【例 5-1】创建员工表 **db_1**，结构如表 5-1 所示。

表 5-1　员工表 db_1

字 段 名 称	数 据 类 型	备　注
id	NUMBER(11)	员工编号
name	VARCHAR2(25)	员工名称
sex	CHAR(2)	员工性别
salary	NUMBER(9,2)	员工工资

登录数据库后，下面开始创建数据表 db_1，在 DOS 窗口中输入的 SQL 语句如下：

```
CREATE TABLE db_1
(
    id        NUMBER(11),
    name      VARCHAR2(25),
    sex       CHAR(2),
    salary    NUMBER(9,2)
);
```

按 Enter 键，语句执行结果如图 5-10 所示，提示用户表创建成功。

这里已经创建了一个名称为 **db_1** 的数据表，使用 **DESC** 与表名即可查看数据表是否创建成功，SQL 语句如下：

```
DESC db_1
```

按 Enter 键，语句执行结果如图 5-11 所示，在其中可以查看数据表的结构。

图 5-10　创建数据表 db_1

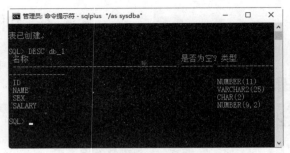

图 5-11　查询数据表 db_1 的结构

可以看到，数据表 db_1 创建成功，数据库中已经有了数据表 db_1。

5.2.2　创建带有主键约束的表

在创建数据表时，可以通过定义 Primary Key 约束来创建主键，用于强制表的实体完整性。一个表中只能有一个主键约束（Primary Key Constraint number），并且 Primary Key 约束中的列不能接受控制。由于 Primary Key 约束可保证数据的唯一性，因此，经常对标识列定义这种约束。

主键和记录之间的关系如同身份证和人之间的关系，它们之间是一一对应的。主键分为两种类型：单字段主键和多字段联合主键。

1. 单字段主键

主键由一个字段组成，SQL 语句格式分为以下两种情况。

（1）在定义列的同时制定主键，语法规则如下：

```
字段名 数据类型 PRIMARY KEY[默认值]
```

【例 5-2】定义数据表 db_2，其主键为 id，在 DOS 窗口中输入的 SQL 语句如下：

```
CREATE TABLE db_2
(
    id          NUMBER(11) PRIMARY KEY,
    name        VARCHAR2(25),
    sex         CHAR(2),
    salary      NUMBER(9,2)
);
```

按 Enter 键，语句执行结果如图 5-12 所示，提示用户表已被创建。

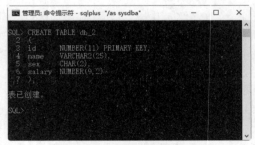

图 5-12　创建数据表 db_2

（2）在定义完所有列之后指定主键，语法格式如下：

```
[CONSTRAINT<约束名>] PRIMARY KEY [字段名]
```

【例 5-3】定义数据表 db_3，其主键为 id，在 DOS 窗口中输入的 SQL 语句如下：

```
CREATE TABLE db_3
(
    id          NUMBER(11),
    name        VARCHAR2(25),
    sex         CHAR(2),
    salary      NUMBER(9,2),
    PRIMARY     KEY(id)
);
```

按 Enter 键，语句执行结果如图 5-13 所示，提示用户表已被创建。

图 5-13　创建数据表 db_3

提示：上述两个例子执行后的结果是一样的，都会在 id 字段上设置主键约束。

2. 多字段主键

主键由多个字段联合组成，语法规则如下：

```
PRIMARY KEY[字段 1,字段 2,…,字段 n]
```

【例 5-4】定义数据表 db_4，假设表中间没有主键 id，为了唯一确定一个员工，可以把 name、sex 联合起来作为主键。在 DOS 窗口中输入的 SQL 语句如下：

```
CREATE TABLE db_4
(
    name        VARCHAR2(25),
    sex         CHAR(2),
    salary      NUMBER(9,2),
    PRIMARY     KEY(name,sex)
);
```

按 Enter 键，语句执行结果如图 5-14 所示。语句执行后，便创建了一个名称为 db_4 的数据表，name 字段和 sex 字段组合在一起成为该数据表的多字段联合主键。

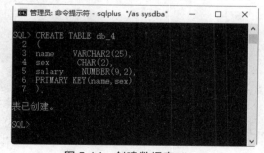

图 5-14　创建数据表 db_4

3. 在修改表时添加主键约束

在创建表时如果没有添加主键约束，可以在修改表时为表添加主键约束。添加主键约束的语法格式如下：

```
ALTER TABLE 数据表名称
ADD CONSTRAINTS 约束名称 PRIMARY KEY (字段名称)
```

【例 5-5】定义数据表 tb1_emp 1，修改其主键为 id，在 SQL Plus 窗口中输入创建数据表的 SQL 语句如下：

```
CREATE TABLE tb1_emp1
(
    id          NUMBER(11),
    name        VARCHAR2(25),
    deptId      NUMBER(11),
    salary      NUMBER(9,2)
);
```

按 Enter 键，语句执行结果如图 5-15 所示。

通过 ALTER TABLE 修改 id 为主键，在 SQL Plus 窗口中输入的 SQL 语句如下：

```
ALTER TABLE tb1_emp1
ADD CONSTRAINTS pk_id PRIMARY KEY (id);
```

按 Enter 键，语句执行结果如图 5-16 所示。

图 5-15　创建数据表 tb1_emp1

图 5-16　修改数据表 tb1_emp1 的主键约束

4. 移除主键约束

对于不需要的主键约束，可以将其移除，具体语法格式如下：

```
ALTER TABLE 数据表名称
DROP CONSTRAINTS 约束名称
```

【例 5-6】移除数据表 tb1_emp 1 的主键约束 pk_id，在 SQL Plus 窗口中输入的 SQL 语句如下：

```
ALTER TABLE tb1_emp1
DROP CONSTRAINTS pk_id;
```

按 Enter 键，语句执行结果如图 5-17 所示。上述语句执行完成后，即可成功移除主键约束 pk_id。

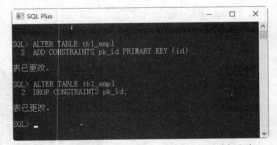

图 5-17　移除数据表 tb1_emp1 的主键约束

5.2.3　创建带有外键约束的表

通过定义 FOREIGN KEY 约束来创建外键，在外键引用中，当一个表的列被引用作为另一个表的主键值的列时，就在两表之间创建了链接，这个列就称为第二个表的外键。

一个表可以有一个或者多个外键。外键对应的是参照完整性，一个表的外键可以为空值，若不为空值，则每一个外键值必须等于另一个表中主键的某个值。

定义外键时需要注意以下几点：

（1）定义的外键列是表中的一个字段，可以不是本表的主键，但对应另外一个表的主键。

（2）外键的作用是保持数据的一致性、完整性，定义外键后，不允许删除在另一个表中具有关联关系的行。例如，部分表 tb_dept 的主键 id，在员工表 db_5 中有一个键 deptId 与这个 id 关联。

（3）主表（父表）：对于两个具有关联关系的表而言，相关联字段中主键所在的那个表即是主表。

（4）从表（自表）：对于两个具有关联关系的表而言，相关联字段中外键所在的那个表即是从表。

1．创建外键约束

创建外键的语法规则如下：

```
[CONSTRAINT<外键名>]FOREIGN KEY 字段名 1[,字段名 2,…]
REFERENCES<主表名> 主键列 1[,主键列 2,…]
```

"外键名"为定义的外键约束的名称，一个表中不能有相同名称的外键；"字段名"表示子表需要添加外键约束的字段列。

【例 5-7】定义数据表 db_5，并且在该表中创建外键约束。创建一个部门表 tb_dept1，表结构如表 5-2 所示。

表 5-2　tb_dept1 表结构

字 段 名 称	数 据 类 型	备　注
id	NUMBER(11)	部门编号
name	VARCHAR2(22)	部门名称
location	VARCHAR2(50)	部门位置

在 DOS 窗口中输入的 SQL 语句如下：

```
CREATE TABLE tb_dept1
(
    id          NUMBER(11) PRIMARY KEY,
    name        VARCHAR2(22) NOT NULL,
    location    VARCHAR2(50)
);
```

按 Enter 键，语句执行结果如图 5-18 所示。

定义数据表 db_5，让它的 deptId 字段作为外键关联到 tb_dept1 的主键 id，在 DOS 窗口中输入的 SQL 语句如下：

```
CREATE TABLE db_5
(
    id          NUMBER(11) PRIMARY KEY,
    name        VARCHAR2(25),
    deptId      NUMBER(11),
    salary      NUMBER(9,2),
    CONSTRAINT  fk_emp_dept1 FOREIGN KEY(deptId) REFERENCES tb_dept1(id)
);
```

按 Enter 键，语句执行结果如图 5-19 所示。语句执行成功后，在表 db_5 上添加了名称为 fk_emp_dept1 的外键约束，外键名称为 deptId，其依赖于表 tb_dept1 的主键 id。

图 5-18　创建数据表 tb_dept1

图 5-19　创建数据表 db_5 并添加外键约束

2. 在修改数据表时添加外键约束

在创建表时如果没有添加外键约束，可以在修改表时为表添加外键约束。添加外键约束的语法格式如下：

```
ALTER TABLE 数据表名称
ADD CONSTRAINTS 约束名称 FOREIGN KEY（外键约束的字段名称）
PEFERENCE 数据表名称（字段名称）
ON DELETE CASCADE;
```

【例 5-8】在 db_5 表上添加外键约束。在 SQL Plus 窗口中输入的 SQL 语句如下：

```
ALTER TABLE db_5
ADD CONSTRAINTS fk_emp_dept1 FOREIGN KEY（deptId）
REFERENCES tb_dept1(id)
ON DELETE CASCADE;
```

按 Enter 键，语句执行结果如图 5-20 所示。语句执行完成后，即为 db_5 表的 deptId 字段添加了外键约束。

3. 移除外键约束

对于不需要的外键约束，可以将其移除，具体语法格式如下：

```
ALTER TABLE 数据表名称
DROP CONSTRAINTS 约束名称
```

【例 5-9】移除数据表 db_5 的外键约束 fk_emp_dept1，SQL 语句如下：

```
ALTER TABLE db_5
DROP CONSTRAINTS fk_emp_dept1;
```

按 Enter 键，语句执行结果如图 5-21 所示。语句执行完成后，即可成功移除 db_5 的外键约束。

图 5-20　修改数据表 db_5 并添加外键约束

图 5-21　移除数据表 db_5 的外键约束

5.2.4 创建带有非空约束的表

非空约束（NOT NULL Constraint）是指字段的值不能为空值，这个空值（或 NULL）不同于零（0）、空白或长度为零的字符串（如""），NULL 的意思是没有输入。

1. 创建非空约束

出现 NULL 通常表示值未知或未定义，对于使用了非空约束的字段，如果用户在添加数据时没有指定值，则数据库系统会报错。

非空约束的语法规则如下：

```
字段名 数据类型 not null
```

【例 5-10】定义数据表 db_6，指定员工的性别不能为空，在 SQL Plus 窗口中输入的 SQL 语句如下：

```
CREATE TABLE db_6
(
    id      NUMBER(11) PRIMARY KEY,
    name    VARCHAR2(25),
    sex     CHAR(2) NOT NULL
);
```

按 Enter 键，语句执行结果如图 5-22 所示。语句执行完成后，在 db_6 中创建了一个 sex 字段，其插入值不能为空（NOT NULL）。

2. 修改表时添加非空约束

在创建表时如果没有添加非空约束，可以在修改表时为表添加非空约束。添加非空约束的语法格式如下：

```
ALTER TABLE 数据表名称
MODIFY 字段名称 NOT NULL;
```

【例 5-11】将 db_6 表上的字段 name 指定为不能为空。在 SQL Plus 窗口中输入的 SQL 语句如下：

```
ALTER TABLE db_6
MODIFY name NOT NULL;
```

按 Enter 键，语句执行结果如图 5-23 所示。语句执行完成后，即为 db_6 表的 name 字段添加了非空约束。

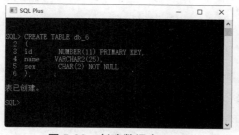

图 5-22 创建数据表 db_6

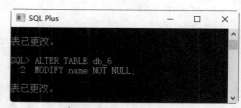

图 5-23 修改数据表 db_6 并指定非空约束

3. 移除非空约束

对于不需要的非空约束，可以将其移除，具体的语法格式如下：

```
ALTER TABLE 数据表名称
MODIFY 字段名称 NULL;
```

【例 5-12】移除数据表 db_6 的非空约束，在 SQL Plus 窗口中输入的 SQL 语句如下：

```
ALTER TABLE db_6
MODIFY name  NULL;
```

按 Enter 键，语句执行结果如图 5-24 所示。语句执行完成后，即可成功移除非空约束。

图 5-24　移除数据表 db_6 的非空约束

5.2.5　创建带有唯一性约束的表

唯一性约束（Unique Constraint）用于强制实施列表集中值的唯一性。根据约束条件，要求该列唯一，允许为空，但只能出现一个空值。另外，主键也强制实施唯一性，但主键不允许 NULL 作为一个唯一值。

1.创建唯一性约束

创建唯一性约束分为两种情况，下面分别进行介绍。

（1）在创建表时创建唯一性约束。

语法规则如下：

```
字段名 数据类型 UNIQUE
```

【例 5-13】定义数据表 db_7，指定 name 字段唯一，在 SQL Plus 窗口中输入的 SQL 语句如下：

```
CREATE TABLE db_7
(
    id          NUMBER(11) PRIMARY KEY,
    name        VARCHAR2(22) UNIQUE,
    sex         CHAR(2)NOT NULL,
    age         NUMBER(4)
);
```

按 Enter 键，语句执行结果如图 5-25 所示。语句执行完成后，即可创建数据表 db_7，并指定 name 字段为唯一性约束。

（2）在现有表中创建唯一性约束。

语法规则如下：

```
[CONSTRAINT <约束名>] UNIQUE(<字段名>)
```

【例 5-14】定义数据表 db_8，指定 name 字段唯一，在 SQL Plus 窗口中输入的 SQL 语句如下：

```
CREATE TABLE db_8
(
    id          NUMBER(11) PRIMARY KEY,
    name        VARCHAR2(22),
    sex         CHAR(2)NOT NULL,
    age         NUMBER(4),
    CONSTRAINT STH UNIQUE(name)
);
```

按 Enter 键，语句执行结果如图 5-26 所示。语句执行完成后，即可先创建数据表 db_8，然后指定 name 字段为唯一性约束。

图 5-25 创建数据表 db_7 并指定唯一性约束

图 5-26 创建数据表 db_8 并指定唯一性约束

2. 在修改表时添加唯一性约束

修改表时也可以添加唯一性约束，具体 SQL 语法格式如下：

```
ALTER TABLE 数据表名称
ADD CONSTRAINT 约束名称 UNIQUE ( 字段名称 );
```

【例 5-15】将 db_8 表上的字段 name 添加唯一性约束。在 SQL Plus 窗口中输入的 SQL 语句如下：

```
ALTER TABLE db_8
ADD CONSTRAINT STH UNIQUE ( name );
```

按 Enter 键，语句执行结果如图 5-27 所示。语句执行完成后，即为 db_8 表的 name 字段添加了唯一性约束。

3. 移除唯一性约束

对于不需要的唯一性约束，可以将其移除，具体的语法格式如下：

```
ALTER TABLE 数据表名称
DROP CONSTRAINTS 约束名称;
```

【例 5-16】移除数据表 db_8 的唯一性约束，在 SQL Plus 窗口中输入的 SQL 语句如下：

```
ALTER TABLE db_8
DROP CONSTRAINTS STH;
```

按 Enter 键，语句执行结果如图 5-28 所示。语句执行完成后，即可成功移除唯一性约束。

图 5-27 在修改表时添加唯一性约束

图 5-28 移除数据表 db_8 的唯一性约束

5.2.6 创建带有默认约束的表

在创建或修改数据表时可通过定义默认约束来创建默认值。例如，用户表中北京人比较多，就可以设置 city 字段的默认值为"北京"，如果插入一条新的记录时没有为这个字段赋值，那么系统会自动为这个字段赋值为"北京"。

默认约束的语法规则如下：

```
字段名 数据类型 DEFAULT 默认值
```

【例 5-17】定义数据表 db_9，指定员工的城市默认值为"北京"，在 SQL Plus 窗口中输入的 SQL 语句如下：

```
CREATE TABLE db_9
(
    id          NUMBER(11) PRIMARY KEY,
    name        VARCHAR2(25) NOT NULL,
    city        VARCHAR2(20) DEFAULT '北京'
);
```

按 Enter 键，语句执行结果如图 5-29 所示。语句执行完成后，表 db_9 中的字段 city 拥有了一个默认值'北京'，新插入的记录如果没有指定 city 的值，则默认设置为'北京'。

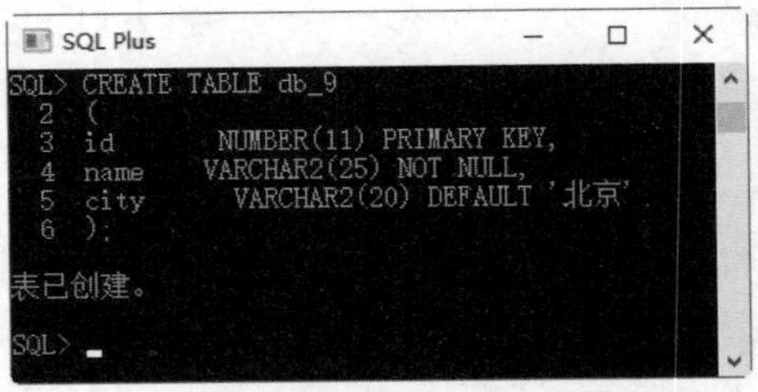

图 5-29　创建数据表 db_9 并指定默认约束

5.2.7　创建带有检查约束的表

检查性约束为 CHECK 约束，规定每一列能够输入的值，从而可以确保数值的正确性。例如，性别字段中可以规定只能输入男或者女，此时可以用到检查性约束。

1. 创建检查约束

检查约束的语法规则如下：

```
CONSTRAINT 检查约束名称 CHECK（检查条件）
```

【例 5-18】定义数据表 db_10，指定员工的性别只能输入"男"或者"女"，在 SQL Plus 窗口中输入的 SQL 语句如下：

```
CREATE TABLE db_10
(
    id          NUMBER(11) PRIMARY KEY,
    name        VARCHAR2(25) NOT NULL,
    gender      VARCHAR2(2),
    age         NUMBER(2),
    CONSTRAINT CHK_GENDER CHECK(GENDER='男' or GENDER='女')
);
```

按 Enter 键，语句执行结果如图 5-30 所示。语句执行完成后，表 db_10 上的字段 gender 添加了检查约束，新插入的记录时只能输入"男"或"女"。

2. 在修改表时添加检查约束

修改表时也可以添加检查约束，具体 SQL 语法格式如下：

```
ALTER TABLE 数据表名称
```

```
ADD CONSTRAINT 约束名称 CHECK ( 检查条件) ;
```

【例 5-19】将 db_10 表上的字段 age 添加检查约束,规定年龄输入值为 15~25。在 SQL Plus 窗口中输入的 SQL 语句如下:

```
ALTER TABLE db_10
ADD CONSTRAINT CHK_AGE CHECK (AGE>=15 AND AGE<=25);
```

按 Enter 键,语句执行结果如图 5-31 所示。语句执行完成后,即为 db_10 表的 age 字段添加了检查约束。

图 5-30　创建数据表 db_10 并添加检查约束

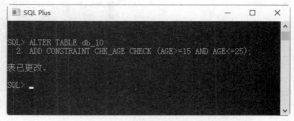

图 5-31　在修改表时添加检查约束

3. 移除检查约束

对于不需要的检查约束,可以将其移除,具体的语法格式如下:

```
ALTER TABLE 数据表名称
DROP CONSTRAINTS 约束名称;
```

【例 5-20】移除数据表 db_10 的检查约束 CHK_GENDER,在 SQL Plus 窗口中输入的 SQL 语句如下:

```
ALTER TABLE db_10
DROP CONSTRAINTS CHK_GENDER;
```

按 Enter 键,语句执行结果如图 5-32 所示。语句执行完成后,即可成功移除检查约束 CHK_GENDER。

图 5-32　移除数据表 db_10 的检查约束

5.2.8　创建带有自增约束的表

在数据表中,如果希望在每次插入新记录时,系统自动生成字段的主键值,可以通过设置主键的 **GENERATED BY DEFAULT AS IDENTITY** 关键字来实现。默认的,在 Oracle 中自增值的初始值是 1,每新增一条记录,字段值自动加 1。一个表只能有一个字段使用自增约束,且该字段必须为主键的一部分。

设置自增约束的语法规则如下:

```
字段名 数据类型 GENERATED BY DEFAULT AS IDENTITY
```

【例 5-21】定义数据表 db_11,指定商品编码自动递增,在 SQL Plus 窗口中输入的 SQL 语句如下:

```
CREATE TABLE db_11
(
    id          NUMBER(11)  GENERATED BY DEFAULT AS IDENTITY,
    name        VARCHAR2(25) NOT NULL,
    price       NUMBER(11),
    place       VARCHAR2(25)
);
```

按 Enter 键，语句执行结果如图 5-33 所示。语句执行完成后，会创建名称为 db_11 的数据表。

图 5-33　创建数据表 db_11 并指定自增约束

表 db_11 中的 id 字段的值在添加记录时会自动增加，在插入记录时，默认的自增字段 id 的值从 1 开始，每次添加一条新记录，该值自动加 1。

例如，在 SQL Plus 窗口中输入以下 SQL 语句：

```
SQL> INSERT INTO db_11 (name) VALUES('黄瓜');
SQL> INSERT INTO db_11 (name) VALUES('茄子');
```

按 Enter 键，语句执行结果如图 5-34 所示。语句执行完成后，db_11 表中增加两条记录，在这里并没有输入 id 的值，但系统已经自动添加该值。

使用 SELECT 命令查看记录，在 SQL Plus 窗口中输入以下 SQL 语句：

```
SQL> SELECT * FROM db_11;
```

按 Enter 键，语句执行结果如图 5-35 所示。

图 5-34　添加数据并自动增加 ID 值

图 5-35　查看数据表中添加的数据记录

提示：这里使用 INSERT 声明向表中插入记录的方法，只能一次插入一行数据。如果想一次插入多行数据，需要使用 insert into…select…子查询的方式。具体使用方法参考本书后面的章节。

5.3　查看数据表的结构

数据表创建完成后，即可查看表结构的定义，以确认表的定义是否正确。使用 DESCRIBE/DESC 语句可以查看表字段信息，其中包括字段名、字段数据类型、是否为主键、是否有默认值等。

语法规则如下：

```
DESCRIBE 表名;
```

或者简写为

```
DESC 表名;
```

【例 5-22】分别使用 DESCRIBE 和 DESC 查看表 db_2 表和表 tb1_emp1 表的结构。

查看 db_2 表结构，在 SQL Plus 窗口中输入的 SQL 语句如下：

```
DESCRIBE db_2;
```

按 Enter 键，语句执行结果如图 5-36 所示。

查看 tb1_emp1 表结构，在 SQL Plus 窗口中输入的 SQL 语句如下：

```
DESC tb1_emp1;
```

按 Enter 键，语句执行结果如图 5-37 所示。

图 5-36　查看数据表 db_2 的结构

图 5-37　查看数据表 tb1_emp1 的结构

5.4　修改数据表

对于数据表的修改主要是修改表的名称、字段名称、字段数据类型，以及添加字段与删除字段等，在 Oracle 数据库中，可以使用 ALTER TABLE 语句修改表信息。

5.4.1　修改数据表的名称

Oracle 是通过 ALTER TABLE 语句来实现表名的修改的，具体的语法规则如下：

```
ALTER TABLE <旧表名> RENAME TO <新表名>;
```

【例 5-23】将数据表 db_1 改名为 db_dept1。

执行修改表名操作之前，可以先查看数据表 db_1 的结果，在 SQL Plus 窗口中输入的 SQL 语句如下：

```
SQL> DESC db_1;
```

按 Enter 键，语句执行结果如图 5-38 所示。

使用 ALTER TABLE 将表 db_1 改名为 db_dept1，在 SQL Plus 窗口中输入的 SQL 语句如下：

```
ALTER TABLE db_1 RENAME TO db_dept1;
```

按 Enter 键，语句执行结果如图 5-39 所示。

图 5-38　查看数据表 db_1 的结构

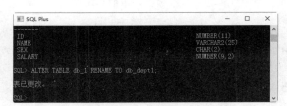

图 5-39　修改数据表 db_1 的名称为 db_dept1

语句执行之后，可以检验表 db_1 是否改名成功。使用 DESC 查看数据表 db_1 是否还存在，在 SQL Plus 窗口中输入的 SQL 语句如下：

```
SQL> DESC db_1;
```

按 Enter 键，语句执行结果如图 5-40 所示。说明 db_1 表已经不存在，表名更改成功。

使用 DESC 查看数据表 db_dept1，在 SQL Plus 窗口中输入的 SQL 语句如下：

```
SQL> DESC db_dept1;
```

按 Enter 键，语句执行结果如图 5-41 所示。经比较可以看到，db_1 表已经改名为 db_dept1。

图 5-40　查询数据表 db_1 已经不存在

图 5-41　查询数据表 db_dept1

5.4.2　修改数据表的字段名

Oracle 中修改表字段名的语法规则如下：

```
ALTER TABLE <表名> RENAME COLUMN  <旧字段名> TO<新字段名> ;
```

其中，"旧字段名"指修改前的字段名；"新字段名"指修改后的字段名。

【例 5-24】将数据表 db_11 中的 price 字段名称改为 money，数据类型保持不变，在 SQL Plus 窗口中输入的 SQL 语句如下：

```
ALTER TABLE db_11 RENAME COLUMN price TO money ;
```

按 Enter 键，语句执行结果如图 5-42 所示。

使用 DESC 查看表 db_11，在 SQL Plus 窗口中输入的 SQL 语句如下：

```
SQL> DESC db_11;
```

按 Enter 键，语句执行结果如图 5-43 所示，可以发现字段的名称已经修改成功。

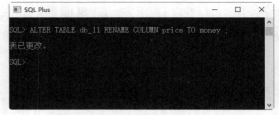

图 5-42　修改数据表中的字段名称

图 5-43　查询数据表中字段名称是否修改成功

注意：由于不同类型的数据在机器中存储的方式及长度并不相同，修改数据类型可能会影响数据表中已有的数据记录。因此，当数据库表中已经有数据时，不要轻易修改数据类型。

5.4.3　添加数据表中的字段

随着业务需求的变化，可能需要在已经存在的表中添加新的字段。一个完整字段包括字段名、数据类型、完整性约束等信息。

添加字段的语法格式如下：

```
ALTER TABLE <表名> ADD <新字段名> <数据类型>
```

其中，"新字段"名为需要添加的字段的名称。

1. 添加无完整性约束条件的字段

【例 5-25】在数据表 db_11 中添加一个没有完整性约束的 NUMBER 类型的字段 weight（重量），在 SQL Plus 窗口中输入的 SQL 语句如下：

```
ALTER TABLE db_11 ADD weight NUMBER(10);
```

按 Enter 键，语句执行结果如图 5-44 所示。

使用 DESC 查看表 db_11，在 SQL Plus 窗口中输入的 SQL 语句如下：

```
SQL> DESC db_11;
```

按 Enter 键，语句执行结果如图 5-45 所示，会发现在表的最后添加了一个名为 weight 的 NUMBER 类型的字段。

图 5-44　添加无完整性约束条件的字段　　　　图 5-45　查询无完整性约束条件字段是否添加成功

2. 添加有完整性约束条件的字段

【例 5-26】在数据表 db_10 中添加一个不能为空的 VARCHAR2(12)类型的字段 color，在 SQL Plus 窗口中输入的 SQL 语句如下：

```
ALTER TABLE db_10 ADD color VARCHAR2(12) not null;
```

按 Enter 键，语句执行结果如图 5-46 所示。

使用 DESC 查看表 db_10，在 SQL Plus 窗口中输入的 SQL 语句如下：

```
SQL> DESC db_10;
```

按 Enter 键，语句执行结果如图 5-47 所示。会发现在表的最后添加了一个名为 color 的 VARCHAR2(12) 类型且不为空的字段。

图 5-46　添加有完整性约束条件的字段　　　　图 5-47　查询有完整性约束条件字段是否添加成功

5.4.4　修改字段的数据类型

修改字段的数据类型，就是把字段的数据类型转换成另一种数据类型。在 Oracle 中修改字段数据类型的语法规则如下：

```
ALTER TABLE <表名> MODIFY <字段名> <数据类型>
```

其中，"表名"指要修改数据类型的字段所在表的名称，"字段名"指需要修改的字段，"数据类型"指修改后字段的新数据类型。

【例 5-27】 将数据表 db_2 中 name 字段的数据类型由 VARCHAR2(25)修改成 VARCHAR2(30)。

执行修改表名操作之前，使用 DESC 查看 db_2 表结构，在 SQL Plus 窗口中输入的 SQL 语句如下：

```
SQL> DESC db_2;
```

按 Enter 键，语句执行结果如图 5-48 所示。即可查看 db_2 数据表的结构，可以看到现在 name 字段的数据类型为 VARCHAR2(25)。

下面修改 name 字段的数据类型，在 SQL Plus 窗口中输入的 SQL 语句如下：

```
ALTER TABLE db_2 MODIFY name VARCHAR2(30);
```

按 Enter 键，语句执行结果如图 5-49 所示。

图 5-48　查询数据表 db_2 的表结构

图 5-49　修改字段的数据类型

再次使用 DESC 查看表结构，在 SQL Plus 窗口中输入的 SQL 语句如下：

```
SQL> DESC db_2;
```

按 Enter 键，语句执行结果如图 5-50 所示。语句执行完成后，会发现表 db_2 表中 name 字段的数据类型已经修改成了 VARCHAR2(30)，修改成功。

图 5-50　查询字段数据类型是否修改成功

5.5　删除数据表与数据库

删除数据表就是将数据库中已经存在的表从数据库中删除；删除数据库是将已经存在的数据库从磁盘空间上清除。

5.5.1　删除没有被关联的表

在 Oracle 中，使用 DROP TABLE 可以一次删除一个或多个没有被其他表关联的数据表。语法格式如下：

```
DROP TABLE 表名;
```

在前面的例子中已经创建了名为 db_2 的数据表。如果没有，读者可输入语句，创建该表。下面使用删除语句将该表删除。

【例 5-28】删除数据表 db_2，在 SQL Plus 窗口中输入的 SQL 语句如下：

```
DROP TABLE db_2;
```

按 Enter 键，语句执行结果如图 5-51 所示，提示表已删除。

语句执行完毕之后，使用 DESC 命令查看当前数据库中所有的表，在 SQL Plus 窗口中输入的 SQL 语句如下：

```
SQL> DESC db_2;
```

按 Enter 键，语句执行结果如图 5-52 所示，执行结果可以看到，数据表列表中已经不存在名称为 db_2 的表，表示删除操作成功。

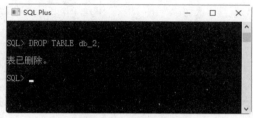

图 5-51 删除数据表

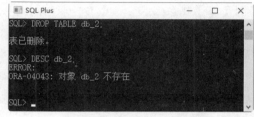

图 5-52 查询表已不存在

5.5.2 删除被其他表关联的主表

数据表之间存在外键关联的情况下，如果直接删除父表，结果会显示失败。原因是直接删除，将破坏表的参照完整性。如果必须删除，可以先删除与它关联的子表，再删除父表，只是这样同时删除了两个表中的数据。

但有的情况下可能要保留子表，这时如要单独删除父表，只需将关联的表的外键约束条件取消，然后就可以删除父表了，下面介绍删除被其他表关联的主表的操作方法。

在数据库中创建两个关联表，首先，创建表 tb_1，在 SQL Plus 窗口中输入的 SQL 语句如下：

```
CREATE TABLE tb_1
(
    id          NUMBER(11) PRIMARY KEY,
    name        VARCHAR2(22),
    location    VARCHAR2(50)
);
```

按 Enter 键，语句执行结果如图 5-53 所示。

接下来创建表 tb_2，在 SQL Plus 窗口中输入的 SQL 语句如下：

```
CREATE TABLE tb_2
(
    id          NUMBER(11) PRIMARY KEY,
    name        VARCHAR2(25),
    deptId      NUMBER(11),
    salary      NUMBER(9,2),
    CONSTRAINT fk_1_2  FOREIGN KEY (deptId) REFERENCES tb_1(id)
);
```

按 Enter 键，语句执行结果如图 5-54 所示。

可以看到，以上执行结果创建了两个关联表 tb_1 和表 tb_2，其中 tb_2 表为子表，具有名称为 fk_1_2

的外键约束，tb_1 为父表，其主键 id 被子表 tb_2 所关联。

图 5-53　创建表 tb_1

图 5-54　创建表 tb_2

【例 5-29】删除被数据表 tb_2 关联的数据表 tb_1。首先直接删除父表 tb_1，在 SQL Plus 窗口中输入删除表语句如下：

```
SQL> DROP TABLE tb_1;
错误报告：
SQL 错误：ORA-02449：表中的唯一/主键被外键引用
```

按 Enter 键，语句执行结果如图 5-55 所示。从运算结果中可以看出，如前所述，存在外键约束时，主表不能被直接删除。

接下来，移除 tb_2 外键约束，在 SQL Plus 窗口中输入的 SQL 语句如下：

```
ALTER TABLE tb_2 DROP CONSTRAINTS fk_1_2;
```

按 Enter 键，语句执行结果如图 5-56 所示。语句执行完成后，将取消表 tb_2 和表 tb_1 之间的关联关系。

图 5-55　直接删除父表出现报错

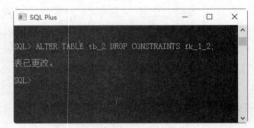

图 5-56　移除 tb_2 外键约束

此时，可以输入删除语句，将原来的父表 tb_1 删除，在 SQL Plus 窗口中输入的 SQL 语句如下：

```
DROP TABLE tb_1;
```

按 Enter 键，语句执行结果如图 5-57 所示。

最后通过 DESC 语句查看数据表列表，在 SQL Plus 窗口中输入的 SQL 语句如下：

```
SQL> DESC tb_1;
```

按 Enter 键，语句执行结果如图 5-58 所示。从运算结果中可以看出，数据表列表中已经不存在名称为 tb_1 的表。

图 5-57　删除表

图 5-58　查询删除表已不存在

5.5.3　删除数据库

当不需要某个数据库后，可以将其从磁盘空间上清除，这里需要注意的是，数据库删除后，会连同数据库中的表和表中的所有数据均被删除。因此，在执行删除操作后，最好对数据库进行备份。下面介绍删除数据库的删除方法，具体操作步骤如下：

步骤 1：依次选择"开始"→Oracle OraDB12Home1→Database Configuration Assistant 命令，打开"数据库操作"窗口，选中"删除数据库"单选按钮，如图 5-59 所示。

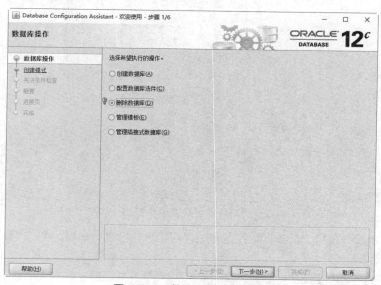

图 5-59　"数据库操作"窗口

步骤 2：打开"删除数据库"窗口，选择需要删除的数据，本实例选择 MYTEST 数据库，输入数据库管理员的"用户名"和"口令"，单击"下一步"按钮，如图 5-60 所示。

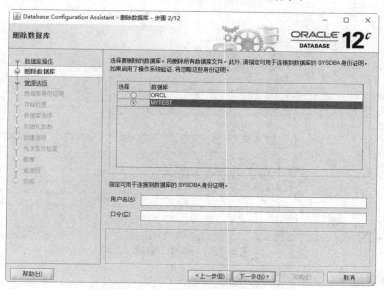

图 5-60　"数据库操作"窗口

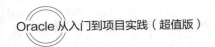

步骤 3：打开"管理选项"窗口，单击"下一步"按钮，如图 5-61 所示。

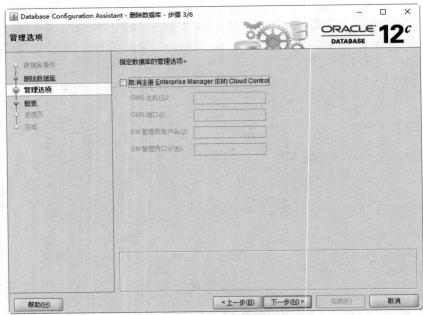

图 5-61 "管理选项"窗口

步骤 4：打开"摘要"窗口，查看删除数据库的详细信息，检查无误后，单击"完成"按钮，如图 5-62 所示。

图 5-62 "摘要"窗口

步骤 5：弹出警告对话框，单击"是"按钮，如图 5-63 所示。

步骤 6：系统开始自动删除数据库，并显示数据库的删除过程和删除的详细信息，如图 5-64 所示。

图 5-63　警告对话框

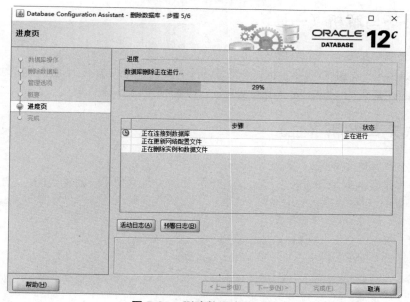

图 5-64　删除数据库的过程

步骤 7：　删除数据库完成后，打开"完成"对话框，单击"关闭"按钮，即可完成数据库的删除操作，如图 5-65 所示。

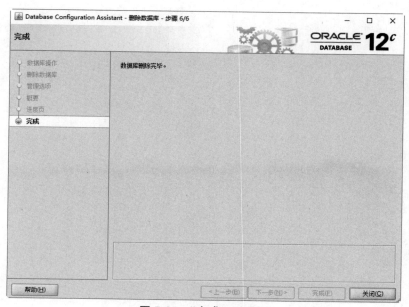

图 5-65　"完成"对话框

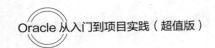

注意：执行删除数据库时要非常谨慎，在执行该操作后，数据库中存储的所有数据表和数据也将一同被删除，而且不能恢复。

5.6　就业面试技巧与解析

5.6.1　面试技巧与解析（一）

面试官：每一个表中都要有一个主键吗？

应聘者：并不是每一个表中都需要主键，一般情况下，当多个表之间进行连接操作时，需要用到主键。因此，并不需要为每个表建立主键，而且有些情况最好不使用主键。

5.6.2　面试技巧与解析（二）

面试官：为什么选择这个职务？

应聘者：这一直是我的兴趣和专长，经过这几年的磨炼，也累积了一定的经验，相信我一定能胜任这个职务。

第 2 篇

核心技术

在了解 Oracle 数据库的基本概念、基本应用之后，本篇详细介绍 Oracle 数据库的核心技术，包括数据类型和运算符、查询数据表中的数据、数据的基本操作、视图的基本操作、游标的基本操作、存储过程的应用等，通过本篇的学习，读者对 Oracle 数据库的核心技术会有更深刻的理解和应用。

第 6 章

数据类型和运算符

学习指引

数据库表由多列字段构成，每一个字段指定了不同的数据类型，不同的数据类型也决定了 Oracle 在存储时的使用方式，以及在使用时选择什么运算符号进行运算。本章介绍 Oracle 的数据类型和运算符，主要内容包括常见数据类型的概念与应用、数据类型的选择方法、常见运算符的应用等。

重点导读

- 熟悉常见数据类型的概念和区别。
- 掌握如何选择数据类型。
- 熟悉常见运算符的概念和区别。

6.1　Oracle 数据类型介绍

Oracle 支持多种数据类型，按照类型来分，可以分为字符串类型、数字类型、日期类型、LOB 类型、LONG RAW&RAW 类型、ROWID&UROWID 类型。其中最常用的数据类型包括数值类型、日期与时间类型和字符串类型等。

6.1.1　数值类型

数值型数据类型主要用来存储数字，Oracle 提供了多种数值数据类型，不同的数据类型提供不同的取值范围，可以存储的值范围越大，其所需要的存储空间也越大。表 6-1 为 Oracle 的常用数值类型。

表 6-1　Oracle 的常用数值类型

类 型 名 称	描　述
NUMBER(P,S)	数字类型，P 为整数位，S 为小数位
DECIMAL(P,S)	数字类型，P 为整数位，S 为小数位

类 型 名 称	描　述
INTEGER	整数类型，数值较小的整数
FLOAT	浮点数类型，NUMBER(38)，双精度
REAL	实数类型，NUMBER(63)，精度更高

Oracle 的数值类型主要通过 number(m,n)类型来实现，语法格式如下：

```
number(m,n)
```

其中，m 的取值范围为 1～38，n 的取值范围为−84～127。

number(m,n)是可变长的数值列，允许 0、正值及负值，m 是所有有效数字的位数，n 是小数点以后的位数。例如：

```
number(5,2)
```

这个字段的最大值是 99.999，如果数值超出了位数限制，就会被截取多余的位数。例如：

```
number(5,2)
```

但在一行数据中的这个字段输入 575.316，则真正保存到字段中的数值是 575.32。例如：

```
number(3,0)
```

输入 575.316，真正保存的数据是 575。对于整数，可以省略后面的 0，直接表示如下：

```
number(3)
```

【例 6-1】创建表 tb_emp1，其中 tel 字段的数值最大设定为 11，在 SQL Plus 窗口中输入的 SQL 语句如下：

```
CREATE TABLE tb_emp1
(
    id        NUMBER(11),
    name      VARCHAR2(25),
    age       NUMBER(2),
    tel       NUMBER(11),
    address   VARCHAR2(25)
);
```

按 Enter 键，语句执行结果如图 6-1 所示，即可完成数据表的创建。

这里可以看到 age 字段的数据类型为 NUMBER(2)，注意到后面的数字 2，这表示的是该数据类型指定的最大长度，如果插入数值的位数大于 2，则会弹出错误信息。例如，这里插入一个大于 2 位的数值来表示年龄，可以在 SQL Plus 窗口中输入以下 SQL 语句：

```
INSERT INTO tb_emp1(age)VALUES(100);
```

按 Enter 键，语句执行结果如图 6-2 所示，可以看到提示的错误信息。

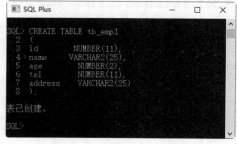

图 6-1　创建表 tb_emp1

图 6-2　错误信息提示

在 SQL Plus 窗口中修改 SQL 语句：

```
INSERT INTO tb_emp1(age)VALUES(50);
```

按 Enter 键，语句执行结果如图 6-3 所示，可以看到成功创建行。

在 SQL Plus 窗口中输入查看表结构的 SQL 语句：

```
SELECT * FROM tb_emp1;
```

按 Enter 键，语句执行结果如图 6-4 所示，可以看到成功创建行。

图 6-3　插入一行数据

图 6-4　查看表结构

【例 6-2】创建表 tb_emp2，其中字段 a、b、c 数据类型依次为 NUMBER(2)、NUMBER(4)、NUMBER(6)，在 SQL Plus 窗口中输入的 SQL 语句如下：

```
CREATE TABLE tb_emp2
(
    a        NUMBER(2),
    b        NUMBER(4),
    c        NUMBER(6)
);
```

按 Enter 键，语句执行结果如图 6-5 所示，可以看到成功创建表。

执行成功之后，便用 DESC 查看表结构，在 SQL Plus 窗口中输入的 SQL 语句如下：

```
SQL> DESC tb_emp2;
```

按 Enter 键，语句执行结果如图 6-6 所示，可以看到表的结构。

图 6-5　创建表 tb_emp2

图 6-6　查询表结构

【例 6-3】创建表 tb_emp3，其中字段 a、b、c 的数据类型依次为 NUMBER (8,1)、NUMBER(8,3) 和 NUMBER (8,2)，向表中插入数据 8.1、8.15 和 8.123，在 SQL Plus 窗口中输入的 SQL 语句如下：

```
CREATE TABLE tb_emp3
(
    a  NUMBER (8,1),
    b  NUMBER (8,3),
    c  NUMBER (8,2)
```

```
);
```

按 Enter 键，语句执行结果如图 6-7 所示，可以看到创建的数据表。

向表中插入数据，在 SQL Plus 窗口中输入的 SQL 语句如下：

```
SQL>INSERT INTO tb_emp3 VALUES(8.12, 8.15, 8.123);
```

按 Enter 键，语句执行结果如图 6-8 所示，可以看到创建的行。

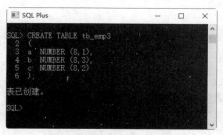

图 6-7 创建表 tb_emp3

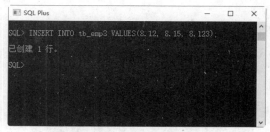

图 6-8　向表中插入数据

插入数据后，查看输入的数据信息。在 SQL Plus 窗口中输入的 SQL 语句如下：

```
SQL> SELECT * FROM tb_emp3;
```

按 Enter 键，语句执行结果如图 6-9 所示，从结果可以看出，8.12 和 8.123 分别被存储为 8.1 和 8.12。

图 6-9　查看插入的数据

6.1.2　日期与时间类型

Oracle 中表示日期的数据类型主要包括 DATE 和 TIMESTAMP，具体含义和区别如表 6-2 所示。

表 6-2　Oracle 常用日期与时间类型

类 型 名 称	描　　述
DATE	日期（日-月-年），DD-MM-YY(HH-MI-SS)，用来存储日期和时间，取值范围是公元前 4712 年到公元 9999 年 12 月 31
TIMESTAMP	日期（日-月-年），DD-MM-YY(HH-MI-SS:FF3)，用来存储日期和时间，与 date 类型的区别就是显示日期和时间时更精确，date 类型的时间精确到秒，而 timestamp 的数据类型可以精确到小数秒，timestamp 存放日期和时间还能显示上午、下午和时区

【例 6-4】创建数据表 tb_emp4，定义数据类型为 date 的字段 d，向表中插入值'12-4 月-2018'，在 SQL Plus 窗口中输入创建表 tb_emp4 的 SQL 语句如下：

```
CREATE TABLE tb_emp4
(
    id          NUMBER(10),
    name        VARCHAR2(25),
```

```
birthday    date,
tel         NUMBER(11),
address     VARCHAR2(25)
);
```

按 Enter 键，语句执行结果如图 6-10 所示，即可看到创建好的表。

在插入数据之前，需要知道数据库默认的时间格式，在 SQL Plus 窗口中输入查询系统时间格式的 SQL 语句如下：

```
SQL> select sysdate from dual;
```

按 Enter 键，语句执行结果如图 6-11 所示，可以看到系统默认的时间格式。

图 6-10　创建表 tb_emp4

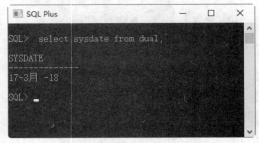

图 6-11　查询系统时间格式

向表中插入时间数据，在 SQL Plus 窗口中输入的 SQL 语句如下：

```
SQL> INSERT INTO tb_emp4(birthday) values('12-4 月-2018');
```

按 Enter 键，语句执行结果如图 6-12 所示，即可创建 1 行。

查看输入的时间数据，在 SQL Plus 窗口中输入的 SQL 语句如下：

```
SQL> SELECT * FROM tb_emp4;
```

按 Enter 键，语句执行结果如图 6-13 所示，即可看到创建的表内容。

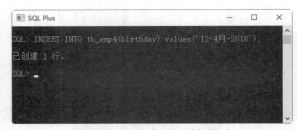

图 6-12　向表中插入时间数据

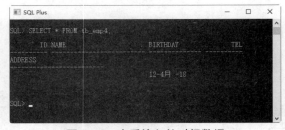

图 6-13　查看输入的时间数据

如果用户想按照指定的格式输入时间，需要修改时间的默认格式。例如，输入格式为年-月-日，修改的 SQL 语句如下：

```
SQL> alter session set nls_date_format='yyyy-mm-dd';
```

按 Enter 键，语句执行结果如图 6-14 所示，即可看到会话已更改的信息提示。

然后查看输入的时间数据，可以看到时间格式发生了改变，如图 6-15 所示。

【例 6-5】创建数据表 tb_emp5，定义数据类型为 DATE 的字段 d，向表中插入"YYYY-MM-DD"和"YYYYMMDD"字符串格式日期，在 SQL Plus 窗口中输入的 SQL 语句如下：

```
CREATE TABLE tb_emp5
(
    name        VARCHAR2(25),
```

```
    birthday    date,
    tel         NUMBER(11)
);
```

按 Enter 键，语句执行结果如图 6-16 所示，即可看到成功创建表。

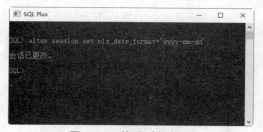

图 6-14　修改时间格式

图 6-15　查看输入的时间数据

修改日期的默认格式，SQL 语句如下：

```
SQL> alter session set nls_date_format='yyyy-mm-dd';
```

按 Enter 键，语句执行结果如图 6-17 所示。

图 6-16　创建表 tb_emp5

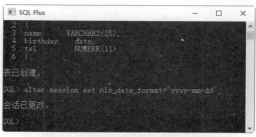

图 6-17　修改默认的日期格式

向表中插入"YYYY-MM-DD"格式日期：

```
SQL> INSERT INTO tb_emp5(birthday) values('2018-05-08');
```

按 Enter 键，语句执行结果如图 6-18 所示。

向表中插入"YYYYMMDD"格式日期：

```
SQL> INSERT INTO tb_emp5 (birthday) values('20180408');
```

按 Enter 键，语句执行结果如图 6-19 所示。

图 6-18　向表中插入时间数据

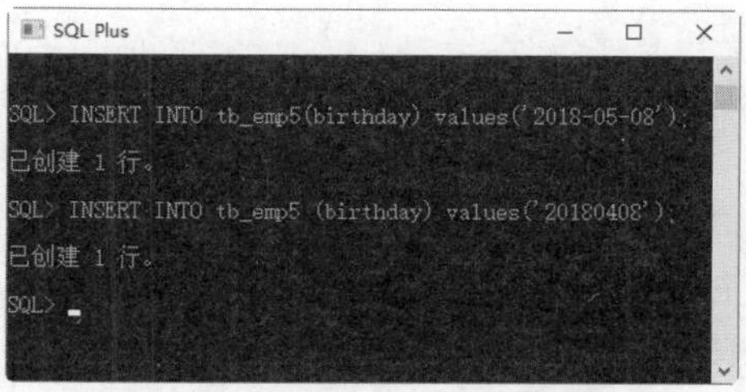

图 6-19　再次向表中插入时间数据

查看插入日期数据结果：

```
SQL> SELECT * FROM tb_emp5;
```

按 Enter 键，语句执行结果如图 6-20 所示，从运算结果中可以看出，各个不同类型的日期值都正确地插入到了数据表中。

【例 6-6】创建表 tb_emp6 并向表 tb_emp6 中插入系统当前日期。首先创建表，SQL 语句如下：

```
CREATE TABLE tb_emp6
(
    day    date
);
```

按 Enter 键，语句执行结果如图 6-21 所示。

图 6-20　查看插入的日期数据

图 6-21　创建表 tb_emp6

向表中插入系统当前日期，SQL 语句如下：

```
SQL> INSERT INTO tb_emp6 values(SYSDATE);
```

按 Enter 键，语句执行结果如图 6-22 所示。
查看插入结果，SQL 语句如下：

```
SQL> SELECT * FROM tb_emp6;
```

按 Enter 键，语句执行结果如图 6-23 所示。

图 6-22　向表中插入系统当前日期

图 6-23　查询插入的结果

【例 6-7】向 tb_emp6 表中插入系统日期和时间并指定格式，首先删除表中的数据，SQL 语句如下：

```
DELETE FROM tb_emp6;
```

按 Enter 键，语句执行结果如图 6-24 所示。
向表中插入系统当前日期，SQL 语句如下：

```
SQL> INSERT INTO tb_emp6 values(to_date('2018-03-17 13:14:20','yyyy-MM-dd HH24:mi:ss') );
```

按 Enter 键，语句执行结果如图 6-25 所示。
查看插入结果，SQL 语句如下：

```
SQL> SELECT * FROM tb_emp6;
```

按 Enter 键，语句执行结果如图 6-26 所示，从运算结果中可以看出，只显示日期，时间被省略掉了。

【例 6-8】创建数据表 tb_emp7，定义数据类型为 TIMESTAMP 的字段 ts，向表中插入值'2018-9-16 17:03:00.9999'，创建数据表 tb_emp7，SQL 语句如下：

```
CREATE TABLE tb_emp7
```

```
( ts   TIMESTAMP
);
```

按 Enter 键，语句执行结果如图 6-27 所示。

图 6-24 删除表中数据

图 6-25 向表中插入系统当前日期

图 6-26 查询插入的日期数据

图 6-27 创建表 tb_emp7

向表中插入数据，SQL 语句如下：

```
INSERT INTO tb_emp7 values (to_timestamp('2018-9-16 17:03:00.9999', 'yyyy-mm-dd hh24:mi:ss:ff'));
```

按 Enter 键，语句执行结果如图 6-28 所示。

查看插入结果，SQL 语句如下：

```
SQL>SELECT * FROM tb_emp7;
TS
---------------------------------
16-9月 -18 05.03.00.999900 下午
```

按 Enter 键，语句执行结果如图 6-29 所示。

图 6-28 向表中插入数据

图 6-29 查询插入的数据

6.1.3 字符串类型

字符串类型用来存储字符串数据，包括 CHAR、NCHAR、VARCHAR2、NVARCHAR2 和 LONG 5 种，
如表 6-3 所示。

表 6-3　Oracle 中字符串数据类型

类 型 名 称	说　　明	取值范围/B
CHAR	固定长度字符串	0～2000
NCHAR	根据字符集而定的固定长度字符串	0～1000
VARCHAR2	可变长度的字符串	0～4000
NVARCHAR2	根据字符集而定的可变长度字符串	0～1000
LONG	超长字符串	0～2G

VARCHAR2、NVARCHAR2 和 LONG 类型是变长类型，对于其存储需求取决于列值的实际长度，而不是取决于类型的最大可能尺寸。例如，一个 VARCHAR2(10)列能保存最大长度为 10 个字符的一个字符串，实际的存储需要是字符串的长度。

【例 6-9】创建数据表 tb_emp8，定义字段 ch 和 vch 的数据类型依次为 CHAR(4)、VARCHAR2(4)，向表中插入数据"ab"，创建表 tb_emp8，SQL 语句如下：

```
CREATE TABLE tb_emp8(
    ch   CHAR(4),
    vch  VARCHAR2(4)
);
```

按 Enter 键，语句执行结果如图 6-30 所示，即可完成表的创建。

输入表数据，SQL 语句如下：

```
INSERT INTO tb_emp8 VALUES('ab', 'ab');
```

按 Enter 键，语句执行结果如图 6-31 所示，即可完成行的创建。

图 6-30　创建表 tb_emp8

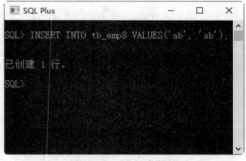

图 6-31　插入表数据

查询 ch 字段的存储长度，执行 SQL 语句如下：

```
SQL> Select length(ch) from tb_emp8;
```

按 Enter 键，语句执行结果如图 6-32 所示，即可查看 ch 字段的存储长度。

查询 vch 字段的存储长度，执行 SQL 语句如下：

```
SQL> Select length(vch) from tb_emp8;
```

按 Enter 键，语句执行结果如图 6-33 所示，即可查看 vch 字段的存储长度。

提示：从上述两个实例可以看出，固定长度字符串在存储时长度是固定的，而变长字符串的存储长度根据实际插入的数据长度而定。

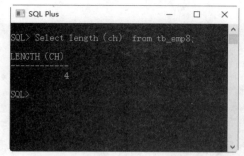

图 6-32　查询字段 ch 的存储长度

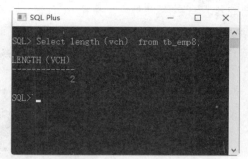

图 6-33　查询字段 vch 的存储长度

6.1.4　其他数据类型

除上面介绍的数值类型、日期与时间类型和字符串类型外，Oracle 还支持其他数据类型，如表 6-4 所示。

表 6-4　Oracle 支持的其他数据类型

类　　型	含　　义	存 储 描 述
RAW	固定长度的二进制数据	最大长度 2000B
LONG RAW	可变长度的二进制数据	最大长度 2GB
BLOB	二进制数据	最大长度 4GB
CLOB	字符数据	最大长度 4GB
NCLOB	根据字符集而定的字符数据	最大长度 4GB
BFILE	存放在数据库外的二进制数据	最大长度 4GB
ROWID	数据表中记录的唯一行号	10B
NROWID	二进制数据表中记录的唯一行号	最大长度 4000B

【例 6-10】创建数据表 tb_emp9，并插入一个固定长度的二进制数据，创建数据表，SQL 语句如下：

```
CREATE TABLE tb_emp9(
    ra  RAW(4)
);
```

按 Enter 键，语句执行结果如图 6-34 所示，即可完成表的创建。

输入表数据，SQL 语句如下：

```
INSERT INTO tb_emp9 VALUES('101010');
```

按 Enter 键，语句执行结果如图 6-35 所示，即可完成表数据的输入。

图 6-34　创建表 tb_emp9

图 6-35　向表中插入数据

查询 ra 字段的存储长度，执行 SQL 语句如下：

```
Select length(ra) from tb_emp9;
```

按 Enter 键，语句执行结果如图 6-36 所示，即可查询 ra 字段的存储长度。

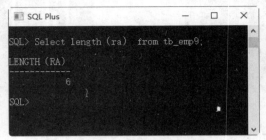

图 6-36　查询字段 ra 字段的存储长度

6.2　数据类型的选择

Oracle 提供了大量的数据类型，为了优化存储，提高数据库性能，在任何情况下均应使用最精确的类型。即在所有可以表示该列值的类型中，该类型使用的存储最少。

1. 整数和小数

数值数据类型只有 NUMBER 型，但是 NUMBER 功能不小，它可以存储正数、负数、零、定点数和精度为 30 位的浮点数。其格式为 number（m，n），其中 m 为精度，表示数字的总位数，范围为 1～38；n 为范围，表示小数点右边的数字的位数，范围为-84～127。

如果不需要小数部分，则使用整数来保存数据，可以定义为 number（m，0）或者 number（m）；如果需要表示小数部分，则使用 number（m，n）。

2. 日期与时间类型

如果只需要记录日期，则可以使用 DATE 类型。如果需要记录日期和时间，可以使用 IMESTAMP 类型。特别是需要显示上午、下午或者时区时，必须使用 IMESTAMP 类型。

3. 字符类型之间选择

CHAR 是固定长度字符，VARCHAR 是可变长度字符；CHAR 会自动补齐插入数据的尾部空格，VARCHAR 不会补齐尾部空格。

CHAR 是固定长度，所以，它的处理速度比 VARCHAR2 要快，它的缺点是浪费存储空间。所以，对存储不大，但在速度上有要求的可以使用 CHAR 类型；反之，可以使用 VARCHAR2 类型来实现。

6.3　常见运算符介绍

运用运算符可以更加灵活地使用表中的数据，常见的运算符类型有算术运算符、比较运算符、逻辑运算符、位运算符等。

6.3.1　算术运算符

算术运算符是 SQL 中最基本的运算符，用于各类数值运算，包括加（+）、减（−）、乘（*）、除（/），如表 6-5 所示。

表 6-5　Oracle 中的算术运算符

运　算　符	作　　用
+	加法运算
−	减法运算
*	乘法运算
/	除法运算，返回商

下面分别讨论不同算术运算符的使用方法。

【例 6-11】创建表 tb_emp10，定义数据类型为 NUMBER 的字段 num，插入值 64，对 num 值进行算术运算。

首先创建表 tb_emp10，输入 SQL 语句如下：

```
CREATE TABLE tb_emp10
( num      NUMBER
);
```

按 Enter 键，语句执行结果如图 6-37 所示，即可完成表的创建。

向字段 num 插入数据 50，SQL 语句如下：

```
INSERT INTO tb_emp10 values(50);
```

按 Enter 键，语句执行结果如图 6-38 所示，即可完成数据的插入。

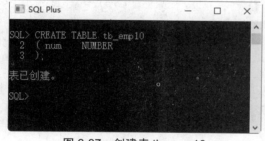

图 6-37　创建表 tb_emp10

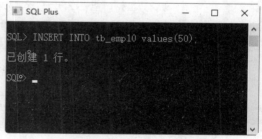

图 6-38　向表中插入数据

接下来，对 num 值进行加法和减法运算，SQL 语句如下：

```
SQL> SELECT num, num+10, num-3+5, num+5-3, num+36.5 FROM tb_emp10;
```

按 Enter 键，语句执行结果如图 6-39 所示，即可完成数据的加法和减法运算。

由计算结果可以看到，可以对 num 字段的值进行加法和减法运算，而且由于"+"和"−"的优先级相同，因此，先加后减和先减后加的结果是相同的。

【例 6-12】对 tb_emp10 表中的 num 进行乘法、除法运算。

```
SQL> SELECT num, num *2, num /2, num/3 FROM tb_emp10;
```

按 Enter 键，语句执行结果如图 6-40 所示。从运算结果中可以看出，对 num 进行除法运算时，由于 50

无法被 3 整除，因此，Oracle 对 num/3 求商的结果保存到了小数点后面 7 位，结果为 16.6666667。

图 6-39　完成数据的加减运算　　　　　　　　　　图 6-40　对数据进行乘法与除法运算

在数学运算时，除数为 0 的除法是没有意义的，因此，除法运算中的除数不能为 0，如果被 0 除，则返回错误提示信息。

【例 6-13】用 0 除 num。

```
SQL> SELECT num/0 FROM tb_emp10;
```

按 Enter 键，语句执行结果如图 6-41 所示。

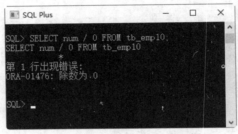

图 6-41　用 0 处于数值的错误提示

6.3.2　比较运算符

比较运算符用于比较运算，包括大于（>）、小于（<）、等于（=）、大于或等于（>=）、小于或等于（<=）、不等于（!=），以及 IN、BETWEEN…AND、IS NULL、LIKE 等。

比较运算符经常在 SELECT 的查询条件子句中使用，用来查询满足指定条件的记录。Oracle 中的比较运算符如表 6-6 所示。

表 6-6　Oracle 中的比较运算符

运　算　符	作　　用
=	等于
<=>	安全的等于
< >（!=）	不等于
<=	小于或等于
>=	大于或等于
>	大于
IS NULL	判断一个值是否为 NULL
IS NOT NULL	判断一个值是否不为 NULL
BETWEEN AND	判断一个值是否落在两个值之间

运　算　符	作　　用
IN	判断一个值是 IN 列表中的任意一个值
NOT IN	判断一个值不是 IN 列表中的任意一个值
LIKE	通配符匹配

下面分别讨论不同比较运算符的含义。

1．等于运算符=

等号 "=" 用来判断数字、字符串和表达式是否相等。

2．不等于运算符!=

"!=" 用于判断数字、字符串、表达式不相等的判断。

3．小于或等于运算符<=

"<=" 用来判断左边的操作数是否小于或者等于右边的操作数。

4．小于运算符<

"<" 运算符用来判断左边的操作数是否小于右边的操作数。

5．大于或等于运算符 >=

">=" 运算符用来判断左边的操作数是否大于或者等于右边的操作数。

6．大于运算符>

">" 运算符用来判断左边的操作数是否大于右边的操作数。

7．BETWEEN…AND 运算符

BETWEEN…AND 运算符用于测试是否在指定的范围内,通常和 WHERE 字句一起使用,BETWEEN…AND 条件返回一个介于指定上限和下限之间的范围值。

例如下面的例子,选出出生在 1980—1990 年的教师姓名:

```
SELECT name FROM teacher
WHERE  birth  BETWEEN '1980' AND '1990';
```

上述语句包含上限值和下限值,与下面的语句效果一样。

```
SELECT name FROM teacher
WHERE birth>= '1980' AND birth<= '1990';
```

8．IN 运算符

IN 运算符用来判断操作数是否为 IN 列表中的其中一个值。NOT IN 运算符用来判断操作数是否不是 IN 列表中的其中一个值。

例如选出年龄是 35 岁和 45 岁的教师:

```
SELECT name FROM teacher
WHERE  age  IN( 35, 45);
```

9．LIKE

LIKE 运算符用来匹配字符串。在一个学校中,教师有多位,如果想要查找符合某个条件的教师,就可以使用 LIKE 运算符进行查询。

LIKE 运算符在进行匹配时，可以使用下面两种通配符：

（1）"%"，用来代表有零个或者多个字符组成的任意顺序的字符串。

（2）"_"，只能匹配一个字符。

例如选出张姓的所有教师：

```
SELECT name FROM teacher
WHERE  name LIKE '张%';
```

6.3.3　逻辑运算符

在 Oracle 中逻辑运算符的求值所得结果均为 1（TRUE）、0（FALSE），这类运算符有逻辑非（NOT 或者!）、逻辑与（AND 或者&&）、逻辑或（OR 或者||）、逻辑异或（XOR），如表 6-7 所示。

表 6-7　Oracle 中的逻辑运算符

运　算　符	作　用
NOT	逻辑非
AND	逻辑与
OR	逻辑或

这 3 个运算符的作用如下。

（1）NOT 运算符：又称取反运算符，NOT 通常是单目运算符，即 NOT 右侧才能包含表达式，是对结果取反，如果表达式结果为 True，那么 NOT 的结果就为 False；否则，如果表达式的结果为 False，那么 NOT 的结果就为 True。

NOT 运算符后面常常和 IN、LIKE、BETWEEN…AND 和 NULL 等关键字一起使用。

例如，选择学生年龄不是 25 或者 26 的学生姓名：

```
SELECT name FROM student
WHERE  age  IN ( 25, 26);
```

（2）AND 运算符：对于 AND 运算符来说，要求两边的表达式结果都为 True，因此，通常称为全运算符，如果任何一方的返回结果为 NULL 或 False，那么逻辑运算的结果就为 False，也就是说记录不匹配 WHERE 子句的要求。

例如，选择学生年龄是 25 而且是姓张的学生姓名：

```
SELECT name FROM student
WHERE  age=25 AND  name LIKE '张%';
```

（3）OR 运算符：OR 运算符又称或运算符，也就是说，只要左右两侧的布尔表达式任何一方为 True，结果就为 True。

例如，选择学生年龄是 25 或者姓张的学生姓名：

```
SELECT name FROM student
WHERE  age=25 OR  name LIKE '张%';
```

这样，无论年龄为 25 的学生还是姓张的学生，都会被选择出来。

6.3.4　位运算符

位操作运算符是参与运算的操作数，按二进制位进行运算，包括位与（&）、位或（|）、位非（～）、位异或（^）、左移（<<）、右移（>>）6 种，如表 6-8 所示。

表 6-8 Oracle 中的位运算符

运 算 符	作 用
位与（&）	位于运算
位或（|）	位或运算
位非（～）	位非运算
位异或（^）	位异或运行
左移（<<）	左移运算
右移（>>）	右移运算

6.3.5 运算符的优先级

运算符的优先级决定了不同的运算符在表达式中计算的先后顺序，表 6-9 列出了 Oracle 中的各类运算符及其优先级。

表 6-9 运算符按优先级由低到高排列

优 先 级	运 算 符
最低	=（赋值运算），:=
	OR
	AND
	NOT
	=（比较运算），<=>, >=, >, <=, <, <>, != , IS, LIKE, REGEXP, IN
	&
	<<, >>
	-, +
	*, /
	-（负号）
最高	!

可以看到，不同运算符的优先级是不同的。一般情况下，级别高的运算符先进行计算，如果级别相同，Oracle 按表达式的顺序从左到右依次计算。当然，在无法确定优先级的情况下，可以使用圆括号（）来改变优先级，并且这样会使计算过程更加清晰。

6.4 就业面试技巧与解析

6.4.1 面试技巧与解析（一）

面试官：何时可以到职？

应聘者：如果被录用的话，随时都可以任职。

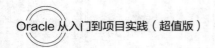

6.4.2　面试技巧与解析（二）

面试官： 如何适应办公室工作的新环境？

应聘者： 我想我应该从以下三个方面来适应办公室新环境：首先办公室里每个人有各自的岗位与职责，不得擅离岗位；其次，根据领导指示和工作安排，制订工作计划，提前预备，并按计划完成；再次，多请示并及时汇报，遇到不明白的要虚心请教；最后，抓间隙时间，多学习，努力提高自己的政治素质和业务水平。

第 7 章
查询数据表中的数据

 学习指引

Oracle 数据库中的数据查询不仅仅是简单返回数据库中存储的数据，而是根据用户需要有条件地筛选数据并返回筛选结果。为此，Oracle 提供了功能强大、灵活的语句来实现这些操作。本章介绍查询数据的操作，主要内容包括单表查询、使用函数查询、连接查询、子查询、使用正则表达式查询等。

 重点导读

- 了解基本查询语句。
- 掌握单表查询的方法。
- 掌握如何使用几何函数查询。
- 掌握连接查询的方法。
- 掌握如何使用子查询。
- 掌握如何使用正则表达式查询。

7.1 基本查询语句

Oracle 查询数据的基本语句是 SELECT 语句，SELECT 语句的基本格式如下：

```
SELECT
    {* | <字段列表>}
    [
        FROM <表 1>,<表 2>...
        [WHERE <表达式>
        [GROUP BY <group by definition>]
        [HAVING <expression> [{<operator> <expression>}...]]
        [ORDER BY <order by definition>]
        [LIMIT [<offset>,] <row count>]
    ]
SELECT [字段 1,字段 2,…,字段 n]
```

```
FROM  [表或视图]
WHERE  [查询条件];
```

各条子句的含义如下：

- {*|<字段列表>}：包含星号通配符选字段列表，表示查询的字段，其中字段列至少包含一个字段名称，如果要查询多个字段，多个字段之间用逗号隔开，最后一个字段后不要加逗号。
- FROM <表 1>,<表 2>…：表 1 和表 2 表示查询数据的来源，可以是单个或者多个。
- WHERE 子句：可选项，如果选择该项，将限定查询行必须满足的查询条件。
- GROUP BY<字段>：该子句告诉 Oracle 如何显示查询出来的数据，并按照指定的字段分组。
- [ORDER BY<字段>]：该子句告诉 Oracle 按什么样的顺序显示查询出来的数据，可以进行的排序有升序（ASC）、降序（DESC）。
- [LIMIT [<offset>,] <row count>]：该子句告诉 Oracle 每次显示查询出来的数据条数。

7.2　单表查询

单表查询是指从一张表数据中查询所需的数据，为演示查询数据的操作，下面创建一个水果表，并插入表数据。首先创建水果表，SQL 语句如下：

```
CREATE TABLE fruits
(
    f_id       varchar2(10)      NOT NULL,
    s_id       number ( 6 )      NOT NULL,
    f_name     varchar(25)       NOT NULL,
    f_price    number (8,2)      NOT NULL
);
```

按 Enter 键，语句执行结果如图 7-1 所示，即可完成表的创建。

图 7-1 创建表 fruits

使用 SELECT 语句，在表中插入需要的数据，SQL 语句如下：

```
INSERT INTO fruits (f_id, s_id, f_name, f_price) VALUES ('a1', 101,'apple',5.2);
INSERT INTO fruits (f_id, s_id, f_name, f_price) VALUES ('b1',101,'blackberry', 10.2);
INSERT INTO fruits (f_id, s_id, f_name, f_price) VALUES ('bs1',102,'orange', 11.2);
INSERT INTO fruits (f_id, s_id, f_name, f_price) VALUES ('bs2',105,'melon',7.2);
INSERT INTO fruits (f_id, s_id, f_name, f_price) VALUES ('t1',102,'banana', 10.3);
INSERT INTO fruits (f_id, s_id, f_name, f_price) VALUES ('t2',102,'grape', 5.3);
INSERT INTO fruits (f_id, s_id, f_name, f_price) VALUES ('o2',103,'coconut', 9.2);
INSERT INTO fruits (f_id, s_id, f_name, f_price) VALUES ('c0',101,'cherry', 3.2);
INSERT INTO fruits (f_id, s_id, f_name, f_price) VALUES ('a2',103, 'apricot',2.2);
```

```
INSERT INTO fruits (f_id, s_id, f_name, f_price) VALUES ('l2',104,'lemon', 6.4);
INSERT INTO fruits (f_id, s_id, f_name, f_price) VALUES ('b2',104,'berry', 7.6);
INSERT INTO fruits (f_id, s_id, f_name, f_price) VALUES ('m1',106,'mango', 15.6);
INSERT INTO fruits (f_id, s_id, f_name, f_price) VALUES ('m2',105,'xbabay', 2.6);
INSERT INTO fruits (f_id, s_id, f_name, f_price) VALUES ('t4',107,'xbababa', 3.6);
INSERT INTO fruits (f_id, s_id, f_name, f_price) VALUES ('m3',105,'xxtt', 11.6);
INSERT INTO fruits (f_id, s_id, f_name, f_price) VALUES ('b5',107,'xxxx', 3.6);
```

按 Enter 键，语句执行结果如图 7-2 所示，即可完成插入数据的操作，接下来就可以演示单表查询的相关操作了。

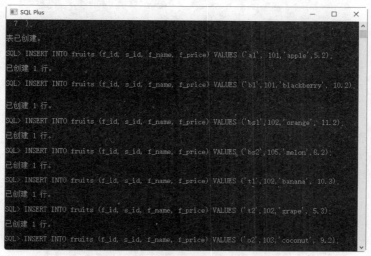

图 7-2　在表 fruits 中插入数据

7.2.1　查询所有字段

当需要查看数据表中所有字段数据时，可以使用两种方法查询所有字段，下面分别进行介绍。

1. 在 SELECT 语句中使用星号"*"通配符查询所有字段

SELECT 查询记录最简单的形式是从一个表中检索所有记录，实现的方法是使用星号（*）通配符指定查找所有列的名称。语法格式如下：

```
SELECT * FROM 表名;
```

【例 7-1】从 fruits 数据表中检索所有字段的数据，SQL 语句如下：

```
SQL> SELECT * FROM fruits;
```

按 Enter 键，语句执行结果如图 7-3 所示，从运算结果中可以看出，使用星号（*）通配符时，将返回所有列数据。

提示：一般情况下，除非需要使用表中所有的字段数据，否则，最好不要使用通配符"*"。使用通配符虽然可以节省输入查询语句的时间，但是获取不需要的列数据通常会降低查询和所使用的应用程序的效率。通配符的优势是，当不知道所需要的列的名称时，可以通过它获取它们。

2. 在 SELECT 语句中指定所有字段

根据 SELECT 语句的格式，SELECT 关键字后面的字段名为将要查找的数据，因此，可以将表中所有字段的名称跟在 SELECT 子句后面，从而查询所有字段。

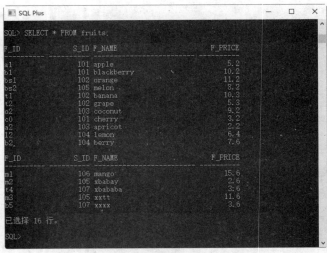

图 7-3　查询所有字段数据

例如，查询 fruits 表中的所有数据，SQL 语句书写如下：

```
SELECT f_id, s_id ,f_name, f_price FROM fruits;
```

按 Enter 键，语句执行结果如图 7-4 所示。

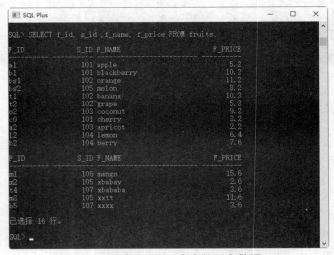

图 7-4　查询 fruits 表中的所有数据

注意： 有时，由于表中的字段比较多，不一定能记得所有字段的名称，因此，该方法很不方便，不建议使用。

7.2.2　查询指定字段

一般情况下，一个数据库包括多个字段，有时为了查看某个字段数据，就需要查询指定字段数据，如查询单个字段数据、查询多个字段数据等。

1. 查询单个字段

查询表中的某一个字段，语法格式如下：

```
SELECT 列名 FROM 表名;
```

【例7-2】查询 fruits 表中 f_name 列的所有水果名称，SQL 语句如下：

```
SELECT f_name FROM fruits;
```

按 Enter 键，语句执行结果如图 7-5 所示，输出结果显示了 fruits 表中 f_name 字段下的所有数据。

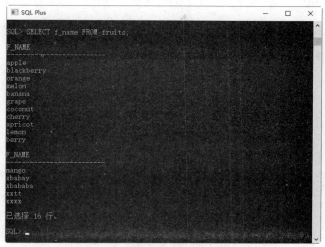

图 7-5　查询表中单个字段信息

2. 查询多个字段

使用 SELECT 声明，可以获取多个字段下的数据，只需要在关键字 SELECT 后面指定要查找的字段的名称，不同字段名称之间用逗号（,）隔开，最后一个字段后面不需要加逗号，语法格式如下：

```
SELECT 字段名 1,字段名 2,…,字段名 n  FROM 表名;
```

【例7-3】例如，从 fruits 表中获取 f_name 和 f_price 两列，SQL 语句如下：

```
SELECT f_name, f_price FROM fruits;
```

按 Enter 键，语句执行结果如图 7-6 所示，该语句使用 SELECT 声明从 fruits 表中获取名称为 f_name 和 f_price 两个字段下的所有水果名称和价格，两个字段之间用逗号分隔开。

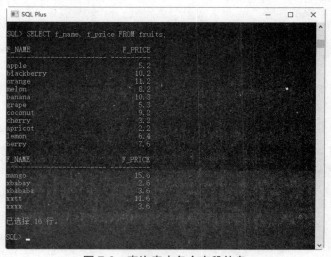

图 7-6　查询表中多个字段信息

提示：Oracle 中的 SQL 语句是不区分大小写的，因此，SELECT 和 select 作用是相同的，但是，许多开发人员习惯将关键字使用大写，而数据列和表名使用小写，读者也应该养成一个良好的编程习惯，这样写出来的代码更容易阅读和维护。

7.2.3 查询指定数据

数据库中包含大量的数据，根据特殊要求，可能只需要查询表中的指定数据，即对数据进行过滤。在 SELECT 语句中，通过 WHERE 子句可以对数据进行过滤，语法格式如下：

```
SELECT 字段名1,字段名2,…,字段名n
FROM 表名
WHERE 查询条件
```

在 WHERE 子句中，Oracle 提供了一系列条件判断符，查询结果如表 7-1 所示。

表 7-1　WHERE 条件判断符

操 作 符	说 明
=	相等
<> , !=	不相等
<	小于
<=	小于或等于
>	大于
>=	大于或等于
BETWEEN	位于两值之间

【例 7-4】查询价格为 3.6 元的水果的名称，SQL 语句如下：

```
SELECT f_name, f_price
FROM fruits
WHERE f_price = 3.6;
```

按 Enter 键，语句执行结果如图 7-7 所示，该语句使用 SELECT 声明从 fruits 表中获取价格等于 3.6 的水果的数据，本例采用了简单的相等过滤，查询一个指定列 f_price 具有值 3.6。

图 7-7　查询表中指定数据

相等还可以用来比较字符串，见【例 7-5】。

【例 7-5】查找名称为 apple 的水果的价格，SQL 语句如下：

```
SELECT f_name, f_price
FROM fruits
```

```
WHERE f_name = 'apple';
```

按 Enter 键，语句执行结果如图 7-8 所示，该语句使用 SELECT 声明从 fruits 表中获取名称为 apple 的水果的价格，从查询结果可以看到只有名称为 apple 行被返回，其他的均不满足查询条件。

【例 7-6】查询价格小于 5 的水果的名称，SQL 语句如下：

```
SELECT f_name, f_price
FROM fruits
WHERE f_price < 5;
```

按 Enter 键，语句执行结果如图 7-9 所示，该语句使用 SELECT 声明从 fruits 表中获取价格低于 5 的水果名称，即 f_price 小于 5 的水果信息被返回。

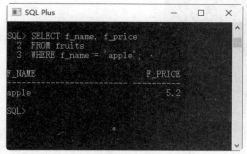

图 7-8 查询指定名称数据信息

图 7-9 查询价格小于 5 的水果名称

7.2.4 带 IN 关键字的查询

IN 操作符用来查询满足指定范围内的条件记录，使用 IN 操作符，将所有检索条件用括号括起来，检索条件之间用逗号分隔开，只要满足条件范围内的一个值即为匹配项。

【例 7-7】查询 fruits 表中 s_id 为 101 和 102 的记录，SQL 语句如下：

```
SELECT s_id,f_name, f_price
FROM fruits
WHERE s_id IN (101,102)
ORDER BY f_name;
```

按 Enter 键，语句执行结果如图 7-10 所示。

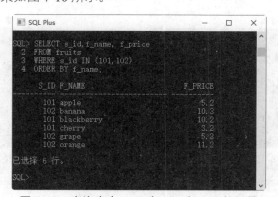

图 7-10 查询表中 s_id 为 101 和 102 的记录

相反，可以使用关键字 NOT 来检索不在条件范围内的记录，举例说明如下。

【例 7-8】查询 fruits 表中所有 s_id 不等于 101 也不等于 102 的记录，SQL 语句如下：

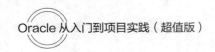

```
SELECT s_id,f_name, f_price
FROM fruits
WHERE s_id NOT IN (101,102)
ORDER BY f_name;
```

按 Enter 键，语句执行结果如图 7-11 所示。

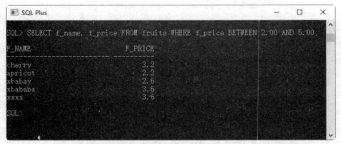

图 7-11　查询表中 s_id 不等于 101 也不等于 102 的记录

从上述两个实例中可以看到，该语句在 IN 关键字前面加上了 NOT 关键字，这使得查询的结果与前面一个的结果正好相反，前面检索了 s_id 等于 101 和 102 的记录，而这里所要求的查询的记录中的 s_id 字段值不等于这两个值中的任何一个。

7.2.5　查询某个范围内的数据

BETWEEN…AND 用来查询某个范围内的值，该操作符需要两个参数，即范围的开始值和结束值，如果字段值满足指定的范围查询条件，则这些记录被返回。

【例 7-9】查询 fruits 表中价格在 2.00～5.00 元的水果名称和价格，SQL 语句如下：

```
SELECT f_name, f_price FROM fruits WHERE f_price BETWEEN 2.00 AND 5.00;
```

按 Enter 键，语句执行结果如图 7-12 所示，从运算结果中可以看出，返回结果包含 2.00～5.00 元的字段值，并且端点值 5.00 也包括在返回结果中，即 BETWEEN 匹配范围中所有值，包括开始值和结束值。

图 7-12　查询表中价格在 2.00～5.00 元的水果名称和价格

BETWEEN…AND 操作符前可以加关键字 NOT，表示指定范围之外的值，如果字段值不满足指定的范围内的值，则这些记录被返回。

【例 7-10】查询 fruits 表中价格在 2.00～5.00 元之外的水果名称和价格，SQL 语句如下：

```
SELECT f_name, f_price
```

```
FROM fruits
WHERE f_price NOT BETWEEN 2.00 AND 5.00;
```

按 Enter 键，语句执行结果如图 7-13 所示。

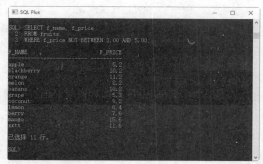

图 7-13　查询表中价格在 2.00～5.00 元之外的水果名称和价格

7.2.6　带 LIKE 的字符匹配查询

简单的比较操作并不能满足所有查询数据的要求，如果需要使用通配符进行匹配查找，就需要使用关键字 LIKE 来完成字符匹配查询。

通配符是一种在 SQL 的 WHERE 条件子句中拥有特殊意思的字符，SQL 语句中支持多种通配符，可以和 LIKE 一起使用的通配符有 "%" 和 "_"。

1．百分号通配符 "%"，匹配任意长度的字符，甚至包括零字符

【例 7-11】查找 fruits 表中所有以 "b" 字母开头的水果，SQL 语句如下：

```
SELECT f_id, f_name
FROM fruits
WHERE f_name LIKE 'b%';
```

按 Enter 键，语句执行结果如图 7-14 所示。该语句查询的结果返回所有以 "b" 开头的水果的 id 和 name，"%" 告诉 Oracle，返回所有以 "b" 字母开头的记录，不管 "b" 后面有多少个字符。

另外，在搜索匹配时通配符 "%" 可以放在不同位置。

【例 7-12】在 fruits 表中，查询 f_name 中包含字母 "g" 的记录，SQL 语句如下：

```
SELECT f_id, f_name
FROM fruits
WHERE f_name LIKE '%g%';
```

按 Enter 键，语句执行结果如图 7-15 所示。该语句查询字符串中包含字母 "g" 的水果名称，只要名字中有字符 "g"，而前面或后面不管有多少个字符，都满足查询的条件。

图 7-14　查找表中所有以 "b" 字母开头的水果

图 7-15　查询 f_name 中包含字母 "g" 的记录

【例 7-13】查询 fruits 表以"g"开头，并以"g"结尾的水果的名称，SQL 语句如下：

```
SELECT f_id,f_name
FROM fruits
WHERE f_name LIKE 'b%y';
```

按 Enter 键，语句执行结果如图 7-16 所示，从运算结果中可以看出，"%"用于匹配在指定的位置的任意数目的字符。

2．下画线通配符"_"，一次只能匹配任意一个字符

下画线通配符"_"的用法和"%"相同，区别是"%"可以匹配多个字符，而"_"只能匹配任意单个字符，如果要匹配多个字符，则需要使用相同个数的"_"。

【例 7-14】在 fruits 表中，查询以字母"y"结尾，且"y"前面只有 4 个字母的记录，SQL 语句如下：

```
SELECT f_id, f_name FROM fruits WHERE f_name LIKE '____y';
```

按 Enter 键，语句执行结果如图 7-17 所示。从运算结果中可以看出，以"y"结尾且前面只有 4 个字母的记录只有一条。其他记录的 f_name 字段也有以"y"结尾的，但其总的字符串长度不为 5，因此，不在返回结果中。

图 7-16　查询表中以"g"开头，并以"g"
结尾的水果的名称

图 7-17　查询以字母"y"结尾，且"y"
前面只有 4 个字母的记录

7.2.7　带 AND 的多条件查询

使用 SELECT 查询时，可以增加查询的限制条件，这样可以使查询的结果更加精确。Oracle 在 WHERE 子句中使用 AND 操作符限定只有满足所有查询条件的记录才会被返回。可以使用 AND 连接两个甚至多个查询条件，多个条件表达式之间用 AND 分开。

【例 7-15】在 fruits 表中查询 s_id=101、价格 f_price 大于或等于 5 的水果的价格和名称，SQL 语句如下：

```
SELECT f_id, f_price, f_name FROM fruits WHERE s_id = '101' AND f_price >=5;
```

按 Enter 键，语句执行结果如图 7-18 所示，从运算结果中可以看出，符合查询条件的返回记录有两条。

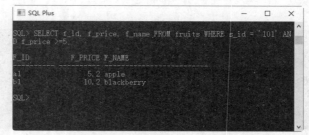

图 7-18　查询 s_id=101、价格 f_price 大于或等于 5 的水果价格和名称

上述例子的 WHERE 子句中只包含一个 AND 语句，把两个过滤条件组合在一起，实际上可以添加多个 AND 过滤条件，增加条件的同时增加一个 AND 关键字。

【例 7-16】在 fruits 表中查询 s_id = 101 或者 102，且 f_price 大于 5，并且 f_name='apple'的水果价格和名称，SQL 语句如下：

```
SELECT f_id, f_price, f_name FROM fruits
WHERE s_id IN('101', '102') AND f_price >= 5 AND f_name = 'apple';
```

按 Enter 键，语句执行结果如图 7-19 所示，从运算结果中可以看出，符合查询条件的返回记录只有一条。

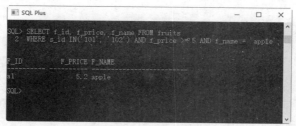

图 7-19 查询 s_id=101 或 102，且 f_price 大于 5，并且 f_name='apple'的水果价格和名称

7.2.8 带 OR 的多条件查询

与 AND 相反，在 WHERE 声明中使用 OR 操作符，表示只需要满足其中一个条件的记录即可返回。OR 也可以连接两个甚至多个查询条件，多个条件表达式之间用 OR 分开。

【例 7-17】查询水果 fruits 表中 s_id=101 或者 s_id=102 的水果价位 f_price 和名称 f_name，SQL 语句如下：

```
SELECT s_id,f_name, f_price FROM fruits WHERE s_id = 101 OR s_id = 102;
```

按 Enter 键，语句执行结果如图 7-20 所示，结果显示了 s_id=101 和 s_id=102 的水果名称和价格，OR 操作符告诉 Oracle，检索的时候只需要满足其中的一个条件，不需要全部都满足。如果这里使用 AND，将检索不到符合条件的数据。

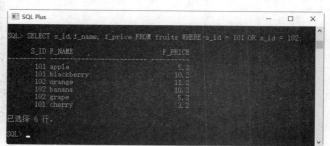

图 7-20 查询表中 s_id=101 或者 s_id=102 的水果价位和名称

在这里，也可以使用 IN 操作符实现与 OR 相同的功能。

【例 7-18】查询水果表中 s_id=101 或者 s_id=102 的水果 f_price 和 f_name，SQL 语句如下：

```
SELECT s_id,f_name, f_price FROM fruits WHERE s_id IN(101,102);
```

按 Enter 键，语句执行结果如图 7-21 所示，从运算结果中可以看出，OR 操作符和 IN 操作符使用后的结果是一样的，它们可以实现相同的功能。

注意：OR 可以和 AND 一起使用，但是在使用时要注意两者的优先级，由于 AND 的优先级高于 OR，因此，先对 AND 两边的操作数进行操作，再与 OR 中的操作数结合。

图 7-21　查询表中 s_id=101 或者 s_id=102 的水果价位和名称

7.2.9　查询结果不重复

在 SELECT 语句中，可以使用 DISTINCT 关键字消除 Oracle 数据库中重复的记录值。语法格式如下：

```
SELECT DISTINCT 字段名 FROM 表名;
```

【例 7-19】查询 fruits 表中 s_id 字段的值，返回 s_id 字段值，且不重复，SQL 语句如下：

```
SELECT DISTINCT s_id FROM fruits;
```

按 Enter 键，语句执行结果如图 7-22 所示，从运算结果中可以看出，这次查询结果只返回了 7 条记录的 s_id 值，且不再有重复的值，SELECT DISTINCT s_id 告诉 Oracle 只返回不同的 s_id 行。

图 7-22　查询表中 s_id 字段的值，且不重复

7.2.10　对查询结果排序

从前面的查询结果，不难发现有些字段的值是没有任何顺序的，Oracle 可以通过在 SELECT 语句中使用 ORDER BY 子句，对查询的结果进行排序。

1. 单列排序

查询 f_name 字段，SQL 语句如下：

```
SQL> SELECT f_name FROM fruits;
```

按 Enter 键，语句执行结果如图 7-23 所示，从运算结果中可以看出，查询的数据并没有以一种特定的顺序显示，如果没有对它们进行排序，它们将根据它们插入到数据表中的顺序来显示。

下面使用 ORDER BY 子句对指定的列数据进行排序。

【例 7-20】查询 fruits 表的 f_name 字段值，并对其进行排序，SQL 语句如下：

```
SQL> SELECT f_name FROM fruits ORDER BY f_name;
```

按 Enter 键，语句执行结果如图 7-24 所示，该语句查询的结果和前面的语句相同，不同的是，通过指定 ORDER BY 子句，Oracle 对查询的 name 列的数据按字母表的顺序进行了升序排序。

图 7-23　以名称进行单列排序

图 7-24　查询表的 f_name 字段值，并对其进行排序

2．多列排序

有时，需要根据多列值进行排序。比如，如果要显示一个学生列表，可能会有多个学生的姓氏是相同的，因此，还需要根据学生的名进行排序。对多列数据进行排序，必须将需要排序的列之间用逗号隔开。

【例 7-21】查询 fruits 表中的 f_name 和 f_price 字段，先按 f_name 排序，再按 f_price 排序，SQL 语句如下：

```
SELECT f_name, f_price FROM fruits ORDER BY f_name, f_price;
```

按 Enter 键，语句执行结果如图 7-25 所示，可以看到数据首先以水果名称进行排序，然后以水果价格进行排序。

注意：在对多列进行排序时，首先排序的第一列必须有相同的列值，才会对第二列进行排序。如果第一列数据中所有值都是唯一的，将不再对第二列进行排序。

3．指定排序方向

默认情况下，查询数据按字母升序进行排序（从 A～Z），但数据的排序并不仅限于此，还可以使用 ORDER BY 对查询结果进行降序排序（从 Z～A），这可以通过关键字 DESC 实现，下面的例子表明了如何进行降序排列。

【例 7-22】查询 fruits 表中的 f_name 和 f_price 字段，对结果按 f_price 降序方式排序，SQL 语句如下：

```
SELECT f_name, f_price FROM fruits ORDER BY f_price DESC;
```

按 Enter 键，语句执行结果如图 7-26 所示，可以看到水果价格以降序方式排序。

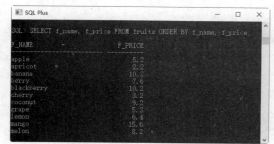

图 7-25　查询表中的 f_name 和 f_price 字段，
先按 f_name 排序，再按 f_price 排序

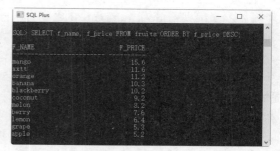

图 7-26　查询表中的 f_name 和 f_price 字段，
对结果按 f_price 降序方式排序

提示：与 DESC 相反的是 ASC（升序排序），将字段列中的数据按字母表顺序升序排序。实际上，在排序的时候 ASC 是作为默认的排序方式，所以，加不加都可以。

另外，用户还可以对多列进行不同的顺序排序，下面进行举例说明。

【例 7-23】查询 fruits 表，先按 f_price 降序排序，再按 f_name 字段升序排序，SQL 语句如下：

```
SELECT f_price, f_name FROM fruits ORDER BY f_price DESC, f_name;
```

按 Enter 键，语句执行结果如图 7-27 所示，从运算结果中可以看出，水果价格以降序方式排序。DESC 排序方式只应用到直接位于其前面的字段上，由结果可以看出。

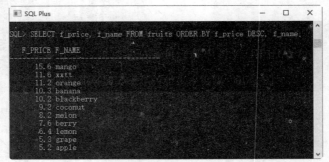

图 7-27　查询表中 f_name 和 f_price 字段，先按 f_price 降序排序，再按 f_name 字段升序排序

注意：DESC 关键字只对其前面的列进行降序排列，在这里只对 f_price 排序，而并没有对 f_name 进行排序，因此，f_price 按降序排序，而 f_name 列仍按升序排序。如果要对多列都进行降序排序，必须在每一列的列名后面加 DESC 关键字。

7.2.11　分组查询数据

Oracle 中使用 GROUP BY 关键字可以对数据进行分组查询，基本语法格式如下：

```
[GROUP BY 字段] [HAVING <条件表达式>]
```

字段值为进行分组时所依据的列名称；"HAVING <条件表达式>"指定满足表达式限定条件的结果将被显示。

1. 创建分组

GROUP BY 关键字通常和集合函数一起使用，如 MAX()、MIN()、SUM()、AVG()等。例如，要返回每个水果供应商提供的水果种类，这时就要在分组过程中用到 COUNT()函数，把数据分为多个逻辑组，并对每个组进行集合计算。

【例 7-24】根据 s_id 对 fruits 表中的数据进行分组，SQL 语句如下：

```
SELECT s_id, COUNT(*) AS Total FROM fruits GROUP BY s_id;
```

按 Enter 键，语句执行结果如图 7-28 所示，查询结果显示，s_id 表示供应商的 ID，Total 字段使用 COUNT() 函数计算得出，GROUP BY 字句按照 s_id 排序并对数据分组，可以看到 ID 为 101、102、105 的供应商分别提供 3 种水果，ID 为 103、104、107 的供应商分别提供 2 种水果，ID 为 106 的供应商只提供 1 种水果。

如果要查看每个供应商提供的水果的种类的名称，该怎么办呢？Oracle 中可以在 GROUP BY 字节中使用 LISTAGG()函数，将每个分组中各个字段的值显示出来。

【例 7-25】根据 s_id 对 fruits 表中的数据进行分组，将每个供应商的水果名称显示出来，SQL 语句如下：

```
SELECT s_id, LISTAGG(f_name,',') within group (order by s_id ) AS Names FROM fruits GROUP BY s_id;
```

按 Enter 键，语句执行结果如图 7-29 所示，从运算结果中可以看出，LISTAGG()函数将每个分组中的名称显示出来了，其名称的个数与 COUNT()函数计算出来的相同。

图 7-28 根据 s_id 对 fruits 表中的数据进行分组   图 7-29 显示每个供应商的水果名称

2. 使用 HAVING 过滤分组

GROUP BY 可以和 HAVING 一起限定显示记录所需满足的条件，只有满足条件的分组才会被显示。

【例 7-26】根据 s_id 对 fruits 表中的数据进行分组，并显示水果种类大于 2 的分组信息，SQL 语句如下：

```
SELECT s_id, LISTAGG(f_name,',') within group (order by s_id ) AS Names
FROM fruits
GROUP BY s_id HAVING COUNT(f_name) > 2;
```

按 Enter 键，语句执行结果如图 7-30 所示，从运算结果中可以看出，ID 为 101、102、105 的供应商提供的水果种类大于 2，满足 HAVING 子句条件，因此，出现在返回结果中；而 ID 为 103、104、106 的供应商的水果种类小于 2，不满足限定条件，因此，不在返回结果中。

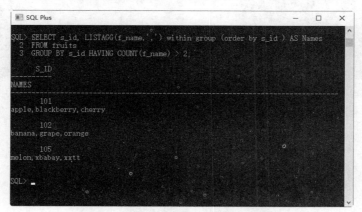

图 7-30 显示水果种类大于 2 的分组信息

提示：HAVING 关键字与 WHERE 关键字都是用来过滤数据的，两者有什么区别呢？其中重要的一点是，HAVING 在数据分组之后进行过滤来选择分组，而 WHERE 在分组之前用来选择记录。另外，WHERE 排除的记录不再包括在分组中。

3. 在 GROUP BY 子句中使用 ROLLUP

使用 ROLLUP 关键字之后，在所有查询出的分组记录之后增加一条记录，该记录计算查询出的所有记录的总和，即统计记录数量。

【例 7-27】根据 s_id 对 fruits 表中的数据进行分组，并显示记录数量，SQL 语句如下：

```
SELECT s_id, COUNT(*) AS Total
FROM fruits a
GROUP BY ROLLUP(s_id) ;
```

按 Enter 键，语句执行结果如图 7-31 所示，从运算结果中可以看出，通过 GROUP BY 分组之后，在显示结果的最后面新添加了一行，该行 Total 列的值正好是上面所有数值之和。

4．多字段分组

使用 GROUP BY 可以对多个字段进行分组，GROUP BY 关键字后面跟需要分组的字段，Oracle 根据多字段的值来进行层次分组，分组层次从左到右，即先按第 1 个字段分组，然后在第 1 个字段值相同的记录中，再根据第 2 个字段的值进行分组，以此类推。

【例 7-28】根据 s_id 和 f_name 字段对 fruits 表中的数据进行分组， SQL 语句如下：

```
SQL> SELECT s_id ,f_name  FROM fruits group by s_id,f_name;
```

按 Enter 键，语句执行结果如图 7-32 所示，从运算结果中可以看出，查询记录先按照 s_id 进行分组，再对 f_name 字段按不同的取值进行分组。

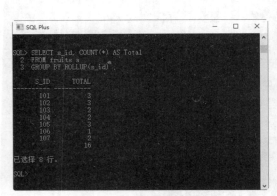

图 7-31　显示记录数量

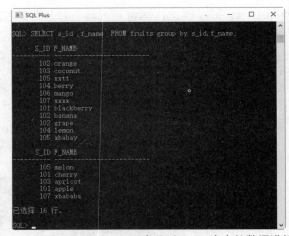

图 7-32　根据 s_id 和 f_name 字段对 fruits 表中的数据进行分组

注意：在使用 GROUP BY 时，有一个规则需要遵守，出现在 SELECT 列表中的字段，如果没有在聚合函数中，那么必须出现在 GROUP BY 子句中。

7.2.12　限制查询结果的数量

使用 ROWNUM 可以限制查询结果的数量，SELECT 返回所有匹配的行，有可能是表中所有的行，如仅仅需要返回第一行或者前几行，就可以使用 ROWNUM 来限制。

【例 7-29】显示 fruits 表查询结果的前 4 行，SQL 语句如下：

```
SELECT * FROM fruits where ROWNUM< 5;
```

按 Enter 键，语句执行结果如图 7-33 所示，从

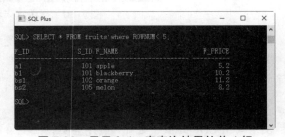

图 7-33　显示 fruits 表查询结果的前 4 行

运算结果中可以看出，显示结果从第一行开始，"行数"为小于 5 行，因此，返回的结果为表中的前 4 行记录。使用 rownum 时，只支持<、<=和！=。

7.2.13 查询数据表中的空值

数据表创建的时候,设计者可以指定某列中是否可以包含空值(NULL)。空值不同于 0,也不同于空字符串。空值一般表示数据未知、不适用或将在以后添加数据。在 SELECT 语句中使用 IS NULL 子句,可以查询某字段内容为空记录。

下面在数据库中创建数据表 customers,该表中包含需要用到的数据。

```
CREATE TABLE customers
(
    c_id            number(9)       NOT NULL,
    c_name          varchar2(50)    NOT NULL,
    c_address       varchar2(50)    NULL,
    c_city          varchar2(50)    NULL,
    c_zip           varchar2(10)    NULL,
    c_contact       varchar2(50)    NULL,
    c_email         varchar2(255)   NULL,
    PRIMARY KEY     (c_id)
);
```

按 Enter 键,语句执行结果如图 7-34 所示,即可完成数据表的创建。

为了演示需要插入数据表中的数据,执行 SQL 语句如下:

```
INSERT INTO customers(c_id, c_name, c_address, c_city, c_zip, c_contact, c_email) VALUES
(10001, 'RedHook', '200 Street ', 'Tianjin', '300000', 'LiMing', 'LMing@163.com');
INSERT INTO customers(c_id, c_name, c_address, c_city, c_zip, c_contact, c_email) VALUES
(10002, 'Stars', '333 Fromage Lane', 'Dalian', '116000', 'Zhangbo','Jerry@hotmail.com');
INSERT INTO customers(c_id, c_name, c_address, c_city, c_zip, c_contact, c_email) VALUES
(10003, 'Netbhood', '1 Sunny Place', 'Qingdao', '266000', 'LuoCong', NULL);
INSERT INTO customers(c_id, c_name, c_address, c_city, c_zip, c_contact, c_email) VALUES
(10004, 'JOTO', '829 Riverside Drive', 'Haikou', '570000', 'YangShan', 'sam@hotmail.com');
```

按 Enter 键,语句执行结果如图 7-35 所示,即可完成数据表中数据的插入。

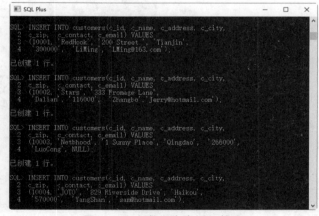

图 7-34　创建数据表 customers　　　　　　　　图 7-35　向数据表中插入数据

查询上述 4 条记录是否成功插入,查询插入记录的个数,输入 SQL 语句,执行结果如下:

```
SELECT COUNT(*) AS cust_num FROM customers;
```

按 Enter 键,语句执行结果如图 7-36 所示。

【例 7-30】查询 customers 表中 c_email 为空的记录的 c_id、c_name 和 c_email 字段值,SQL 语句如下:

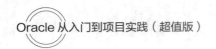

```
SELECT c_id, c_name,c_email FROM customers WHERE c_email IS NULL;
```

按 Enter 键，语句执行结果如图 7-37 所示，从运算结果中可以看出，显示 customers 表中字段 c_email 的值为 NULL 的记录，满足查询条件。

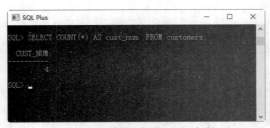

图 7-36　查询插入记录的个数

图 7-37　查询表中满足条件的空记录

与 IS NULL 相反的是 NOT IS NULL，该关键字查找字段不为空的记录。

【例 7-31】查询 customers 表中 c_email 不为空的记录的 c_id、c_name 和 c_email 字段值，SQL 语句如下：

```
SELECT c_id, c_name,c_email FROM customers WHERE c_email IS NOT NULL;
```

按 Enter 键，语句执行结果如图 7-38 所示，从运算结果中可以看出，查询出来的记录的 c_email 字段都不为空值。

图 7-38　查询表中满足条件的非空记录

7.3　使用聚合函数查询

使用聚合函数可以有条件地查询数据表中的数据，如查询某列的平均值、行数、最大值、最小值及总和等，常用的聚合函数名称及作用如表 7-2 所示。

表 7-2　Oracle 聚合函数

函　　数	作　　用
AVG()	返回某列的平均值
COUNT()	返回某列的行数
MAX()	返回某列的最大值
MIN()	返回某列的最小值
SUM()	返回某列值的和

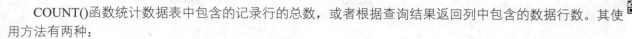

7.3.1 使用 COUNT()函数查询

COUNT()函数统计数据表中包含的记录行的总数，或者根据查询结果返回列中包含的数据行数。其使用方法有两种：

- COUNT(*)计算表中总的行数，不管某列有数值或者为空值。
- COUNT(字段名)计算指定列下总的行数，计算时将忽略空值的行。

【例 7-32】查询 fruits 表中总的行数，SQL 语句如下：

```
SQL> SELECT COUNT(*) AS cust_num FROM fruits;
```

按 Enter 键，语句执行结果如图 7-39 所示，从运算结果中可以看出，COUNT(*)返回 fruits 表中记录的总行数，不管其值是什么，返回的总数的名称为 cust_num。

【例 7-33】查询 customers 表中有电子邮箱的顾客的总数，SQL 语句如下：

```
SQL> SELECT COUNT(c_email) AS email_num FROM customers;
```

按 Enter 键，语句执行结果如图 7-40 所示，从运算结果中可以看出，表中 5 个 customer 只有 3 个有 email，customer 的 email 为空值 NULL 的记录没有被 COUNT()函数计算。

| 图 7-39 查询 fruits 表中总的行数 | 图 7-40 查询 customers 表中有电子邮箱的顾客的总数 |

提示：两个例子中不同的数值，说明了两种方式在计算总数的时候对待 NULL 值的方式不同。即指定列的值为空的行被 COUNT()函数忽略，但是如果不指定列，而在 COUNT()函数中使用星号"*"，则所有记录都不忽略。

COUNT()函数与 GROUP BY 关键字一起使用，可以用来计算不同分组中的记录总数。为了演示效果，首先创建数据表，SQL 语句如下：

```
CREATE TABLE orderitems
(
    o_num          number(9)        NOT NULL,
    o_item         number (6)       NOT NULL,
    f_id           varchar2(10)     NOT NULL,
    quantity       number (6)       NOT NULL,
    item_price     number (8,2)     NOT NULL,
    PRIMARY KEY    (o_num,o_item)
) ;
```

按 Enter 键，语句执行结果如图 7-41 所示，即可完成数据表的创建。

然后插入演示数据，SQL 语句如下：

```
INSERT INTO orderitems(o_num, o_item, f_id, quantity, item_price)
SELECT 30001, 1, 'a1', 10, 5.2 from dual
Union all
SELECT 30001, 2, 'b2', 3, 7.6  from dual
Union all
SELECT 30001, 3, 'bs1', 5, 11.2 from dual
```

```
Union all
SELECT 30001, 4, 'bs2', 15, 9.2 from dual
Union all
SELECT 30002, 1, 'b3', 2, 20.0 from dual
Union all
SELECT 30003, 1, 'c0', 100, 10 from dual
Union all
SELECT 30004, 1, 'o2', 50, 2.50 from dual
Union all
SELECT 30005, 1, 'c0', 5, 10 from dual
Union all
SELECT 30005, 2, 'b1', 10, 8.99 from dual
Union all
SELECT 30005, 3, 'a2', 10, 2.2 from dual
Union all
SELECT 30005, 4, 'm1', 5, 14.99 from dual;
```

按 Enter 键，语句执行结果如图 7-42 所示，即可完成数据表中数据的插入。

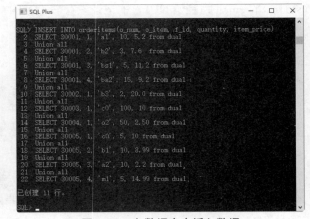

图 7-41　创建数据表 orderitems　　　　　　　　图 7-42　向数据表中插入数据

【例 7-34】在 orderitems 表中，使用 COUNT()函数统计不同订单号中订购的水果种类，SQL 语句如下：

```
SQL> SELECT o_num, COUNT(f_id)  FROM orderitems  GROUP BY o_num;
```

按 Enter 键，语句执行结果如图 7-43 所示，从运算结果中可以看出，GROUP BY 关键字先按照订单号进行分组，然后计算每个分组中的总记录数。

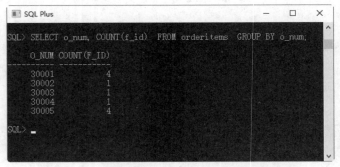

图 7-43　查询不同订单号中订购的水果种类

7.3.2　使用 AVG()函数查询

AVG()函数通过计算返回的行数和每一行数据的和，求得指定列数据的平均值。

【例 7-35】在 fruits 表中，查询 s_id=103 的供应商的水果价格的平均值，SQL 语句如下：

```
SQL> SELECT AVG(ALL f_price) AS avg_price  FROM fruits   WHERE s_id = 103;
```

按 Enter 键，语句执行结果如图 7-44 所示，该例中，查询语句增加了一个 WHERE 子句，并且添加了查询过滤条件，只查询 s_id = 103 的记录中的 f_price。因此，通过 AVG()函数计算的结果只是指定的供应商水果的价格平均值，而不是市场上所有水果的价格的平均值。

AVG()可以与 GROUP BY 一起使用，来计算每个分组的平均值，下面介绍一个简单的示例。

【例 7-36】在 fruits 表中，查询每一个供应商的水果价格的平均值，SQL 语句如下：

```
SQL> SELECT s_id,AVG( ALL f_price) AS avg_price  FROM fruits  GROUP BY s_id;
```

按 Enter 键，语句执行结果如图 7-45 所示，GROUP BY 关键字根据 s_id 字段对记录进行分组，然后计算出每个分组的平均值，这种分组求平均值的方法非常有用。

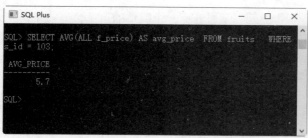

图 7-44　查询 s_id=103 的供应商的水果价格的平均值

图 7-45　查询每一个供应商的水果价格的平均值

提示：AVG()函数使用时，其参数为要计算的列名称，如果要得到多个列的多个平均值，则需要在每一列上使用 AVG()函数。

7.3.3　使用 MAX()函数查询

使用 MAX()函数可以返回指定列中的最大值，下面介绍一个简单的示例。

【例 7-37】在 fruits 表中查找市场上价格最高的水果，SQL 语句如下：

```
SQL>SELECT MAX(f_price) AS max_price FROM fruits;
```

按 Enter 键，语句执行结果如图 7-46 所示，从运算结果中可以看出，MAX()函数查询出了 f_price 字段的最大值 15.6。

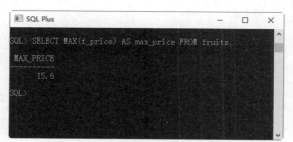

图 7-46　查询表中价格最高的水果

MAX()也可以和 GROUP BY 关键字一起使用，求每个分组中的最大值，下面介绍一个简单的示例。

【例 7-38】在 fruits 表中查找不同供应商提供的价格最高的水果，SQL 语句如下：

```
SQL> SELECT s_id, MAX(f_price) AS max_price  FROM fruits  GROUP BY s_id;
```

按 Enter 键，语句执行结果如图 7-47 所示，从运算结果中可以看出，GROUP BY 关键字根据 s_id 字段对记录进行分组，然后计算出每个分组中的最大值。

图 7-47　查找不同供应商提供的价格最高的水果

MAX()函数不仅适用于查找数值类型，也可应用于字符类型，下面介绍一个简单的示例。

【例 7-39】在 fruits 表中查找 f_name 的最大值，SQL 语句如下：

```
SQL> SELECT MAX(f_name) FROM fruits;
```

按 Enter 键，语句执行结果如图 7-48 所示，从运算结果中可以看出，MAX()函数可以对字母进行大小判断，并返回最大的字符或者字符串值。

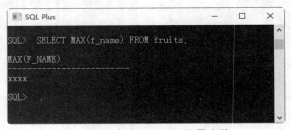

图 7-48　查找 f_name 的最大值

提示：MAX()函数除了用来找出最大的列值或日期值之外，还可以返回任意列中的最大值，包括返回字符类型的最大值。在对字符类型数据进行比较时，按照字符的 ASCII 码值大小进行比较，从 a～z，a 的 ASCII 码最小，z 的最大。在比较时，先比较第一个字母，如果相等，继续比较下一个字符，一直到两个字符不相等或者字符结束为止。例如，'b'与't'比较时，'t'为最大值；"bcd"与"bca"比较时，"bcd"为最大值。

7.3.4　使用 MIN()函数查询

使用 MIN()函数可以返回查询列中的最小值，下面介绍一个简单的示例。

【例 7-40】在 fruits 表中查找市场上价格最低的水果，SQL 语句如下：

```
SQL>SELECT MIN(f_price) AS min_price FROM fruits;
```

按 Enter 键，语句执行结果如图 7-49 所示，从运算结果中可以看出，MIN ()函数查询出了 f_price 字段的最小值 2.2。

MIN()也可以和 GROUP BY 关键字一起使用，求出每个分组中的最小值。

【例 7-41】在 fruits 表中查找不同供应商提供的价格最低的水果，SQL 语句如下：

```
SQL>SELECT s_id, MIN(f_price) AS min_price  FROM fruits  GROUP BY s_id;
```

按 Enter 键，语句执行结果如图 7-50 所示，从运算结果中可以看出，GROUP BY 关键字根据 s_id 字段对记录进行分组，然后计算出每个分组中的最小值。

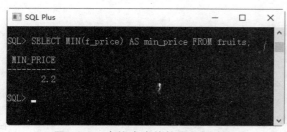

图 7-49　查找表中价格最低的水果　　　　　图 7-50　查找不同供应商提供的价格最低的水果

提示：MIN()函数与 MAX()函数类似，不仅适用于查找数值类型，也可应用于字符类型。

7.3.5　使用 SUM()函数查询

SUM()是一个求总和的函数，返回指定列值的总和。

【例 7-42】在 orderitems 表中查询 30005 号订单一共购买的水果总量，SQL 语句如下：

```
SQL> SELECT SUM(quantity) AS items_total FROM orderitems WHERE o_num = 30005;
```

按 Enter 键，语句执行结果如图 7-51 所示，从运算结果中可以看出，SUM(quantity)函数返回订单中所有水果数量之和，WHERE 子句指定查询的订单号为 30005。

SUM()可以与 GROUP BY 一起使用，来计算每个分组的总和。

【例 7-43】在 orderitems 表中，使用 SUM()函数统计不同订单号中订购的水果总量，SQL 语句如下：

```
SQL> SELECT o_num, SUM(quantity) AS items_total FROM orderitems  GROUP BY o_num;
```

按 Enter 键，语句执行结果如图 7-52 所示，从运算结果中可以看出，GROUP BY 按照订单号 o_num 进行分组，SUM()函数计算每个分组中订购的水果的总量。SUM()函数在计算时，忽略列值为 NULL 的行。

图 7-51　查询 30005 号订单一共购买的水果总量　　　图 7-52　统计不同订单号中订购的水果总量

7.4　多表之间的连接查询

连接是关系数据库模型的主要特点，连接查询是关系数据库中最主要的查询，主要包括内连接、外连接等，下面介绍多表之间的连接查询。

7.4.1　内连接查询

内连接（INNER JOIN）使用比较运算符进行表间某（些）列数据的比较操作，并列出这些表中与连接条件相匹配的数据行，组合成新的记录，也就是说，在内连接查询中，只有满足条件的记录才能出现在结果关系中。

为了演示的需要，首先创建数据表 suppliers，SQL 语句如下：

```
CREATE TABLE suppliers
(
    s_id       number(9)        NOT NULL,
    s_name     varchar2(50)     NOT NULL,
    s_city     varchar2 (50)    NULL,
    s_zip      varchar2 (10)    NULL,
    s_call     varchar2 (50)    NOT NULL,
    PRIMARY KEY (s_id)
) ;
```

按 Enter 键，语句执行结果如图 7-53 所示，即可看到数据表创建完成。

为演示需要，需要在数据表中插入数据，SQL 语句如下：

```
INSERT INTO suppliers(s_id, s_name,s_city, s_zip, s_call)
SELECT 101,'FastFruit Inc.','Tianjin','300000','48075' from dual
Union all
SELECT 102,'LT Supplies','Chongqing','400000','44333' from dual
Union all
SELECT 103,'ACME','Shanghai','200000','90046' from dual
Union all
SELECT 104,'FNK Inc.','Zhongshan','528437','11111' from dual
Union all
SELECT 105,'Good Set','Taiyuang','030000', '22222' from dual
Union all
SELECT 106,'Just Eat Ours','Beijing','010', '45678' from dual
Union all
SELECT 107,'DK Inc.','Zhengzhou','450000', '33332' from dual;
```

按 Enter 键，语句执行结果如图 7-54 所示，即可看到数据表中创建了 7 行数据。

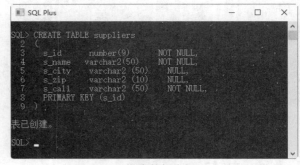

图 7-53　创建数据表 suppliers

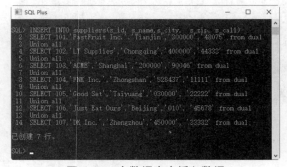

图 7-54　在数据表中插入数据

【例 7-44】在 fruits 表和 suppliers 表之间使用内连接查询。查询之前，查看两个表的结构，首先查询 fruits 表的结构，SQL 语句如下：

```
SQL> DESC fruits;
```

按 Enter 键，语句执行结果如图 7-55 所示。

然后查询 suppliers 表的结构，SQL 语句如下：

```
SQL> DESC suppliers;
```

按 Enter 键，语句执行结果如图 7-56 所示。

图 7-55 查询 fruits 表的结构

图 7-56 查询 suppliers 表的结构

从运算结果中可以看出，fruits 表和 suppliers 表中都有相同数据类型的字段 s_id，两个表通过 s_id 字段建立联系。接下来从 fruits 表中查询 f_name、f_price 字段，从 suppliers 表中查询 s_id、s_name，SQL 语句如下：

```
SQL> SELECT suppliers.s_id, s_name,f_name, f_price FROM fruits ,suppliers  WHERE fruits.s_id =
suppliers.s_id;
```

按 Enter 键，语句执行结果如图 7-57 所示。

在这里，SELECT 语句与前面所介绍的一个最大的差别如下：SELECT 后面指定的列分别属于两个不同的表，（f_name，f_price）在表 fruits 中，而另外两个字段在表 supplies 中；同时 FROM 字句列出了两个表 fruits 和 suppliers。WHERE 子句在这里作为过滤条件，指明只有两个表中的 s_id 字段值相等的时候才符合连接查询的条件。由返回的结果可以看到，显示的记录是由两个表中的不同列值组成的新记录。

因为 fruits 表和 suppliers 表中有相同的字段 s_id，因此，在比较的时候，需要完全限定表名（格式为"表名.列名"），如果只给出 s_id，Oracle 将不知道指的是哪一个，并返回错误信息。

下面的内连接查询语句返回与前面完全相同的结果。

【例 7-45】在 fruits 表和 suppliers 表之间，使用 INNER JOIN 语法进行内连接查询，SQL 语句如下：

```
SQL> SELECT suppliers.s_id, s_name,f_name, f_price  FROM fruits INNER JOIN suppliers    ON
fruits.s_id = suppliers.s_id;
```

按 Enter 键，语句执行结果如图 7-58 所示。在这里的查询语句中，两个表之间的关系通过 INNER JOIN 指定，使用这种语法的时候，连接的条件使用 ON 子句给出而不是 WHERE，ON 和 WHERE 后面指定的条件相同。

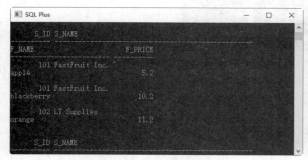

图 7-57 显示查询结果

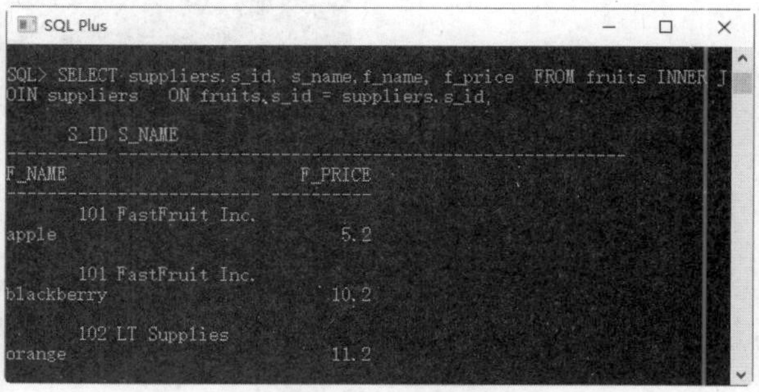

图 7-58 显示查询结果

具体代码如下：

```
S_ID   S_NAME         F_NAME        F_PRICE
------ ----------     ------        --------
```

```
101    FastFruit Inc.    apple        5.20
103    ACME              apricot      2.20
101    FastFruit Inc.    blackberry   10.20
104    FNK Inc.          berry        7.60
107    DK Inc.           xxxx         3.60
102    LT Supplies       orange       11.20
105    Good Set          melon        7.20
101    FastFruit Inc.    cherry       3.20
104    FNK Inc.          lemon        6.40
106    Just Eat Ours     mango        15.60
105    Good Set          xbabay       2.60
105    Good Set          xxtt         11.60
103    ACME              coconut      9.20
102    LT Supplies       banana       10.30
102    LT Supplies       grape        5.30
107    DK Inc.           xbababa      3.60
```

提示：使用 WHERE 子句定义连接条件比较简单明了，而 INNER JOIN 语法是 ANSI SQL 的标准规范，使用 INNER JOIN 连接语法能够确保不会忘记连接条件，而且，WHERE 子句在某些时候会影响查询的性能。

如果在一个连接查询中，涉及的两个表都是同一个表，这种查询称为自连接查询。自连接是一种特殊的内连接，它是指相互连接的表在物理上为同一张表，但可以在逻辑上分为两张表。

【例 7-46】查询供应 f_id='a1'的水果供应商提供的其他水果种类，SQL 语句如下：

```sql
SQL> SELECT f1.f_id, f1.f_name  FROM fruits  f1, fruits  f2  WHERE f1.s_id = f2.s_id AND f2.f_id = 'a1';
```

按 Enter 键，语句执行结果如图 7-59 所示。此处查询的两个表是相同的表，为了防止产生二义性，对表使用了别名，ftuits 表第 1 次出现的别名为 f1，第 2 次出现的别名为 f2，使用 SELECT 语句返回列时明确指出返回以 f1 为前缀的列的全名，WHERE 连接两个表，并按照第 2 个表的 f_id 对数据进行过滤，返回所需数据。

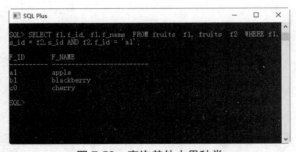

图 7-59　查询其他水果种类

7.4.2　外连接查询

数据表的外连接分为左外连接和右外连接，LEFT JOIN（左连接）返回包括左表中的所有记录和右表中连接字段相等的记录；RIGHT JOIN（右连接）返回包括右表中的所有记录和右表中连接字段相等的记录。

1. LEFT JOIN（左连接）

左连接的结果包括 LEFT OUTER 子句中指定的左表的所有行，而不仅仅是连接列所匹配的行。如果左表的某行在右表中没有匹配行，则在相关联的结果行中，右表的所有选择列表列均为空值。

为了演示的需要，首先创建表 orders，SQL 语句如下：

```
CREATE TABLE orders
(
    o_num      number(9)    NOT NULL,
    o_date     date         NOT NULL,
    c_id       number(9)    NOT NULL,
    PRIMARY    KEY (o_num)
) ;
```

按 Enter 键，语句执行结果如图 7-60 所示。

插入需要演示的数据表数据，SQL 语句如下：

```
INSERT INTO orders(o_num, o_date, c_id)VALUES(30001, '01-9 月-2018', 10001);
INSERT INTO orders(o_num, o_date, c_id)VALUES (30002, '12-9 月-2018', 10003) ;
INSERT INTO orders(o_num, o_date, c_id)VALUES (30003, '30-9 月-2018', 10004) ;
INSERT INTO orders(o_num, o_date, c_id)VALUES (30004, '03-10 月-2018', 10005) ;
INSERT INTO orders(o_num, o_date, c_id)VALUES (30005, '08-10 月-2018', 10001) ;
```

按 Enter 键，语句执行结果如图 7-61 所示。

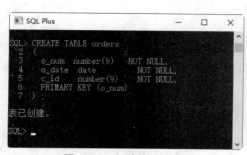

图 7-60　创建表 orders

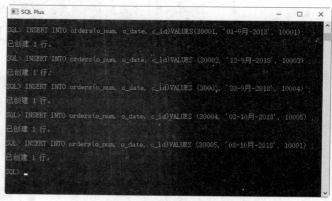

图 7-61　插入数据表数据

【例 7-47】在 customers 表和 orders 表中，查询所有客户，包括没有订单的客户，SQL 语句如下：

```
SQL> SELECT customers.c_id, orders.o_num  FROM customers LEFT OUTER JOIN orders  ON customers.c_id
= orders.c_id;
```

按 Enter 键，语句执行结果如图 7-62 所示。结果显示了 5 条记录，ID 等于 10002 的客户目前并没有下订单，所以，对应的 orders 表中并没有该客户的订单信息，该条记录只取出了 customers 表中相应的值，而从 orders 表中取出的值为空值。

图 7-62　显示查询结果

2．RIGHT JOIN（右连接）

右连接是左连接的反向连接，将返回右表的所有行。如果右表的某行在左表中没有匹配行，左表将返

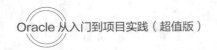

回空值。

【例 7-48】 在 customers 表和 orders 表中查询所有订单，包括没有客户的订单，SQL 语句如下：

```
SQL> SELECT customers.c_id, orders.o_num FROM customers RIGHT OUTER JOIN orders ON customers.c_id
= orders.c_id;
```

按 Enter 键，语句执行结果如图 7-63 所示，结果显示了 5 条记录，订单号等于 30004 的订单的客户可能由于某种原因取消了该订单，对应的 customers 表中并没有该客户的信息，所以，该条记录只取出了 ordes 表中相应的值，而从 customers 表中取出的值为空值。

图 7-63　查询所有订单

7.4.3　复合条件连接查询

复合条件连接查询是在连接查询的过程中，通过添加过滤条件，限制查询的结果，使查询的结果更加准确。

【例 7-49】 在 customers 表和 orders 表中，使用 INNER JOIN 语法查询 customers 表中 ID 为 10001 的客户的订单信息，SQL 语句如下：

```
SQL> SELECT customers.c_id, orders.o_num  FROM customers INNER JOIN orders  ON customers.c_id
= orders.c_id AND customers.c_id = 10001;
```

按 Enter 键，语句执行结果如图 7-64 所示，从运算结果中可以看出，在连接查询时指定查询客户 ID 为 10001 的订单信息，添加了过滤条件之后返回的结果将会变少，因此，返回结果只有两条记录。

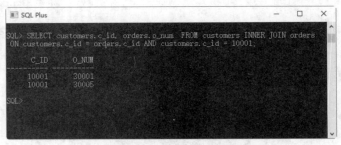

图 7-64　显示查询结果

使用连接查询，并对查询的结果进行排序。

【例 7-50】 在 fruits 表和 suppliers 表之间，使用 INNER JOIN 语法进行内连接查询，并对查询结果排序，SQL 语句如下：

```
SQL> SELECT suppliers.s_id, s_name,f_name, f_price   FROM fruits INNER JOIN suppliers   ON
fruits.s_id = suppliers.s_id ORDER BY fruits.s_id;
```

按 Enter 键，语句执行结果如图 7-65 所示，从运算结果中可以看出，内连接查询的结果按照 suppliers.s_id 字段进行了升序排序。

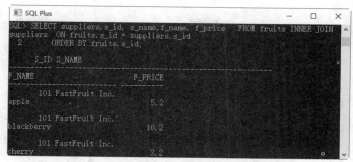

图 7-65　显示查询结果并对结果进行排序

具体代码如下：

```
S_ID     S_NAME             F_NAME              F_PRICE
------   ----------------   --------------      -----------
101      FastFruit Inc.     apple               5.20
101      FastFruit Inc.     blackberry          10.20
101      FastFruit Inc.     cherry              3.20
102      LT Supplies        grape               5.30
102      LT Supplies        banana              10.30
102      LT Supplies        orange              11.20
103      ACME               apricot             2.20
103      ACME               coconut             9.20
104      FNK Inc.           lemon               6.40
104      FNK Inc.           berry               7.60
105      Good Set           xbabay              2.60
105      Good Set           xxtt                11.60
105      Good Set           melon               7.20
106      Just Eat Ours      mango               15.60
107      DK Inc.            xxxx                3.60
107      DK Inc.            xbababa             3.60
```

7.5　带有附加条件的子查询

　　子查询是指一个查询语句嵌套在另一个查询语句内部的查询，这个特性从 Oracle 4.1 开始引入。在 SELECT 子句中先计算子查询，子查询结果作为外层另一个查询的过滤条件，查询可以基于一个表或者多个表。

　　子查询中常用的操作符有 ANY（SOME）、ALL、IN、EXISTS，子查询可以添加到 SELECT、UPDATE 和 DELETE 语句中，而且可以进行多层嵌套，子查询中也可以使用比较运算符，如 "<" "<=" ">" ">=" 和 "!=" 等。

7.5.1　带 ANY、SOME 关键字的子查询

　　ANY 和 SOME 关键字是同义词，表示满足其中任一条件，它们允许创建一个表达式对子查询的返回值列表进行比较，只要满足内层子查询中的任何一个比较条件，就返回一个结果作为外层查询的条件。

为演示需要，首先定义两个表 tb1 和 tb2，SQL 语句如下：

```
CREATE table tbl1 ( num1 INT NOT NULL);
CREATE table tbl2 ( num2 INT NOT NULL);
```

按 Enter 键，语句执行结果如图 7-66 所示。

分别向两个表中插入数据，SQL 语句如下：

```
I INSERT INTO tbl1 values(1);
INSERT INTO tbl1 values(5);
INSERT INTO tbl1 values(13);
INSERT INTO tbl1 values(27);
INSERT INTO tbl2 values(6);
INSERT INTO tbl2 values(14);
INSERT INTO tbl2 values(11);
INSERT INTO tbl2 values(20);
```

按 Enter 键，语句执行结果如图 7-67 所示。

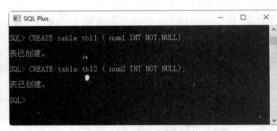

图 7-66　创建数据表

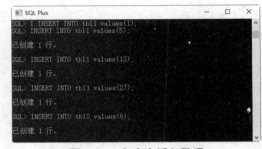

图 7-67　向表中插入数据

ANY 关键字接在一个比较操作符的后面，表示若与子查询返回的任何值比较为 TRUE，则返回 TRUE。

【例 7-51】返回 tbl2 表的所有 num2 列，然后将 tbl1 中的 num1 的值与之进行比较，只要大于 num2 的任何 1 个值，即为符合查询条件的结果。

```
SQL> SELECT num1 FROM tbl1 WHERE num1 > ANY (SELECT num2 FROM tbl2);
```

按 Enter 键，语句执行结果如图 7-68 所示。在子查询中，返回的是 tbl2 表的所有 num2 列结果（6,14,11,20），然后将 tbl1 中的 num1 列的值与之进行比较，只要大于 num2 列的任意一个数即为符合条件的结果。

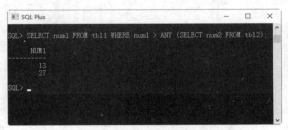

图 7-68　显示符合条件的结果

7.5.2　带 ALL 关键字的子查询

ALL 关键字与 ANY 和 SOME 不同，使用 ALL 时需要同时满足所有内层查询的条件。例如，修改前面的例子，用 ALL 关键字替换 ANY。ALL 关键字接在一个比较操作符的后面，表示与子查询返回的所有值比较为 TRUE，则返回 TRUE。

【例 7-52】返回 tbl1 表中比 tbl2 表 num2 列所有值都大的值，SQL 语句如下：

```
SQL> SELECT num1 FROM tbl1 WHERE num1 > ALL (SELECT num2 FROM tbl2);
```

按 Enter 键，语句执行结果如图 7-69 所示。在子查询中，返回的是 tbl2 的所有 num2 列结果（6,14,11,20），然后将 tbl1 中的 num1 列的值与之进行比较，大于所有 num2 列值的 num1 值只有 27，因此，返回结果为 27。

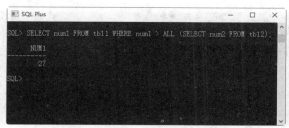

图 7-69　显示所有值中最大的值

7.5.3　带 EXISTS 关键字的子查询

EXISTS 关键字后面的参数是一个任意的子查询，系统对子查询进行运算以判断它是否返回行，如果至少返回一行，那么 EXISTS 的结果为 true，此时外层查询语句将进行查询；如果子查询没有返回任何行，那么 EXISTS 返回的结果是 false，此时外层语句将不进行查询。

【例 7-53】查询 suppliers 表中是否存在 s_id=107 的供应商，如果存在，则查询 fruits 表中的记录，SQL 语句如下：

```
SQL> SELECT * FROM fruits  WHERE EXISTS (SELECT s_name FROM suppliers WHERE s_id = 107);
```

按 Enter 键，语句执行结果如图 7-70 所示，从运算结果中可以看出，内层查询结果表明 suppliers 表中存在 s_id=107 的记录，因此，EXISTS 表达式返回 true；外层查询语句接收 true 之后对表 fruits 进行查询，返回所有的记录。

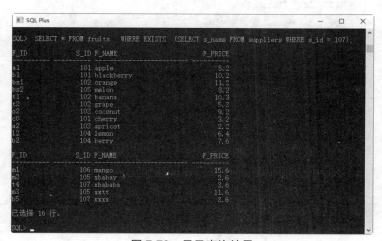

图 7-70　显示查询结果

EXISTS 关键字可以和条件表达式一起使用，下面举例说明。

【例 7-54】查询 suppliers 表中是否存在 s_id=107 的供应商，如果存在，则查询 fruits 表中 f_price 大于 10.20 的记录，SQL 语句如下：

```
SQL> SELECT * FROM fruits WHERE f_price>10.20 AND EXISTS (SELECT s_name FROM suppliers WHERE s_id
= 107);
```

按 Enter 键，语句执行结果如图 7-71 所示，从运算结果中可以看出，内层查询结果表明 suppliers 表中存在 s_id=107 的记录，因此，EXISTS 表达式返回 true；外层查询语句接收 true 之后，根据查询条件 f_price > 10.20 对 fruits 表进行查询，返回结果为 4 条 f_price 大于 10.20 的记录。

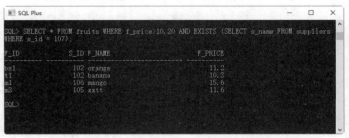

图 7-71　查询 fruits 表中的 f_price 大于 10.20 的记录

NOT EXISTS 与 EXISTS 的使用方法相同，返回的结果相反。子查询如果至少返回一行，那么 NOT EXISTS 的结果为 false，此时外层查询语句将不进行查询；如果子查询没有返回任何行，那么 NOT EXISTS 返回的结果是 true，此时外层语句将进行查询。

【例 7-55】查询 suppliers 表中是否存在 s_id=107 的供应商，如果不存在，则查询 fruits 表中的记录，SQL 语句如下：

```
SQL> SELECT * FROM fruits WHERE NOT EXISTS  (SELECT s_name FROM suppliers WHERE s_id = 107);
未选择任何行
```

按 Enter 键，语句执行结果如图 7-72 所示。查询语句 SELECT s_name FROM suppliers WHERE s_id = 107，对 suppliers 表进行查询，返回了一条记录，NOT EXISTS 表达式返回 false，外层表达式接收 false，将不再查询 fruits 表中的记录。

图 7-72　查询表中 s_id=107 的供应商

提示：EXISTS 和 NOT EXISTS 的结果只取决于是否会返回行，而不取决于这些行的内容，所以，这个子查询输入列表通常是无关紧要的。

7.5.4　带 IN 关键字的子查询

IN 关键字进行子查询时，内层查询语句仅仅返回一个数据列，这个数据列中的值将提供给外层查询语句进行比较操作。

【例 7-56】在 orderitems 表中查询 f_id 为 c0 的订单号，并根据订单号查询具有订单号的客户 c_id，SQL 语句如下：

```
SQL> SELECT c_id FROM orders WHERE o_num IN (SELECT o_num FROM orderitems WHERE f_id = 'c0');
```

按 Enter 键，语句执行结果如图 7-73 所示。查询结果的 c_id 有两个值，分别为 10001 和 10004。

上述查询过程可以分步执行，首先内层子查询查出 orderitems 表中符合条件的订单号，单独执行内查询，SQL 语句如下：

```
SQL> SELECT o_num FROM orderitems WHERE f_id = 'c0';
```

按 Enter 键，语句执行结果如图 7-74 所示，从运算结果中可以看出，符合条件的 o_num 列的值有两个：30003 和 30005。

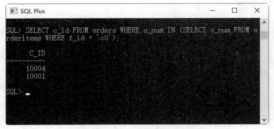

图 7-73　显示查询结果

图 7-74　使用内层子查询

执行外层查询，在 orders 表中查询订单号等于 30003 或 30005 的客户 c_id。嵌套子查询语句还可以写为如下形式，实现相同的效果：

```
SQL> SELECT c_id FROM orders WHERE o_num IN (30003, 30005);
```

按 Enter 键，语句执行结果如图 7-75 所示。这个例子说明在处理 SELECT 语句时，Oracle 实际上执行了两个操作过程，即先执行内层子查询，再执行外层查询，内层子查询的结果作为外部查询的比较条件。

SELECT 语句中可以使用 NOT IN 关键字，其作用与 IN 正好相反。

【例 7-57】与前一个例子类似，但是在 SELECT 语句中使用 NOT IN 关键字，SQL 语句如下：

```
SQL> SELECT c_id FROM orders WHERE o_num NOT IN (SELECT o_num FROM orderitems WHERE f_id = 'c0');
```

按 Enter 键，语句执行结果如图 7-76 所示。这里返回的结果有 3 条记录，由前面可以看到，子查询返回的订单值有两个，即 30003 和 30005。

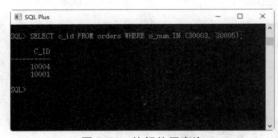

图 7-75　执行外层查询

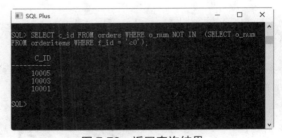

图 7-76　返回查询结果

但为什么这里还有值为 10001 的 c_id 呢？这是因为 c_id 等于 10001 的客户的订单不只一个，可以查看订单表 orders 中的记录，SQL 语句如下：

```
SQL> SELECT * FROM orders;
```

按 Enter 键，语句执行结果如图 7-77 所示，从运算结果中可以看出，虽然排除了订单号为 30003 和 30005 的客户 c_id，但是 o_num 为 30001 的订单与 30005 都是 10001 号客户的订单。所以，结果中只是排除了订单号，但是仍然有可能选择同一个客户。

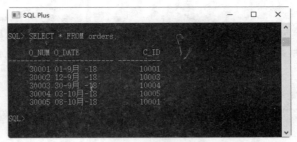

图 7-77　显示查询结果

提示：子查询的功能也可以通过连接查询完成，但是子查询使得 Oracle 代码更容易阅读和编写。

7.5.5　带比较运算符的子查询

前面介绍带 ANY、ALL 关键字的子查询时使用了"＞"比较运算符，子查询时还可以使用其他的比较运算符，如"＜""＜＝""＝""＞＝"和"!＝"等。

【例 7-58】在 suppliers 表中查询 s_city 等于 Tianjin 的供应商 s_id，然后在 fruits 表中查询所有该供应商提供的水果的种类，SQL 语句如下：

```
SELECT s_id, f_name FROM fruits WHERE s_id =(SELECT s1.s_id FROM suppliers  s1 WHERE s1.s_city
= 'Tianjin');
```

按 Enter 键，语句执行结果如图 7-78 所示。

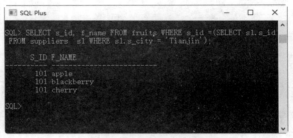

图 7-78　显示查询结果

该嵌套查询首先在 suppliers 表中查找 s_city 等于 Tianjin 的供应商的 s_id，单独执行子查询，查看 s_id 的值，执行下面的操作过程：

```
SQL> SELECT s1.s_id FROM suppliers  s1 WHERE s1.s_city = 'Tianjin';
```

按 Enter 键，语句执行结果如图 7-79 所示。

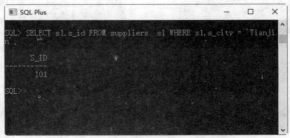

图 7-79　使用嵌套查询并显示查询结果

然后在外层查询时，在 fruits 表中查找 s_id 等于 101 的供应商提供的水果的种类，查询结果如下：

```
SQL> SELECT s_id, f_name FROM fruits  WHERE s_id =
    (SELECT s1.s_id FROM suppliers  s1 WHERE s1.s_city = 'Tianjin');
```

按 Enter 键，语句执行结果如图 7-80 所示。结果表明，Tianjin 地区的供应商提供的水果种类有 3 种，分别为 apple、blackberry 和 cherry。

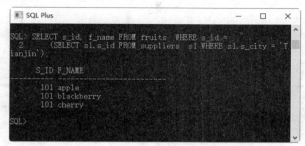

图 7-80　查找 s_id 等于 101 的供应商提供的水果种类

【例 7-59】在 suppliers 表中查询 s_city 等于 Tianjin 的供应商 s_id，然后在 fruits 表中查询所有非该供应商提供的水果的种类，SQL 语句如下：

```
SQL> SELECT s_id, f_name FROM fruits  WHERE s_id <> (SELECT s1.s_id FROM suppliers  s1 WHERE
s1.s_city = 'Tianjin');
```

按 Enter 键，语句执行结果如图 7-81 所示。该嵌套查询执行过程与前面相同，在这里使用了不等于"<>"运算符，因此，返回的结果和前面正好相反。

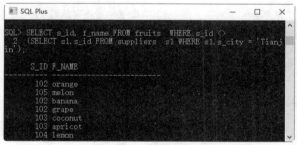

图 7-81　显示查询结果

具体代码如下：

```
S_ID    F_NAME
------  ---------
103     apricot
104     berry
107     xxxx
102     orange
105     melon
104     lemon
106     mango
105     xbabay
105     xxtt
103     coconut
102     banana
102     grape
107     xbababa
```

7.6 使用正则表达式查询

使用正则表达式可以查询数据表中满足条件的数据，正则表达式通常被用来检索或替换那些符合某个模式的文本内容，根据指定的匹配模式匹配文本中符合要求的特殊字符串。

正则表达式强大而且灵活，可以应用于非常复杂的查询。Oracle 中使用 REGEXP_LIKE()函数指定正则表达式的字符匹配模式，表 7-3 列出了 REGEXP_LIKE 函数中常用字符匹配列表。

表 7-3 正则表达式常用字符匹配列表

选 项	说 明	例 子	匹配值示例
^	匹配文本的开始字符	'^b'匹配以字母 b 开头的字符串	book, big, banana, bike
$	匹配文本的结束字符	'st$'匹配以 st 结尾的字符串	test, resist, persist
.	匹配任何单个字符	'b.t'匹配任何 b 和 t 之间有一个字符	bit, bat, but,bite
*	匹配零个或多个在它前面的字符	'f*n'匹配字符 n 前面有任意个字符 f	fn, fan,faan, abcn
+	匹配前面的字符 1 次或多次	'ba+ '匹配以 b 开头后面紧跟至少有一个 a	ba, bay, bare, battle
<字符串>	匹配包含指定的字符串的文本	'fa'	fan,afa,faad
[字符集合]	匹配字符集合中的任何一个字符	'[xz]' 匹配 x 或者 z	dizzy, zebra, x-ray, extra
[^]	匹配不在括号中的任何字符	'[^abc]'匹配任何不包含 a、b 或 c 的字符串	desk, fox, f8ke
字符串{n,}	匹配前面的字符串至少 n 次	b{2}匹配 2 个或更多的 b	bbb,bbbb,bbbbbbb
字符串{n,m}	匹配前面的字符串至少 n 次，至多 m 次。如果 n 为 0，此参数为可选参数	b{2,4}匹配最少 2 个，最多 4 个 b	bb,bbb,bbbb

7.6.1 查询以特定字符或字符串开头的记录

字符"^"匹配以特定字符或者字符串开头的文本。

【例 7-60】在 fruits 表中，查询 f_name 字段以字母"b"开头的记录，SQL 语句如下：

```
SQL> SELECT * FROM fruits WHERE REGEXP_LIKE(f_name , '^b');
```

按 Enter 键，语句执行结果如图 7-82 所示，fruits 表中有 3 条记录的 f_name 字段值是以字母 b 开头的，返回结果有 3 条记录。

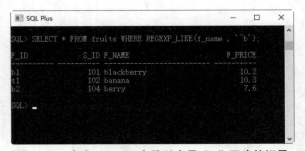

图 7-82 查询 f_name 字段以字母"b"开头的记录

【例 7-61】在 fruits 表中，查询 f_name 字段以 "be" 开头的记录，SQL 语句如下：

```
SQL> SELECT * FROM fruits WHERE REGEXP_LIKE( f_name , '^be');
```

按 Enter 键，语句执行结果如图 7-83 所示，只有 berry 是以 "be" 开头，所以，查询结果中只有 1 条记录。

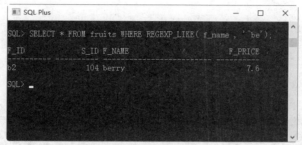

图 7-83 查询 f_name 字段以 "be" 开头的记录

7.6.2 查询以特定字符或字符串结尾的记录

字符 "$" 匹配以特定字符或者字符串结尾的文本。

【例 7-62】在 fruits 表中，查询 f_name 字段以字母 "y" 结尾的记录，SQL 语句如下：

```
SQL> SELECT * FROM fruits WHERE REGEXP_LIKE(f_name , 'y$');
```

按 Enter 键，语句执行结果如图 7-84 所示，fruits 表中有 4 条记录的 f_name 字段值是以字母 "y" 结尾的，返回结果有 4 条记录。

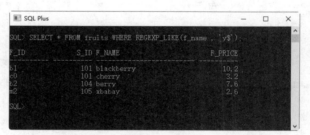

图 7-84 查询 f_name 字段以字母 "y" 结尾的记录

【例 7-63】在 fruits 表中，查询 f_name 字段以字符串 "rry" 结尾的记录，SQL 语句如下：

```
SQL> SELECT * FROM fruits WHERE REGEXP_LIKE(f_name , 'rry$');
```

按 Enter 键，语句执行结果如图 7-85 所示，fruits 表中有 3 条记录的 f_name 字段值是以字符串 "rry" 结尾的，返回结果有 3 条记录。

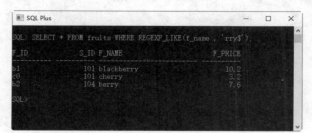

图 7-85 查询 f_name 字段以字符串 "rry" 结尾的记录

7.6.3 用符号"."来替代字符串中的任意一个字符

字符 "." 匹配任意一个字符。

【例 7-64】在 fruits 表中，查询 f_name 字段值包含字母 "a" 与 "g" 且两个字母之间只有一个字母的记录，SQL 语句如下：

```
SQL> SELECT * FROM fruits WHERE REGEXP_LIKE(f_name , 'a.g');
```

按 Enter 键，语句执行结果如图 7-86 所示，查询语句中 "a.g" 指定匹配字符中要有字母 a 和 g，且两个字母之间包含单个字符，并不限定匹配的字符的位置和所在查询字符串的总长度，因此，orange 和 mango 都符合匹配条件。

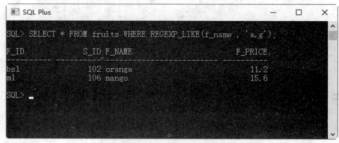

图 7-86　显示查询结果

7.6.4 使用"*"和"+"来匹配多个字符

星号 "*" 匹配前面的字符任意多次，包括 0 次。加号 "+" 匹配前面的字符至少一次。

【例 7-65】在 fruits 表中查询 f_name 字段值以字母 "b" 开头，且 "b" 后面出现字母 "a" 的记录，SQL 语句如下：

```
SQL> SELECT * FROM fruits WHERE REGEXP_LIKE(f_name , '^ba*');
```

按 Enter 键，语句执行结果如图 7-87 所示，星号 "*" 可以匹配任意多个字符，blackberry 和 berry 中字母 b 后面并没有出现字母 a，但是也满足匹配条件。

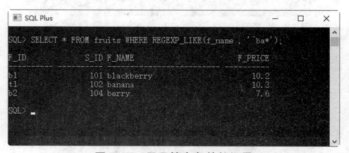

图 7-87　显示符合条件的记录

【例 7-66】在 fruits 表中查询 f_name 字段值以字母 "b" 开头，且 "b" 后面出现字母 "a" 至少一次的记录，SQL 语句如下：

```
SQL> SELECT * FROM fruits WHERE REGEXP_LIKE(f_name , '^ba+');
```

按 Enter 键，语句执行结果如图 7-88 所示，"a+" 匹配字母 "a" 至少一次，只有 banana 满足匹配条件。

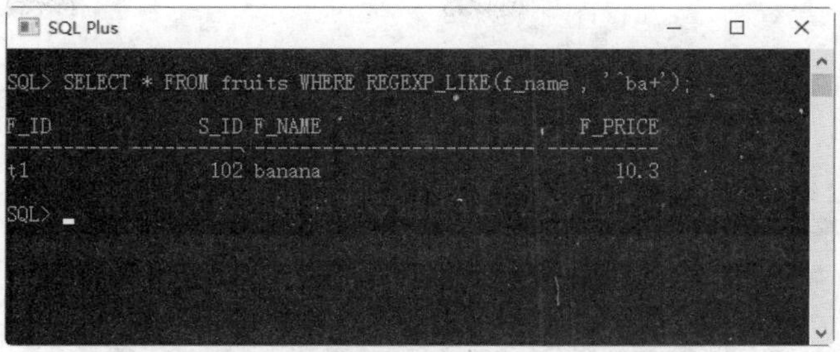

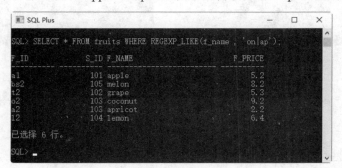

图 7-88　显示查询结果

7.6.5　匹配指定字符串

正则表达式可以匹配指定字符串，只要这个字符串在查询文本中即可，如要匹配多个字符串，多个字符串之间使用分隔符"|"隔开。

【例 7-67】在 fruits 表中查询 f_name 字段值包含字符串"on"的记录，SQL 语句如下：

```
SQL> SELECT * FROM fruits WHERE REGEXP_LIKE(f_name , 'on');
```

按 Enter 键，语句执行结果如图 7-89 所示，从运算结果中可以看出，f_name 字段的 melon、lemon 和 coconut 3 个值中都包含字符串"on"，满足匹配条件。

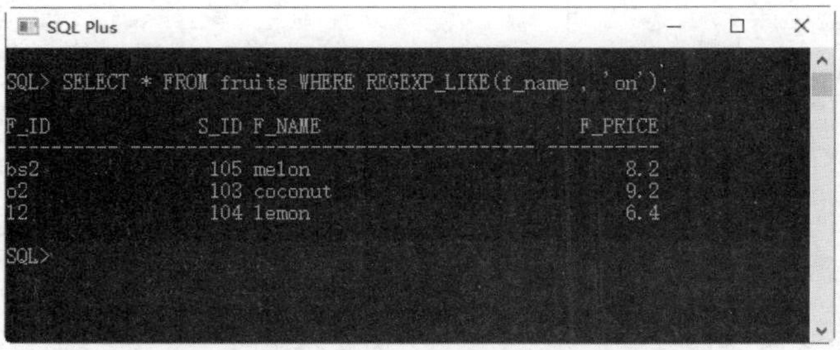

图 7-89　查询 f_name 字段值包含字符串"on"的记录

【例 7-68】在 fruits 表中查询 f_name 字段值包含字符串"on"或者"ap"的记录，SQL 语句如下：

```
SQL>SELECT * FROM fruits WHERE REGEXP_LIKE(f_name , 'on|ap');
```

按 Enter 键，语句执行结果如图 7-90 所示，从运算结果中可以看出，f_name 字段的 melon、lemon 和 coconut 3 个值中都包含字符串"on"，apple 和 apricot 值中包含字符串"ap"，满足匹配条件。

图 7-90　查询 f_name 字段值包含字符串"on"或者"ap"的记录

【例 7-69】在 fruits 表中使用 LIKE 运算符查询 f_name 字段值为"on"的记录，SQL 语句如下：

```
SQL> SELECT * FROM fruits WHERE f_name LIKE 'on';
```

按 Enter 键，语句执行结果如图 7-91 所示，f_name 字段没有值为"on"的记录，返回结果为空。读者可以体会一下两者的区别。

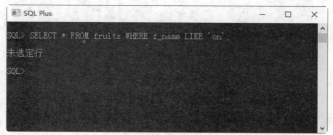

图 7-91　使用 LIKE 运算符查询 f_name 字段值为"on"的记录

7.6.6　匹配指定字符中的任意一个

方括号"[]"指定一个字符集合，只匹配其中任何一个字符，即为所查找的文本。

【例 7-70】在 fruits 表中查找 f_name 字段中包含字母"o"或者"t"的记录，SQL 语句如下：

```
SQL> SELECT * FROM fruits WHERE REGEXP_LIKE(f_name , '[ot]');
```

按 Enter 键，语句执行结果如图 7-92 所示，从运算结果中可以看出，所有返回的记录的 f_name 字段的值中都包含字母 o 或者 t，或者两个都有。

方括号"[]"还可以指定数值集合。

【例 7-71】在 fruits 表中查询 s_id 字段中数值中包含 4、5 或者 6 的记录，SQL 语句如下：

```
SQL> SELECT * FROM fruits WHERE REGEXP_LIKE( s_id , '[456]');
```

按 Enter 键，语句执行结果如图 7-93 所示，从运算结果中可以看出，s_id 字段值中有 3 个数字中的 1 个即为匹配记录字段。

图 7-92　查找 f_name 字段中包含字母
"o"或者"t"的记录

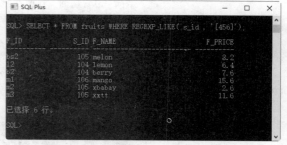

图 7-93　查询 s_id 字段中数值中
包含 4、5 或者 6 的记录

匹配集合"[456]"也可以写成"[4-6]"，即指定集合区间。例如，"[a-z]"表示集合区间为 a～z 的字母，"[0-9]"表示集合区间为所有数字。

7.6.7　匹配指定字符以外的字符

"[^字符集合]"匹配不在指定集合中的任何字符。

【例 7-72】在 fruits 表中查询 f_id 字段包含字母 a～e 和数字 1～2 以外的字符的记录，SQL 语句如下：

```
SQL>SELECT * FROM fruits WHERE REGEXP_LIKE(f_id , '[^a-e1-2]');
```

按 Enter 键，语句执行结果如图 7-94 所示，返回记录中的 f_id 字段值中包含了指定字母和数字以外的值，如 s、m、o、t 等，这些字母均不在 a~e 与 1~2 中，满足匹配条件。

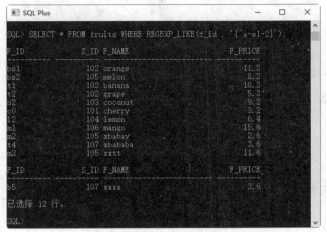

图 7-94　显示查询结果

7.6.8　使用{n,}或者{n,m}来指定字符串连续出现的次数

字符串"{n,}"表示至少匹配 n 次前面的字符；字符串"{n,m}"表示匹配前面的字符串不少于 n 次，不多于 m 次。例如，a{2,}表示字母 a 连续出现至少 2 次，也可以大于 2 次；a{2,4}表示字母 a 连续出现最少 2 次，最多不能超过 4 次。

【例 7-73】在 fruits 表中查询 f_name 字段值出现字母"x"至少 2 次的记录，SQL 语句如下：

```
SQL>SELECT * FROM fruits WHERE REGEXP_LIKE(f_name , 'x{2,}');
```

按 Enter 键，语句执行结果如图 7-95 所示，从运算结果中可以看出，f_name 字段的"xxxx"包含了 4 个字母"x"，"xxtt"包含两个字母"x"，均为满足匹配条件的记录。

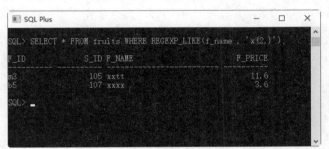

图 7-95　查询 f_name 字段值出现字母"x"至少 2 次的记录

【例 7-74】在 fruits 表中查询 f_name 字段值出现字符串"ba"最少 1 次，最多 3 次的记录，SQL 语句如下：

```
SQL> SELECT * FROM fruits WHERE REGEXP_LIKE(f_name , 'ba{1,3}');
```

按 Enter 键，语句执行结果如图 7-96 所示，从运算结果中可以看出，f_name 字段的 xbabay 值中"ba"出现了 2 次，banana 中出现了 1 次，xbababa 中出现了 3 次，都满足匹配条件的记录。

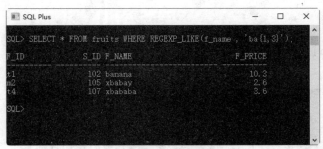

图 7-96　显示查询结果

7.7　就业面试技巧与解析

7.7.1　面试技巧与解析（一）

面试官：在完成某项工作时，你认为领导要求的方式不是最好的，自己还有更好的方法，你应该怎么做？

应聘者：原则上我会尊重和服从领导的工作安排，同时私底下找机会以请教的口吻，婉转地表达自己的想法，看看领导是否能改变想法。如果领导没有采纳我的建议，我也同样会按领导的要求认真地去完成这项工作。还有一种情况，假如领导要求的方式违背原则，我会坚决提出反对意见，如领导仍固执己见，我会毫不犹豫地再向上级领导反映。

7.7.2　面试技巧与解析（二）

面试官：假设你在某单位工作，成绩比较突出，得到领导的肯定。但同时你发现同事们越来越孤立你，你怎么看这个问题？你准备怎么办？

应聘者：成绩比较突出，得到领导的肯定是件好事情，以后更加努力。针对被孤立的事情，需要检讨一下自己是不是对工作的热心度超过同事间交往的热心了，在工作之余加强同事间的交往及共同的兴趣爱好。在工作中，不伤害别人的自尊心，不在领导前搬弄是非。

第 8 章

数据的基本操作

 学习指引

数据库被设计用来管理数据的存储、访问和维护数据的完整性。Oracle 中提供了功能丰富的数据库管理语句。本章详细介绍数据的基本操作，主要内容包括插入数据的 INSERT 语句、更新数据的 UPDATE 语句、删除数据的 DELETE 语句等。

 重点导读

- 掌握插入数据的方法。
- 掌握更新数据的方法。
- 掌握删除数据的方法。

8.1 插入数据

在使用数据库之前，数据库中必须有数据，Oracle 中使用 INSERT 语句向数据库表中插入新的数据记录。可以插入的方式有插入完整的记录、插入记录的一部分、插入多条记录、插入另一个查询的结果，下面将分别介绍这些内容。

8.1.1 为表的所有字段插入数据

使用基本的 INSERT 语句插入数据要求指定表名称和插入到新记录中的值。基本语法格式如下：

```
INSERT INTO table_name (column_list) VALUES (value_list);
```

其中，table_name 指定要插入数据的表名，column_list 指定要插入数据的那些列，value_list 指定每个列应对应插入的数据。注意，使用该语句时字段列和数据值的数量必须相同。

本章将使用样例表 vegetables，创建语句如下：

```
CREATE TABLE vegetables
(
```

```
    id          NUMBER ( 4 )         GENERATED BY DEFAULT AS IDENTITY,
    name        VARCHAR2(10)         NOT NULL,
    price       NUMBER ( 3 )         NOT NULL,
    city        VARCHAR2 ( 6 )       NULL
);
```

按 Enter 键，语句执行结果如图 8-1 所示，向表中所有字段插入值的方法有两种：一种是指定所有字段名，另一种是完全不指定字段名。

【例 8-1】在 vegetables 表中插入一条新记录，id 值为 1，name 值为白菜，price 值为 3，city 值为北京。执行插入操作之前，使用 SELECT 语句查看表中的数据：

```
SQL> SELECT * FROM vegetables;
未选择任何行
```

按 Enter 键，语句执行结果如图 8-2 所示，结果显示当前表为空，没有数据。

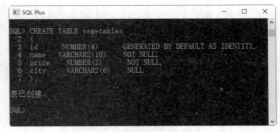

图 8-1　创建表 vegetables

图 8-2　查询表 vegetables

接下来执行插入操作，SQL 语句如下：

```
SQL> INSERT INTO vegetables (id ,name, price , city) VALUES (1,'白菜', 3, '北京');
```

按 Enter 键，语句执行结果如图 8-3 所示，即可插入一行数据。

语句执行完毕，查看执行结果，SQL 语句如下：

```
SQL> SELECT * FROM vegetables;
```

按 Enter 键，语句执行结果如图 8-4 所示，可以看到插入记录成功。在插入数据时，指定了 person 表的所有字段，因此，将为每一个字段插入新的值。

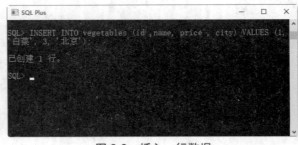

图 8-3　插入一行数据

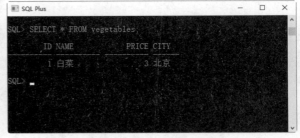

图 8-4　查询插入的数据

INSERT 语句后面的列名称顺序可以不是 person 表定义时的顺序。即插入数据时，不需要按照表定义的顺序插入，只要保证值的顺序与列字段的顺序相同就可以，见【例 8-2】。

【例 8-2】在 vegetables 表中插入一条新记录，id 值为 2，name 值为西红柿，price 值为 3，city 值为上海，SQL 语句如下：

```
SQL> INSERT INTO vegetables (price ,name, id , city) VALUES (3, '西红柿', 2, '上海');
```

按 Enter 键，语句执行结果如图 8-5 所示，即可再插入一行数据。

语句执行完毕，查看执行结果，SQL 语句如下：

```
SQL> SELECT * FROM vegetables;
```

按 Enter 键，语句执行结果如图 8-6 所示，从运算结果中可以看出，INSERT 语句成功插入了一条记录。

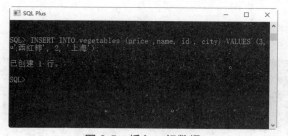

图 8-5　插入一行数据

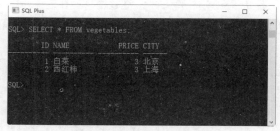

图 8-6　查询插入的数据

使用 INSERT 插入数据时，允许列名称列表 column_list 为空，此时，值列表中需要为表的每一个字段指定值，并且值的顺序必须和数据表中字段定义时的顺序相同，见【例 8-3】。

【例 8-3】在 vegetables 表中插入一条新记录，id 值为 3，name 值为土豆，price 值为 1，city 值为广州，SQL 语句如下：

```
SQL> INSERT INTO vegetables VALUES (3,'土豆', 1, '广州');
```

按 Enter 键，语句执行结果如图 8-7 所示，即可插入一行数据。

语句执行完毕，查看执行结果，SQL 语句如下：

```
SQL> SELECT * FROM vegetables;
```

按 Enter 键，语句执行结果如图 8-8 所示，可以看到插入记录成功。数据库中增加了一条 id 为 3 的记录，其他字段值为指定的插入值。

图 8-7　插入一行数据

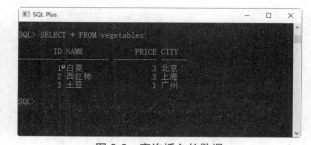

图 8-8　查询插入的数据

提示：本例的 INSERT 语句中没有指定插入列表，只有一个值列表。在这种情况下，值列表为每一个字段列指定插入值，并且这些值的顺序必须和 vegetables 表中字段定义的顺序相同。

8.1.2　为表的指定字段插入数据

为表的指定字段插入数据，就是在 INSERT 语句中只向部分字段中插入值，而其他字段的值为表定义时的默认值。

【例 8-4】在 vegetables 表中插入一条新记录，name 值为芹菜，price 值为 2，city 值为南京，SQL 语句如下：

```
SQL> INSERT INTO vegetables (id,name, price,city) VALUES(4,'芹菜', 2, '南京');
```

按 Enter 键，语句执行结果如图 8-9 所示，提示信息表示插入一条记录成功。

使用 SELECT 查询表中的记录，查询结果如下：

```
SQL> SELECT * FROM vegetables;
```

按 Enter 键，语句执行结果如图 8-10 所示，可以看到插入记录成功。在这里的 id 字段，如查询结果显示，该字段自动添加了一个整数值 4。在这里 id 字段为表的主键，不能为空，系统会自动为该字段插入自增的序列值。在插入记录时，如果某些字段没有指定插入值，Oracle 将插入该字段定义时的默认值。

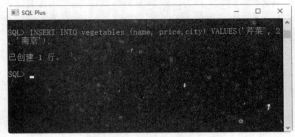

图 8-9　插入一条数据

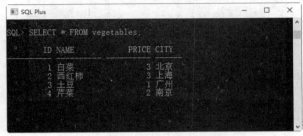

图 8-10　查询插入的数据

下面的例子说明在没有指定列字段时，插入默认值。

【例 8-5】在 vegetables 表中插入一条新记录，name 值为黄瓜，price 值为 4，SQL 语句如下：

```
SQL> INSERT INTO vegetables (name, price) VALUES ('黄瓜', 4);
```

按 Enter 键，语句执行结果如图 8-11 所示。

语句执行完毕，查看执行结果，SQL 语句如下：

```
SQL> SELECT * FROM vegetables;
```

按 Enter 键，语句执行结果如图 8-12 所示，从运算结果中可以看出，在本例插入语句中，没有指定 city 字段值，查询结果显示，city 字段在定义时默认为空，因此，系统自动为该字段插入空值。

图 8-11　插入一条数据记录

图 8-12　查询插入的数据信息

提示： 要保证每个插入值的类型和对应列的数据类型匹配，如果类型不同，将无法插入，并且 Oracle 会产生错误。

8.1.3　同时插入多条记录

使用多个 INSERT 语句可以向数据表中插入多条记录。

【例 8-6】在 vegetables 表中，在 name、price 和 city 字段指定插入值，插入 3 条新记录，SQL 语句如下：

```
INSERT INTO vegetables(id,name, price, city) VALUES (6,'胡萝卜',2, '北京') ;
INSERT INTO vegetables (id,name, price, city) VALUES(7,'西兰花',6, '天津') ;
INSERT INTO vegetables (id,name, price, city) VALUES(8,'长豆角',7, '上海');
```

按 Enter 键，语句执行结果如图 8-13 所示。

语句执行完毕，查看执行结果，SQL 语句如下：

```
SQL> SELECT * FROM vegetables;
```

按 Enter 键，语句执行结果如图 8-14 所示，从运算结果中可以看出，执行 INSERT 语句后，vegetables 表中添加了三条记录。

图 8-13 插入 3 条记录

图 8-14 插入插入的数据

如果想使用 INSERT 同时插入多条记录，需要配合 SELECT 同时操作。

【例 8-7】在 vegetables 表中不指定插入列表，同时插入两条新记录，SQL 语句如下：

```
INSERT INTO vegetables (id,name, price, city)
SELECT 9,'花菜',2, '郑州' from dual
Union all
SELECT 10,'大葱',1, '石家庄' from dual;
```

按 Enter 键，语句执行结果如图 8-15 所示。

语句执行完毕，查看执行结果，SQL 语句如下：

```
SQL> SELECT * FROM vegetables;
```

按 Enter 键，语句执行结果如图 8-16 所示，从运算结果中可以看出，INSERT 语句执行后，vegetables 表中添加了两条记录。

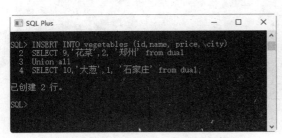

图 8-15 不指定插入列表而插入数据

图 8-16 查询插入的数据

提示：一个同时插入多行记录的 INSERT 语句可以等同于多个单行插入的 INSERT 语句，但是多行的 INSERT 语句在处理过程中，效率更高。因为 Oracle 执行单条 INSERT 语句插入多行数据，比使用多条 INSERT 语句快。所以，在插入多条记录时，最好选择使用单条 INSERT 语句的方式插入。

8.1.4 将查询结果插入到表中

INSERT 语句用来给数据表插入记录时，指定插入记录的列值。INSERT 还可以将 SELECT 语句查询的结果插入到表中，如果想要从另外一个表中合并个人信息到 person 表，不需要把每一条记录的值一个一个输入，只需要使用一条 INSERT 语句和一条 SELECT 语句组成的组合语句，即可快速从一个或多个表中向一个表中插入多个行。

基本语法格式如下：

```
INSERT INTO table_name1 (column_list1)
SELECT (column_list2) FROM table_name2 WHERE (condition)
```

table_name1 指定待插入数据的表；column_list1 指定待插入表中要插入数据的哪些列；table_name2 指定插入数据是从哪个表中查询出来的；column_list2 指定数据来源表的查询列，该列表必须和 column_list1 列表中的字段个数相同，数据类型相同；condition 指定 SELECT 语句的查询条件。

【例 8-8】从 vegetables_old 表中查询所有的记录，并将其插入到 vegetables 表中。

首先，创建一个名为 vegetables_old 的数据表，其表结构与 vegetables 结构相同，SQL 语句如下：

```
CREATE TABLE vegetables_old
(
    id        NUMBER (4)       GENERATED BY DEFAULT AS IDENTITY,
    name      VARCHAR2(10)     NOT NULL,
    price     NUMBER (3)       NOT NULL,
    city      VARCHAR2 (6)     NULL
);
```

按 Enter 键，语句执行结果如图 8-17 所示。

向 vegetables_old 表中添加两条记录：

```
SQL> INSERT INTO vegetables_old VALUES (11,'南瓜',4, '上海');
SQL>INSERT INTO vegetables_old VALUES (12,' 豇豆',3, '郑州');
```

按 Enter 键，语句执行结果如图 8-18 所示。

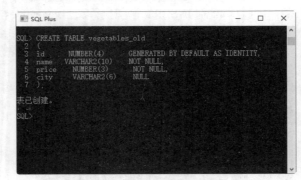

图 8-17　创建表 vegetables_old

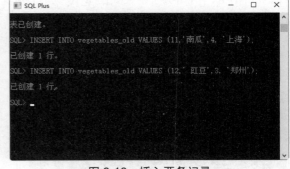

图 8-18　插入两条记录

查询 vegetables_old 表中的记录，结果如下：

```
SQL> SELECT * FROM vegetables_old;
```

按 Enter 键，语句执行结果如图 8-19 所示，从运算结果中可以看出，插入记录成功，vegetables_old 表中现在有两条记录。

接下来将 vegetables_old 表中所有的记录插入 vegetables 表中，SQL 语句如下：

```
INSERT INTO vegetables(id, name, price, city)
SELECT id, name, price, city FROM vegetables_old;
```

按 Enter 键，语句执行结果如图 8-20 所示。

图 8-19 查询插入的数据记录

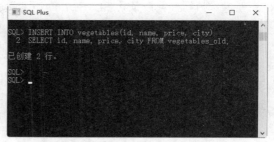

图 8-20 将 vegetables_old 表中所有的
记录插入 vegetables 表中

语句执行完毕，查看执行结果，SQL 语句如下：

```
SQL> SELECT * FROM vegetables;
```

按 Enter 键，语句执行结果如图 8-21 所示，从运算结果中可以看出，INSERT 语句执行后，vegetables 表中多了两条记录，这两条记录和 vegetables_old 表中的记录完全相同，数据转移成功。

图 8-21 查询插入记录

提示：这里的 id 字段为自增的主键，在插入时要保证该字段值的唯一性，如果不能确定，可以插入的时候忽略该字段，只插入其他字段的值。

8.2 更新数据

表中有数据之后，接下来可以对数据进行更新操作，Oracle 中使用 UPDATE 语句更新表中的记录，可以更新特定的行或者同时更新所有的行。基本语法结构如下：

```
UPDATE table_name
SET column_name1 = value1,column_name2=value2,…,column_namen=valuen
WHERE (condition);
```

column_name1,column_name2,…,column_namen 为指定更新的字段的名称；value1, value2,…,valuen 为相对应的指定字段的更新值；condition 指定更新的记录需要满足的条件。更新多个列时，每个"列-值"对之间用逗号隔开，最后一列之后不需要逗号。

【例 8-9】在 vegetables 表中，更新 id 值为 11 的记录，将 price 字段值改为 5，将 name 字段值改为"大蒜"，更新操作执行前可以使用 SELECT 语句查看当前的数据，SQL 语句如下：

```
SQL> SELECT * FROM vegetables WHERE id=11;
```

按 Enter 键，语句执行结果如图 8-22 所示，从运算结果中可以看出，更新之前，id 等于 11 的记录的 name 字段值为"南瓜"，price 字段值为 4。

下面使用 UPDATE 语句更新数据，SQL 语句如下：

```
UPDATE vegetables SET price= 5, name='大蒜' WHERE id = 11;
```

按 Enter 键，语句执行结果如图 8-23 所示。

图 8-22　查询更新之前的数据记录

图 8-23　更新数据记录

语句执行完毕，查看执行结果：

```
SQL> SELECT * FROM vegetables WHERE id=11;
```

按 Enter 键，语句执行结果如图 8-24 所示，从运算结果中可以看出，id 等于 11 的记录中的 name 和 price 字段的值已经成功被修改为指定值。

提示：保证 UPDATE 以 WHERE 子句结束，通过 WHERE 子句指定被更新的记录所需要满足的条件，如果忽略 WHERE 子句，Oracle 将更新表中所有的行。

【例 8-10】在 vegetables 表中，更新 price 值为 2～5 的记录，将 city 字段值都改为"北京"，更新操作执行前可以使用 SELECT 语句查看当前的数据。

```
SQL> SELECT * FROM vegetables WHERE price BETWEEN 2 AND 5;
```

按 Enter 键，语句执行结果如图 8-25 所示，从运算结果中可以看出，这些 price 字段值在 2～5 的记录的 city 字段值各不相同。

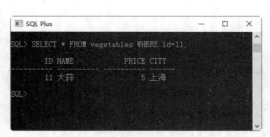

图 8-24　查询更新之后的记录

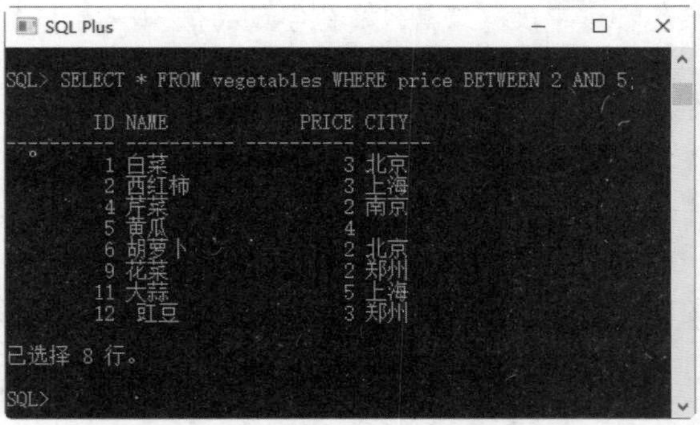

图 8-25　查询更新之前的数据记录

下面使用 UPDATE 语句更新数据，SQL 语句如下：

```
SQL> UPDATE vegetables SET city='北京' WHERE price BETWEEN 2 AND 5;
```

按 Enter 键，语句执行结果如图 8-26 所示。

语句执行完毕，查看执行结果，SQL 语句如下：

```
SQL> SELECT * FROM vegetables WHERE price BETWEEN 2 AND 5;
```

按 Enter 键，语句执行结果如图 8-27 所示，从运算结果中可以看出，UPDATE 执行后，成功将表中符合条件的 8 条记录的 city 字段值都改为"北京"。

图 8-26　更新数据记录

图 8-27　查询数据更新结果

8.3　删除数据

从数据表中删除数据使用 DELETE 语句，DELETE 语句与 WHERE 子句一起可以指定删除条件。DELETE 语句基本语法格式如下：

```
DELETE FROM table_name [WHERE <condition>];
```

table_name 指定要执行删除操作的表；"[WHERE <condition>]"为可选参数，指定删除条件，如果没有 WHERE 子句，DELETE 语句将删除表中的所有记录。

【例 8-11】在 vegetables 表中删除 id 等于 12 的记录。执行删除操作前，使用 SELECT 语句查看当前 id=12 的记录，SQL 语句如下：

```
SQL> SELECT * FROM vegetables WHERE id=12;
```

按 Enter 键，语句执行结果如图 8-28 所示，从运算结果中可以看出，现在表中有 id=12 的记录。

下面使用 DELETE 语句删除该记录，SQL 语句如下：

```
SQL> DELETE FROM vegetables WHERE id = 12;
```

按 Enter 键，语句执行结果如图 8-29 所示。

图 8-28　查询删除之前的数据

图 8-29　删除数据

语句执行完毕，查看执行结果：

```
SQL> SELECT * FROM vegetables WHERE id=12;
```

按 Enter 键，语句执行结果如图 8-30 所示，查询结果为空，说明删除操作成功。

【例 8-12】在 vegetables 表中使用 DELETE 语句同时删除多条记录，在前面 UPDATE 语句中将 price 字段值为 2～5 的记录的 city 字段值修改为"北京"，在这里删除这些记录。

执行删除操作前，使用 SELECT 语句查看当前的数据，SQL 语句如下：

```
SQL> SELECT * FROM vegetables WHERE price BETWEEN 2 AND 5;
```

按 Enter 键，语句执行结果如图 8-31 所示，从运算结果中可以看出，这些 price 字段值为 2～5 的记录存在表中。

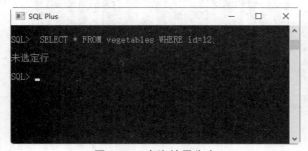

图 8-30　查询结果为空

图 8-31　查看当前数据记录

下面使用 DELETE 删除这些记录，SQL 语句如下：

```
SQL> DELETE FROM vegetables WHERE price BETWEEN 2 AND 5;
```

按 Enter 键，语句执行结果如图 8-32 所示。

语句执行完毕，查看执行结果，SQL 语句如下：

```
SQL> SELECT * FROM vegetables WHERE price BETWEEN 2 AND 5;
```

按 Enter 键，语句执行结果如图 8-33 所示，查询结果为空，删除多条记录成功。

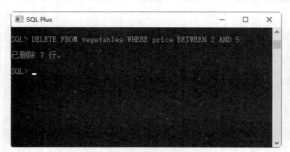

图 8-32　删除指定行的数据记录

图 8-33　查询结果为空

【例 8-13】删除 vegetables 表中的所有记录，执行删除操作前，使用 SELECT 语句查看当前的数据，SQL 语句如下：

```
SQL> SELECT * FROM vegetables;
```

按 Enter 键，语句执行结果如图 8-34 所示，结果显示 vegetables 表中还有 4 条记录。

执行 DELETE 语句删除这 4 条记录，SQL 语句如下：

```
SQL> DELETE FROM vegetables;
```

按 Enter 键，语句执行结果如图 8-35 所示。

图 8-34　查询删除之前的数据表记录

语句执行完毕，查看执行结果，SQL 语句如下：

```
SQL> SELECT * FROM vegetables;
```

按 Enter 键，语句执行结果如图 8-36 所示，查询结果为空，删除表中所有记录成功，现在 vegetables 表中已经没有任何数据记录。

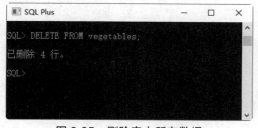

图 8-35　删除表中所有数据

图 8-36　查询结果为空

提示：如果想删除表中的所有记录，还可以使用 TRUNCATE TABLE 语句，TRUNCATE 将直接删除原来的表并重新创建一个表，其语法结构为 TRUNCATE TABLE table_name。TRUNCATE 直接删除表而不是删除记录，因此，执行速度比 DELETE 快。

8.4　就业面试技巧与解析

8.4.1　面试技巧与解析（一）

面试官：你为什么愿意到我们公司来工作？

对于这个问题，应聘者可以回答的详细一点，比如："公司本身的高技术开发环境很吸引我。""你们公司一直都稳定发展，在近几年来在市场上很有竞争力。""我认为贵公司能够给我提供一个与众不同的发展道路。"等，这都显示出你已经做了一些调查，也说明你对自己的未来有了较为具体的远景规划。

8.4.2　面试技巧与解析（二）

面试官：假如你到我们公司部门工作了，一天，一个客户来找你解决问题，你努力想让他满意，可是始终达不到客户的满意，他投诉你们部门工作效率低，这个时候你怎么作？

应聘者：首先，我会保持冷静。作为一名工作人员，在工作中遇到各种各样的问题是正常的，关键是如何认识它，积极应对，妥善处理。

其次，我会反思一下客户不满意的原因。一是看是否是自己在解决问题上的确有考虑不周到的地方，二是看是否是客户不太了解相关的服务规定而提出超出规定的要求，三是看是否是客户了解相关的规定，但是提出的要求不合理。

再次，根据原因采取相对的对策。如果是自己确有不周到的地方，按照服务规定做出合理的安排，并向客户做出解释；如果是客户不太了解政策规定而造成的误解，我会向他做出进一步的解释，消除他的误会；如果是客户提出的要求不符合政策规定，我会明确地向他指出。

第9章
视图的基本操作

 学习指引

视图是数据库中的一个虚拟表，它不存储数据。视图可以通过 DML 语言操作，但是有一定的限制，因为操作视图最终还是操作创建视图的底层表。本章详细介绍视图的基本操作，主要内容包括视图的基本概念、如何创建视图、修改视图、查看视图、更新视图等。

 重点导读

- 了解什么是视图。
- 熟悉视图的主要作用。
- 掌握创建与查看视图的方法。
- 掌握修改与更新视图的方法。
- 掌握限制视图数据操作的方法。
- 掌握删除视图的方法。

9.1　什么是视图

视图是从一个或多个表（或视图）导出的表，它是一个虚拟表，不存储物理数据，即视图所对应的数据不进行实际存储。数据库中只存储视图的定义，在对视图的数据进行操作时，系统根据视图的定义去操作与视图相关联的基本表。

9.1.1　视图的含义

视图是原始数据库数据的一种变换，是查看表中数据的另外一种方式。可以将视图看成一个移动的窗口，通过它可以看到感兴趣的数据。视图是从一个或多个实际表中获得的，这些表的数据存放在数据库中，那些用于产生视图的表称为该视图的基表，一个视图也可以从另一个视图中产生。

视图的定义存在数据库中，与此定义相关的数据并没有再存一份于数据库中。通过视图看到的数据存放在基表中。视图看上去非常像数据库的物理表，对它的操作同任何其他的表一样。当通过视图修改数据时，实际上是在改变基表中的数据；相反，基表数据的改变也会自动反映在由基表产生的视图中。

下面定义两个数据表，分别是 student 表和 stu_info 表，在 student 表中包含学生的 id 号和姓名，stu_info 表包含学生的 id 号、姓名、班级和家庭住址，而现在公布分班信息，只需要 id 号、姓名和班级，这该如何解决？通过学习后面的内容就可以找到完美的解决方案。

表设计如下：

```
CREATE TABLE student
(
    s_id  NUMBER(9),
    name  VARCHAR2(40)
);

CREATE TABLE stu_info
(
    s_id  NUMBER(9),
    name  VARCHAR2(40)
    glass VARCHAR2(40),
    addr  VARCHAR2(90)
);
```

通过视图可以很好地得到想要的部分信息，其他的信息不取，这样既能满足要求也不破坏表原来的结构。

9.1.2　视图的作用

与直接从数据表中读取相比，视图有以下优点：

1．简单化

看到的就是需要的。视图不仅可以简化用户对数据的理解，也可以简化它们的操作。那些被经常使用的查询可以被定义为视图，从而使得用户不必为以后的操作每次指定全部的条件。

2．安全性

通过视图，用户只能查询和修改他们所能见到的数据。数据库中的其他数据则既看不见也取不到。数据库授权命令可以使每个用户对数据库的检索限制到特定的数据库对象上，但不能授权到数据库特定行和特定的列上。通过视图，用户可以被限制在数据的不同子集上：

（1）使用权限可被限制在基表的行的子集上。

（2）使用权限可被限制在基表的列的子集上。

（3）使用权限可被限制在基表的行和列的子集上。

（4）使用权限可被限制在多个基表的连接所限定的行上。

（5）使用权限可被限制在基表中的数据的统计汇总上。

（6）使用权限可被限制在另一视图的一个子集上，或是一些视图和基表合并后的子集上。

另外，视图的安全性还可以防止未授权用户查看特定的行或列，使用户只能看到表中特定行的方法如下：

（1）在表中增加一个标志用户名的列。

（2）建立视图，使用户只能看到标有自己用户名的行。

（3）把视图授权给其他用户。

3．独立性

视图可帮助用户屏蔽真实表结构变化带来的影响。视图可以使应用程序和数据库表在一定程度上独立。如果没有视图，应用一定是建立在表上的，有了视图之后，程序可以建立在视图之上，从而程序与数据库表被视图分割开来。

视图可以在以下几个方面使程序与数据独立：

（1）如果应用建立在数据库表上，当数据库表发生变化时，可以在表上建立视图，通过视图屏蔽表的变化，从而应用程序可以不动。

（2）如果应用建立在数据库表上，当应用发生变化时，可以在表上建立视图，通过视图屏蔽应用的变化，从而使数据库表不动。

（3）如果应用建立在视图上，当数据库表发生变化时，可以在表上修改视图，通过视图屏蔽表的变化，从而应用程序可以不动。

（4）如果应用建立在视图上，当应用发生变化时，可以在表上修改视图，通过视图屏蔽应用的变化，从而数据库可以不动。

9.2　创建视图

视图的创建是基于 SELECT 语句和已存在的数据表，视图可以建立在一张表上，也可以建立在多张表上，本节来介绍创建视图的方法。

9.2.1　创建视图的语法形式

创建视图使用 CREATE VIEW 语句，基本语法格式如下：

```
CREATE [OR REPLACE] [[NO]FORCE] VIEW
   [schema.] view
   [(alias,. . .)]inline_constraint(s)]
      [out_of_line_constraint (s)]
AS subquery
[
   WITH{READ ONLY CHECK OPTION[CONSTRAINT constraint]}
];
```

主要参数介绍如下：

- CREATE：表示创建新的视图。
- REPLACE：表示替换已经创建的视图。
- [NO]FORCE：表示是否强制创建视图。
- [schema.] view：表示视图所属方案的名称和视图本身的名称。
- [(alias,...)]inline_constraint(s)]：表示视图字段的别名和内联的名称。
- [out_of_line_constraint (s)]：表示约束，是与 inline_constraint(s)相反的生命方式。
- WITH READ ONLY：表示视图为只读。
- WITH CHECK OPTION：表示一旦使用该限制，当对视图增加或修改数据时必须满足子查询的条件。

9.2.2 在单表上创建视图

Oracle 可以在单个数据表上创建视图。

【例 9-1】在 tb 表格上创建一个名为 view_t1 的视图，代码如下。

首先创建基本表并插入数据，SQL 语句如下：

```
CREATE TABLE tb
(
    id                  NUMBER(3),
    quantity            NUMBER(9),
    price               NUMBER(9)
);
```

按 Enter 键，语句执行结果如图 9-1 所示。

接着在基本表中插入数据，SQL 语句如下：

```
INSERT INTO tb VALUES(001,3,12);
INSERT INTO tb VALUES(002,4,10);
```

按 Enter 键，语句执行结果如图 9-2 所示。

图 9-1　创建表 tb

图 9-2　向表中插入数据

下面创建视图，SQL 语句如下：

```
CREATE VIEW view_t1 AS SELECT id,quantity, price FROM tb;
```

按 Enter 键，语句执行结果如图 9-3 所示。

视图创建完毕后，可以通过 SELECT 语句查询一下创建的视图，SQL 语句如下：

```
SQL> SELECT * FROM view_t1;
```

按 Enter 键，语句执行结果如图 9-4 所示。

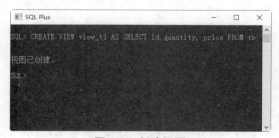

图 9-3　创建视图

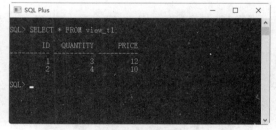

图 9-4　查询创建的视图

提示：默认情况下创建的视图和基本表的字段是一样的，也可以通过指定视图字段的名称来创建视图。

【例 9-2】在 tb 表格上再创建一个名为 view_t2 的视图，SQL 代码如下：

```
SQL> CREATE VIEW view_t2(id,qty, price ) AS SELECT id,quantity, price FROM tb;
```

按 Enter 键，语句执行结果如图 9-5 所示。

语句执行成功，查看 view_t2 视图中的数据，SQL 语句如下：

```
SQL> SELECT * FROM view_t2;
```

按 Enter 键，语句执行结果如图 9-6 所示。

图 9-5　创建视图 view_t2

图 9-6　查看 view_t2 视图中的数据

可以看到，view_t2 和 view_t1 两个视图中字段名称不同，但数据却是相同的。因此，在使用视图的时候，用户可以不用了解基本表的结构，也无须接触实际表中的数据，这样可以保证数据库的安全性。

9.2.3　在多表上创建视图

在 Oracle 中，用户可以使用 CREATE VIEW 语句在两个或者两个以上的表上创建视图。

【例 9-3】在表 student 和表 stu_info 上创建视图 stu_glass。

首先创建表 student，SQL 语句如下：

```
CREATE TABLE student
(
    s_id  NUMBER(9),
    name  VARCHAR2(40)
);
```

按 Enter 键，语句执行结果如图 9-7 所示。

向表 student 中插入数据，输入语句如下：

```
INSERT INTO student VALUES(1,'王林');
INSERT INTO student VALUES(2,'高菲');
INSERT INTO student VALUES(3,'张芳');
```

按 Enter 键，语句执行结果如图 9-8 所示。

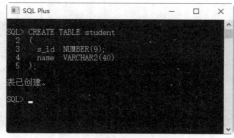

图 9-7　创建表 student

图 9-8　向表中插入数据

接着创建表 stu_info，SQL 语句如下：

```
CREATE TABLE stu_info
```

```
(
    s_id  NUMBER(9),
    name  VARCHAR2(40),
    glass VARCHAR2(40),
    addr  VARCHAR2(90)
);
```

按 Enter 键，语句执行结果如图 9-9 所示。

向表 stu_info 中插入数据，输入语句如下：

```
INSERT INTO stu_info VALUES(1, '王林','一班','北京') ;
INSERT INTO stu_info VALUES (2, '高菲','二班','上海') ;
INSERT INTO stu_info VALUES (3, '张芳','三班','广州');
```

按 Enter 键，语句执行结果如图 9-10 所示。

图 9-9　创建表 stu_info

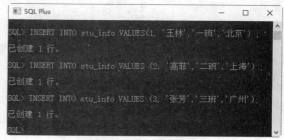

图 9-10　向表中插入数据

创建视图 stu_glass，SQL 语句如下：

```
CREATE VIEW stu_glass (id,name, glass) AS SELECT student.s_id,student.name ,stu_info.glass
FROM student ,stu_info WHERE student.s_id=stu_info.s_id;
```

按 Enter 键，语句执行结果如图 9-11 所示。

查询视图 stu_glass，SQL 语句如下：

```
SELECT * FROM stu_glass;
```

按 Enter 键，语句执行结果如图 9-12 所示。

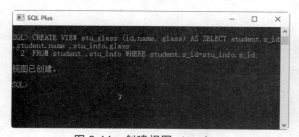

图 9-11　创建视图 stu_glass

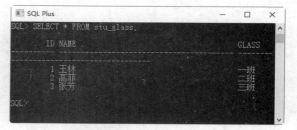

图 9-12　查询视图 stu_glass

这个例子就解决了刚开始提出的那个问题，通过创建视图可以很好地保护基本表中的数据。这个视图中的信息很简单，只包含 id、姓名和班级，id 字段对应 student 表中的 s_id 字段，name 字段对应 student 表中的 name 字段，glass 字段对应 stu_info 表中的 glass 字段。

9.2.4　创建视图的视图

在 Oracle 中，还可以在视图上创建视图，下面介绍在视图 stu_glass 上创建视图 stu_glass_g1de 的方法。

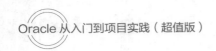

【例9-4】在视图 stu_glass 上创建视图 stu_glass_gl，SQL 语句如下：

```
CREATE OR REPLACE VIEW stu_glass_gl
AS
    SELECT stu_glass.id, stu_glass.name
    FROM stu_glass;
```

按 Enter 键，语句执行结果如图 9-13 所示。

查询视图 stu_glass_gl，SQL 语句如下：

```
SELECT * FROM stu_glass_gl;
```

按 Enter 键，语句执行结果如图 9-14 所示。

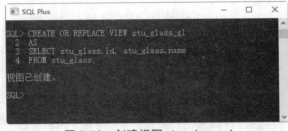

图 9-13　创建视图 stu_glass_gl

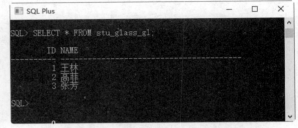

图 9-14　查询视图 stu_glass_gl

从结果可以看出，视图 stu_glass_gl 就是把视图 stu_glass 中的 GLASS 字段去掉了。

9.2.5　创建没有源表的视图

默认情况下，如果创建没有源表的视图，系统会提示出现错误，不过用户可以强制创建没有源表的视图。

【例9-5】创建没有源表的视图，SQL 语句如下：

```
CREATE OR REPLACE VIEW gl_glass
AS
    SELECT stu_glass.id, stu_glass.name
    FROM glass;
```

按 Enter 键，语句执行结果如图 9-15 所示。

图 9-15　创建没有源表的视图

从执行结果中可以看到出现了错误提示信息，提示用户表或视图不存在，说明视图创建失败。

如果用户想要强制创建没有源表的视图，就需要使用 FORCE 关键词，从而避免这种错误。

【例9-6】强制创建没有源表的视图，代码如下：

```
CREATE OR REPLACE FORCE VIEW gl_glass
AS
    SELECT stu_glass.id, stu_glass.name
    FROM glass;
```

按 Enter 键，语句执行结果如图 9-16 所示，说明视图已经成功创建，但是会提示用户出现了编译错误。

图 9-16　强制创建没有源表的视图

9.3　查看视图

查看视图是查看数据库中已存在的视图的定义。DESCRIBE 可以用来查看视图，具体的语法格式如下：

```
DESCRIBE 视图名;
```

【例 9-7】通过 DESCRIBE 语句查看视图 view_t1 的定义，SQL 代码如下：

```
DESCRIBE view_t1;
```

按 Enter 键，语句执行结果如图 9-17 所示，从运算结果中可以看出，查看视图的字段定义、字段的数据类型、是否为空等信息。

图 9-17　通过 DESCRIBE 语句查看视图 view_t1 的定义

提示：DESCRIBE 一般情况下可以简写成 DESC，输入这个命令的执行结果和输入 DESCRIBE 的执行结果是一样的。

9.4　修改视图

修改视图是指修改数据库中存在的视图，当基本表的某些字段发生变化时，可以通过修改视图来保持与基本表的一致性。Oracle 中通过 CREATE OR REPLACE VIEW 语句和 ALTER 语句来修改视图的约束。

9.4.1　使用语句修改视图

在 Oracle 数据库中，如果要修改视图，可以使用 CREATE OR REPLACE VIEW 语句来实现，语法结构如下：

```
CREATE OR REPLACE [[NO]FORCE] VIEW
   [schema.] view
   [(alias,. . .)]inline_constraint(s)]
      [out_of_line_constraint (s)]
AS subquery
[
   WITH{READ ONLY CHECK OPTION[CONSTRAINT constraint]}
];
```

可以看到，修改视图的语句和创建视图的语句是完全一样的，当视图已经存在时，修改语句对视图进行修改；当视图不存在时，创建视图。

下面通过一个实例来介绍使用语句修改视图的方法。

【例 9-8】修改视图 view_t1，代码如下：

```
CREATE OR REPLACE VIEW view_t1 AS SELECT * FROM tb;
```

首先通过 DESC 查看一下更改之前的视图，以便与更改之后的视图进行对比，SQL 语句如下：

```
SQL> DESC view_t1;
```

按 Enter 键，语句执行结果如图 9-18 所示。

修改视图，SQL 语句如下：

```
SQL>CREATE OR REPLACE VIEW view_t1(id,quty,pri) AS SELECT * FROM tb;
```

按 Enter 键，语句执行结果如图 9-19 所示。

图 9-18　查看修改之前的视图 view_t1

图 9-19　修改视图 view_t1

查看修改后的视图，SQL 语句如下：

```
SQL> DESCRIBE view_t1;
```

按 Enter 键，语句执行结果如图 9-20 所示，从运算结果中可以看出，相比原来的视图 view_t1，新的视图 view_t1 的字段名称被修改了。

图 9-20　查看修改后的视图 view_t1

9.4.2　修改视图的约束

使用 ALTER 语句可以修改视图的约束性，这也是 Oracle 提供的另外一种修改视图的方法。

【例 9-9】使用 ALTER 语句为视图 view_t1 添加唯一约束，代码如下：

```
ALTER VIEW view_t1
ADD CONSTRAINT T_UNQ UNIQUE (QUTY)
DISABLE NOVALIDATE;
```

按 Enter 键，语句执行结果如图 9-21 所示，在这个实例中，为字段 QUTY 添加了唯一约束，约束名称为 T_UNQ。其中 DISABLE NOVALIDATE 表示此前数据和以后数据都不检查。

另外，使用 ALTER 语句还可以删除添加的视图约束。

【例 9-10】使用 ALTER 语句删除视图 view_t1 的唯一约束，SQL 代码如下：

```
ALTER VIEW view_t1
DROP CONSTRAINT T_UNQ;
```

按 Enter 键，语句执行结果如图 9-22 所示，结果提示视图已变更，表示视图 view_t1 的唯一约束已经被成功删除。

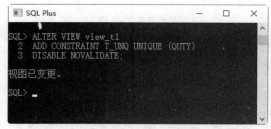

图 9-21　为视图 view_t1 添加唯一约束

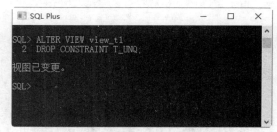

图 9-22　删除视图 view_t1 的唯一约束

9.5　更新视图

更新视图是指通过视图来插入、更新、删除表中的数据，因为视图是一个虚拟表，所以表中没有实际数据，视图更新都是转到基本表上进行的，如果对视图增加或者删除记录，实际上是对其基本表增加或者删除记录。

9.5.1　使用 UPDATE 更新视图

使用 UPDATE 语句可以通过修改视图中的记录来更新视图，下面通过一个实例来介绍使用 UPDATE 语句更新视图的方法。

【例 9-11】使用 UPDATE 语句更新视图 view_t1。

执行视图更新之前，查看基本表信息，SQL 语句如下：

```
SQL> SELECT * FROM tb;
```

按 Enter 键，语句执行结果如图 9-23 所示。

接着查看原视图的信息，执行结果如下：

```
SQL> SELECT * FROM view_t1;
```

按 Enter 键，语句执行结果如图 9-24 所示。

下面使用 UPDATE 语句更新视图 view_t1，SQL 代码如下：

```
UPDATE view_t1 SET quty=5;
```

按 Enter 键，语句执行结果如图 9-25 所示。

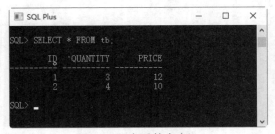

图 9-23　查看基本表 tb

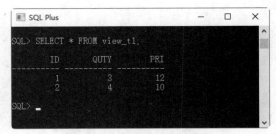

图 9-24　查看原视图的信息

视图更新完成后，查看更新后的基本表信息。SQL 语句如下：

```
SQL> SELECT * FROM tb;
```

按 Enter 键，语句执行结果如图 9-26 所示。

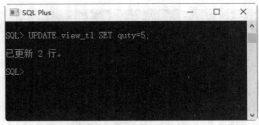

图 9-25　更新视图 view_t1

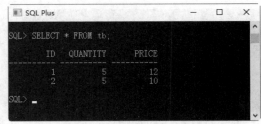

图 9-26　查看更新后的基本表信息

查看更新后的 view_t1 视图信息。SQL 语句如下：

```
SQL> SELECT * FROM view_t1;
```

按 Enter 键，语句执行结果如图 9-27 所示。

查看更新后的 view_t2 视图信息。SQL 语句如下：

```
SQL>SELECT * FROM view_t2;
```

按 Enter 键，语句执行结果如图 9-28 所示。

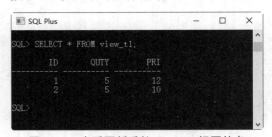

图 9-27　查看更新后的 view_t1 视图信息

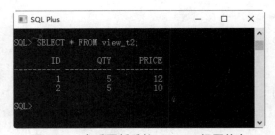

图 9-28　查看更新后的 view_t2 视图信息

从上述实例中可以看出，对视图 view_t1 更新后，基本表 tb 的内容也更新了，同样，当对基本表 tb 更新后，另外一个视图 view_t2 中的内容也会更新。

9.5.2　使用 INSERT 更新视图

使用 INSERT 语句可以向基本表中插入一条记录，从而更新视图，下面通过一个实例来介绍使用 INSERT 语句更新视图的方法。

【例 9-12】使用 INSERT 语句在基本表 tb 中插入一条记录，代码如下：

```
INSERT INTO tb VALUES (3,8,15);
```

按 Enter 键，语句执行结果如图 9-29 所示。

下面查询视图 view_t1 的内容是否更新。SQL 语句如下：

```
SQL> SELECT * FROM view_t1;
```

按 Enter 键，语句执行结果如图 9-30 所示。

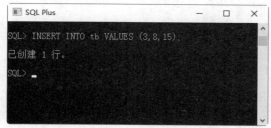

图 9-29　在基本表 tb 中插入一条记录

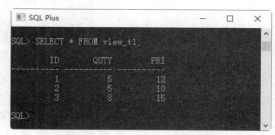

图 9-30　查询视图 view_t1 的内容是否更新

下面查询视图 view_t2 的内容是否更新。SQL 语句如下：

```
SQL> SELECT * FROM view_t2;
```

按 Enter 键，语句执行结果如图 9-31 所示。

从上述实例中可以看出，向基本表 tb 中插入一条记录，通过 SELECT 查看视图 view_t1 和视图 view_t2，可以看到其中的内容也跟着更新。

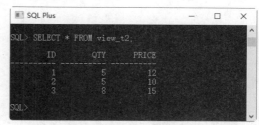

图 9-31　查询视图 view_t2 的内容是否更新

9.5.3　使用 DELETE 更新视图

使用 DELETE 语句可以删除视图中的记录，从而更新视图，下面通过一个实例来介绍使用 DELETE 语句更新视图的方法。

【例 9-13】使用 DELETE 语句在删除视图 view_t2 中的一条记录，SQL 代码如下：

```
DELETE FROM view_t2 WHERE price=10;
```

按 Enter 键，语句执行结果如图 9-32 所示。

查询视图 view_t2 的内容是否更新，SQL 语句如下：

```
SQL> SELECT * FROM view_t2;
```

按 Enter 键，语句执行结果如图 9-33 所示。

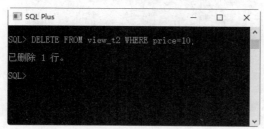

图 9-32　删除视图 view_t2 中的一条记录

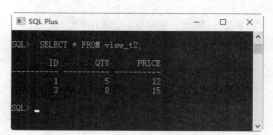

图 9-33　查询视图 view_t2 的内容是否更新

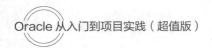

查询数据表 tb 中的内容是否更新，SQL 语句如下：

```
SQL> SELECT * FROM tb;
```

按 Enter 键，语句执行结果如图 9-34 所示。

图 9-34　查询数据表 tb 的内容是否更新

从上述实例中可以看出，在视图 view_t2 中删除 price=10 的记录，视图中的删除操作最终是通过删除基本表中相关的记录实现的，查看删除操作之后的表 tb 和视图 view_t2，可以看到通过视图删除其所依赖的基本表中的数据。

9.6　删除视图

当视图不再需要时，可以将其删除，删除一个或多个视图可以使用 DROP VIEW 语句，语法如下：

```
DROP VIEW view_name
```

其中，view_name 是要删除的视图名称，删除视图必须拥有 DROP 权限。

【例 9-14】删除 stu_glass 视图，SQL 语句如下：

```
DROP VIEW stu_glass;
```

按 Enter 键，语句执行结果如图 9-35 所示，提示用户视图已经删除。

使用 DESC VIEW 语句可以查看视图是否被删除，如果删除了，在执行查看语句时，会出现错误提示。查看视图的 SQL 语句如下：

```
DESC stu_glass;
```

按 Enter 键，语句执行结果如图 9-36 所示，从运算结果中可以看出，stu_glass 视图已经不存在，删除成功。

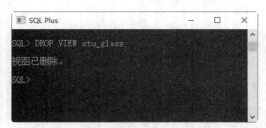

图 9-35　删除 stu_glass 视图

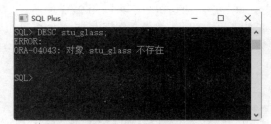

图 9-36　看视图是否被删除

9.7　限制视图的数据操作

对视图数据的增加或更新实际上是操作视图的源表。通过对视图的限制操作，可以提高数据操作安全性。

9.7.1　设置视图的只读属性

如果想防止用户修改数据，可以将视图设成只读属性。

【例 9-15】在 tb 表格上创建一个名为 view_t3 的只读视图，代码如下：

```
CREATE OR REPLACE VIEW view_t3 AS
SELECT quantity, price FROM tb
WITH READ ONLY;
```

按 Enter 键，语句执行结果如图 9-37 所示。

创建完成后，如果向视图 view_t3 插入、更新和删除等操作时，会提示错误信息。

【例 9-16】向视图 view_t3 插入数据(5,10)，代码如下：

```
INSERT INTO view_t3 VALUES (5,10);
```

按 Enter 键，语句执行结果如图 9-38 所示。提示用户无法对只读视图执行 DML 操作。

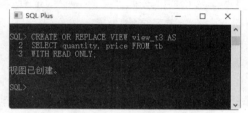

图 9-37　创建只读视图 view_t3

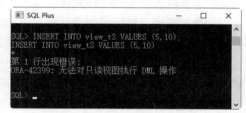

图 9-38　向视图 view_t3 插入数据

9.7.2　设置视图的检查属性

在修改视图的数据时，可以指定一定的检查条件。此时需要使用 WITH CHECK OPTION 来设置视图的检查属性，表示启动了和子查询条件一样的约束。

【例 9-17】在 tb 表格上创建一个名为 view_t4 的视图，限制条件为字段 price 的值大于 10，代码如下：

```
CREATE OR REPLACE VIEW view_t4 AS
SELECT quantity, price FROM tb
WHERE price>10
WITH CHECK OPTION;
```

按 Enter 键，语句执行结果如图 9-39 所示。创建完成后，对视图执行 view_t4 插入、更新和删除等操作时，会受到检查条件的限制。

【例 9-18】向视图 view_t4 插入数据(3,5)，SQL 代码如下：

```
INSERT INTO view_t4 VALUES (3,5);
```

按 Enter 键，语句执行结果如图 9-40 所示，提示用户出现错误。这里添加的 price 的值小于 10，所以，出现错误提示，同样，更新和删除操作也受到限制条件的约束。

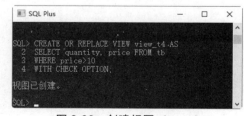

图 9-39　创建视图 view_t4

图 9-40　向视图 view_t4 插入数据

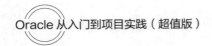

9.8　就业面试技巧与解析

9.8.1　面试技巧与解析（一）

面试官： Oracle 中视图和表的区别及联系是什么？

应聘者： 两者的区别如下：

（1）视图是已经编译好的 SQL 语句，是基于 SQL 语句的结果集的可视化的表，而表不是。

（2）视图没有实际的物理记录，而基本表有。

（3）表是内容，视图是窗口。

（4）表占用物理空间而视图不占用物理空间，视图只是逻辑概念的存在，表可以及时对它进行修改，但视图只能用创建的语句来修改。

（5）视图是查看数据表的一种方法，可以查询数据表中某些字段构成的数据，只是一些 SQL 语句的集合。从安全的角度来说，视图可以防止用户接触数据表，因而用户不知道表结构。

（6）表属于全局模式中的表，是实表；视图属于局部模式的表，是虚表。

（7）视图的建立和删除只影响视图本身，不影响对应的基本表。

两者的联系如下：

视图（View）是在基本表之上建立的表，它的结构（即所定义的列）和内容（即所有记录）都来自基本表，它依据基本表的存在而存在。一个视图可以对应一个基本表，也可以对应多个基本表。视图是基本表的抽象和在逻辑意义上建立的新关系。

9.8.2　面试技巧与解析（二）

面试官： 什么时候视图不能进行更新操作？

应聘者： 当视图中包含如下内容时，视图的更新操作将不能被执行：

（1）视图中不包含基表中被定义为非空的列。

（2）在定义视图的 SELECT 语句后的字段列表中使用了数学表达式。

（3）在定义视图的 SELECT 语句后的字段列表中使用集合函数。

（4）在定义视图的 SELECT 语句中使用了 DISTINCT、UNION、TOP、GROUP BY 或 HAVING 子句。

第 10 章

游标的基本操作

 学习指引

查询语句可能返回多条记录，如果数据量非常大，需要使用游标来逐条读取查询结果集中的记录。本章就来介绍游标的基本操作，包括游标的概念、游标的分类、显式游标、隐式游标、游标变量等。

 重点导读

- 了解游标的基本概念。
- 掌握显式游标的使用方法。
- 掌握显示游标属性的应用。
- 掌握隐式游标的使用方法。
- 掌握隐式游标属性的应用。

10.1 什么是游标

概括来讲，游标是一种临时的数据库对象，即可以用来存放在数据库表中的数据行副本，也可以指向存储在数据库中的数据行的指针，游标提供了在逐行的基础上操作表中数据的方法。

10.1.1 游标的概念

在数据库中，游标是一个十分重要的概念。游标提供了一种对从表中检索出的数据进行操作的灵活手段。就本质而言，游标实际上是一种能从包括多条数据记录的结果集中每次提取一条记录的机制。

游标总是与一条 T_SQL 选择语句相关联，因为游标由结果集（可以是 0 条、1 条或由相关的选择语句检索出的多条记录）和结果集中指向特定记录的游标位置组成。当决定对结果集进行处理时，必须声明一个指向该结果集的游标。

如果曾经用 C 语言写过对文件进行处理的程序，那么游标就像用户打开文件所得到的文件句柄一样，只要文件打开成功，该文件句柄就可代表该文件。对于游标而言，其道理是相同的。可见，游标能够实现按与传统程序读取平面文件类似的方式处理来自基础表的结果集，从而把表中数据以平面文件的形式呈现给程序。

另外，游标的一个常见用途就是保存查询结果，以便以后使用。游标的结果集是由 SELECT 语句产生的，如果处理过程需要重复使用一个记录集，那么创建一次游标而重复使用若干次，比重复查询数据库要快得多。

在默认情况下，游标可以返回当前执行的行记录，只能返回一行记录。如果想要返回多行，需要不断滚动游标，把需要的数据查询一遍。用户可以操作游标所在位置行的记录。例如，把返回记录作为另一个查询的条件等。

10.1.2　游标的优点

游标提供了一种机制，它能从包括多条数据记录的结果集中每次提取一条记录，从而解决数据库中面向单条记录数据处理的难题。

使用游标处理数据记录的优点如下：

（1）允许应用程序对查询语句 select 返回的行结果集中每一行进行相同或不同的操作，而不是一次对整个结果集进行同一种操作。

（2）提供对基于游标位置而对表中数据进行删除或更新的能力。

（3）游标能够把作为面向集合的数据库管理系统和面向行的程序设计两者联系起来，使两个数据处理方式能够进行沟通。

10.1.3　游标的分类

游标是 SQL 的一个内存工作区，由系统或用户以变量的形式定义。游标的主要作用就是临时存储从数据库中提取的数据块。Oracle 数据库中的游标类型可以分为 3 种，分别是显示游标、隐式游标和 REF 游标。其中显示游标和隐式游标也被称为静态游标。

（1）显示游标：在使用之前必须有明确的游标声明和定义，这样的游标定义会关联数据查询语句，通常会返回一行或多行。打开游标后，用户可以利用游标的位置对结果集进行检索，使之返回单一的行记录，用户可以操作此记录。关闭游标后，就不能再对结果集进行任何操作。显式游标需要用户自己写代码完成，一切由用户控制。

（2）隐式游标：隐式游标和显示游标不同，它被数据库自动管理，此游标用户无法控制，但能得到它的属性信息。

（3）REF 游标：是一种引用类型，类似于指针。REF 游标在运行时才能确定游标使用的查询。利用 REF 游标可以在程序间传递结果集（一个程序里打开游标变量，在另外的程序里处理数据）。

10.1.4　游标的属性

游标的作用就是用于对查询数据库所返回的记录进行遍历，以便进行相应的操作；游标有下面这些属性：

（1）游标是只读的，也就是不能更新它。

（2）游标是不能滚动的，也就是只能在一个方向上进行遍历，不能在记录之间随意进退，不能跳过某些记录。

（3）避免在已经打开游标的表上更新数据。

10.1.5 游标的使用

使用游标需要遵循以下步骤。

步骤 1：用 DECLARE 语句声明一个游标。

步骤 2：使用 OPEN 语句打开上面所定义的游标。

步骤 3：使用 FETCH 语句读取游标中的数据。

步骤 4：使用 CLOSE 语句释放游标。

10.2 显式游标的使用

对于显示游标的操作主要有以下内容：声明游标、打开游标、读取游标中的数据和关闭游标。

10.2.1 声明显示游标

使用游标之前，要声明游标。声明显式游标的语法如下：

```
CURSOR cursor_name
    [(parameter_name  datatype,…)]
      IS select_statement;
```

参数说明如下：

- CURSOR：表示声明游标。
- cursor_name：是游标的名称。
- parameter_name：表示参数名称。
- datatype：表示参数类型。
- select_statement：是游标关联的 SELECT 语句。

【例 10-1】声明名称为 cursor_fruit 的游标，输入语句如下：

```
CURSOR cursor_goods
IS SELECT f_name, f_price FROM goods;
```

上面的代码中，定义游标的名称为 cursor_goods，SELECT 语句表示从 goods 表中查询出 f_name 和 f_price 字段的值。

10.2.2 打开显示游标

在使用游标之前，必须打开游标，打开游标的语法格式如下：

```
OPEN cursor_name ;
```

【例 10-2】打开上例中声明的名称为 cursor_goods 的游标，输入语句如下：

```
OPEN cursor_goods;
```

10.2.3 读取游标中的数据

打开游标之后，就可以读取游标中的数据了，FETCH 命令可以读取游标中的某一行数据。FETCH 语句语法格式如下：

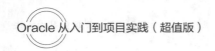

```
FETCH cursor_name INTO Record_name;
```

读取的记录放到变量当中。如果想让读取多个记录，FETCH 需要和循环语句一起使用，直到某个条件不符合要求而退出。使用 FETCH 时游标属性%ROWCOUNT 会不断累加。

【例 10-3】使用名称为 cursor_goods 的游标，检索 goods 表中的记录，输入语句如下：

```
FETCH cursor_goods INTO Record_name;
```

10.2.4 关闭显示游标

打开游标以后，服务器会专门为游标开辟一定的内存空间存放游标操作的数据结果集合，同时游标的使用也会根据具体情况对某些数据进行封锁。所以，在不使用游标的时候，可以将其关闭，以释放游标所占用的服务器资源。关闭游标使用 CLOSE 语句，语法格式如下：

```
CLOSE  cursor_name
```

【例 10-4】关闭名称为 cursor_fruit 的游标，输入语句如下：

```
CLOSE cursor_goods;
```

10.2.5 读取单条数据

下面通过一个案例来学习显式游标的整个使用过程，首先创建一个商品表 goods，SQL 语句如下：

```
CREATE TABLE goods
(
    f_id        varchar2(4)      NOT NULL,
    f_name      varchar2(25)     NOT NULL,
    f_price     number(4,2)      NOT NULL
);
```

按 Enter 键，语句执行结果如图 10-1 所示。

为了演示，需要插入如下商品数据信息，SQL 语句如下：

```
INSERT INTO goods VALUES ('a1', '苹果',4.2);
INSERT INTO goods VALUES ('a2','香蕉', 5.9);
INSERT INTO goods VALUES ('b1','橘子', 10.2);
INSERT INTO goods VALUES('b2','菠萝',5.2);
INSERT INTO goods VALUES ('c1','香梨', 9.3);
INSERT INTO goods VALUES ('c2','杨桃', 15.3);
INSERT INTO goods VALUES ('d1','葡萄', 6.2);
INSERT INTO goods VALUES ('d2','油桃',9.2);
```

按 Enter 键，语句执行结果如图 10-2 所示。

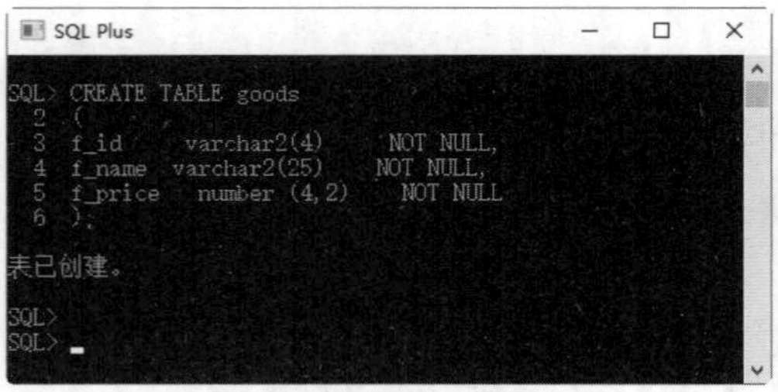

图 10-1　创建表 goods

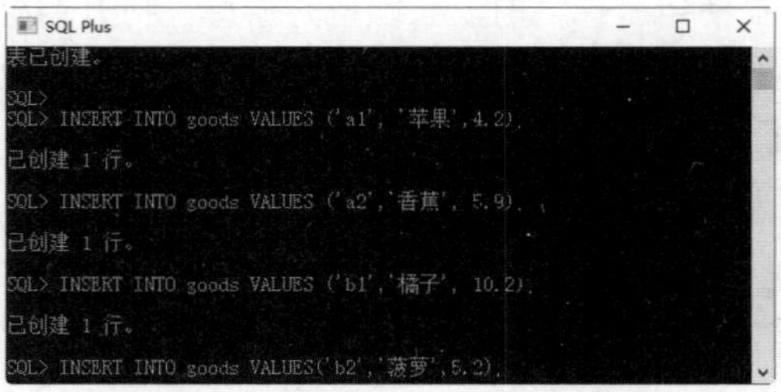

图 10-2　向表 goods 中插入数据

接下来在 Oracle SQL Developer 中定义游标，然后打开、读取和关闭游标。

【例 10-5】定义名称为 goods_cur 的游标，然后打开、读取和关闭游标 goods_cur。在 Oracle SQL Developer 中输入语句如下：

```
set serveroutput on;
DECLARE
CURSOR goods_cur

IS SELECT f_id,f_name FROM goods ;

cur_goods  goods_cur%ROWTYPE;

BEGIN
  OPEN  goods_cur;
    FETCH goods_cur INTO cur_goods;
    dbms_output.put_line(cur_goods.f_id||'.'||cur_goods.f_name);
CLOSE  goods_cur;
    END;
```

上述代码的具体含义如下：

- set serveroutput on：打开 Oracle 自带的输出方法 dbms_output。
- CURSOR goods_cur：声明一个名称为 goods_cur 的游标。
- IS SELECT f_id,f_name FROM goods：表示游标关联的查询。
- cur_goods goods_cur%ROWTYPE：定义一个游标变量，名称为 cur_goods。
- OPEN goods_cur：表示打开游标。
- FETCH goods_cur INTO cur_goods：表示利用 FETCH 语句从结果集中提取指针指向的当前行记录。
- dbms_output.put_line(cur_goods.f_id||'.'||cur_goods.f_name)：表示输出结果并换行，这里输出表 goods 中的 f_id 和 f_name 两个字段的值。

在 Oracle SQL Developer 中运行上面的代码，执行结果如图 10-3 所示。

图 10-3　定义游标 goods_cur，并打开、读取和关闭游标

具体输出的内容如下：

```
a1.苹果
```

通过上面的案例，读者可以充分理解显示游标的 4 个基本步骤。

10.2.6 读取多条数据

默认情况下，使用显示游标只提取一条数据，如果用户想使用显式游标提取多条数据记录，需要使用 LOOP 语句，这是一个遍历结果集的方法。

【例 10-6】通过 LOOP 语句遍历游标，从而提取多条数据，在 Oracle SQL Developer 中输入语句如下：

```
set serveroutput on;
DECLARE
CURSOR goods_loop_cur
IS SELECT f_id,f_name,f_price FROM goods
WHERE f_price>10;

cur_id  goods.f_id%TYPE;
cur_name  goods.f_name%TYPE;
cur_price  goods.f_name%TYPE;

BEGIN
  OPEN  goods_loop_cur;
    LOOP
      FETCH goods_loop_cur INTO cur_id,cur_name,cur_price;
      EXIT WHEN goods_loop_cur%NOTFOUND;
      dbms_output.put_line(cur_id||'.'||cur_name ||'.'||cur_price);
    END LOOP;
  CLOSE  goods_loop_cur;
END;
```

上述代码的具体含义如下：

- cur_id fruits.f_id%TYPE：表示变量类型同表 goods 的对应的字段类型一致。
- EXIT WHEN frt_loop_cur%NOTFOUND：表示利用游标的属性实现没有记录时退出循环。

在 Oracle SQL Developer 中运行上面的代码，执行结果如图 10-4 所示。

图 10-4 通过 LOOP 语句遍历游标，提取多条数据

输出的具体内容如下：

```
b1.橘子.10.2
c2.杨桃.15.3
```

这个案例中是通过使用 LOOP 语句，把所有符合条件的记录全部输出。

10.2.7　批量读取数据

使用 FETCH…INTO…语句只能提取单条数据。如果数据比较大的情况下，执行效率就比较低。为了解决这一问题，可以使用 FETCH…BULK COLLECT INTO…语句批量读取数据。

【例 10-7】通过 BULK COLLECT 和 FOR 语句遍历游标，批量读取数据，在 Oracle SQL Developer 中输入语句如下：

```
set serveroutput on;
DECLARE
CURSOR goods_collect_cur
IS SELECT * FROM goods
WHERE f_price>7;
TYPE FRT_TAB IS TABLE OF GOODS%ROWTYPE;
goods_rd FRT_TAB;
BEGIN
  OPEN  goods_collect_cur;
     LOOP
        FETCH goods_collect_cur BULK COLLECT INTO goods_rd LIMIT 2;
        FOR i in 1.. goods_rd.count LOOP
        dbms_output.put_line(goods_rd(i).f_id||'.'|| goods_rd(i).f_name
                    ||'.'|| goods_rd(i).f_price);
        END LOOP;
        EXIT WHEN goods_collect_cur%NOTFOUND;
     END LOOP;
   CLOSE  goods_collect_cur;
END;
```

其中，以下代码是定义和表 **goods** 行对象一致的集合类型 **goods_rd**，该变量用于存放批量得到的数据。

```
TYPE FRT_TAB IS TABLE OF GOODS%ROWTYPE;
goods_rd FRT_TAB;
```

LIMIT 2 表示每次提取两条。

在 Oracle SQL Developer 中运行上面的代码，执行结果如图 10-5 所示。

图 10-5　通过 BULK COLLECT 和 FOR 语句遍历游标，批量读取数据

输出的具体内容如下：

```
b1.橘子.10.2
```

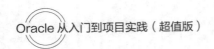

```
c1.香梨.9.3
c2.杨桃.15.3
d2.油桃.9.2
```

10.2.8 简单提取数据

通过使用 CURSOR FOR LOOP 语句，可以在不声明变量的情况下提取数据，从而简化代码的长度。

【例 10-8】通过 CURSOR FOR LOOP 语句遍历游标，从而提取数据，在 Oracle SQL Developer 中输入语句如下：

```
set serveroutput on;
DECLARE
CURSOR good IS SELECT * FROM goods
WHERE f_price>7;
BEGIN
  FOR curgood IN good
    LOOP
      dbms_output.put_line(curgood.f_id||'.'|| curgood.f_name
                    ||'.'|| curgood.f_price);
    END LOOP;
END;
```

在 Oracle SQL Developer 中运行上面的代码，执行结果如图 10-6 所示。

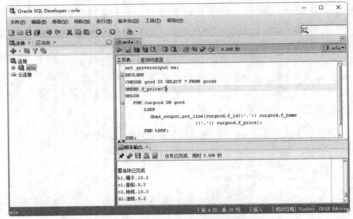

图 10-6　简单提取数据

输出的具体内容如下：

```
b1.橘子.10.2
c1.香梨.9.3
c2.杨桃.15.3
d2.油桃.9.2
```

10.3　显式游标的属性

利用游标属性可以得到游标执行的相关信息，显式游标有 4 个属性，分别是%ISOPEN 属性、%FOUND 属性、%NOTFOUND 属性和%ROWCOUNT 属性，下面进行详细介绍。

10.3.1 %ISOPEN 属性

%ISOPEN 属性用于判断游标属性是否打开，如果打开，则返回 TRUE，否则返回 FALSE。它的返回值为布尔型。

【例 10-9】通过%ISOPEN 属性判断游标是否打开，在 Oracle SQL Developer 中输入语句如下：

```
set serveroutput on;
DECLARE
CURSOR cur_good1 IS SELECT * FROM goods;
cur_goods goods%ROWTYPE;
BEGIN
    IF cur_good1%ISOPEN THEN
        FETCH cur_good1 INTO cur_goods;
        dbms_output.put_line(cur_goods.f_id||'.'|| cur_goods.f_name
                        ||'.'|| cur_goods.f_price);
    ELSE
dbms_output.put_line('游标cur_good1没有打开');
END IF;
END;
```

在 Oracle SQL Developer 中运行上面的代码，执行结果如图 10-7 所示。

图 10-7 通过%ISOPEN 属性判断游标是否打开

输出的具体内容如下：

游标 cur_good1 没有打开

10.3.2 %FOUND 属性

%FOUND 属性用于检查行数据是否有效，如果有效，则返回 TRUE，否则返回 FALSE。它的返回值为布尔型。

【例 10-10】通过%FOUND 属性判断数据的有效性，在 Oracle SQL Developer 中输入语句如下：

```
set serveroutput on;
DECLARE
CURSOR good_found_cur
IS SELECT * FROM goods;
```

```
cur_prodrcd GOODS%ROWTYPE;
BEGIN
   OPEN  good_found_cur;
      LOOP
         FETCH good_found_cur INTO cur_prodrcd;
         IF good_found_cur%FOUND THEN
         dbms_output.put_line(cur_prodrcd.f_id||'.'|| cur_prodrcd.f_name
                      ||'.'|| cur_prodrcd.f_price);
         ELSE
            dbms_output.put_line('没有数据被提取');
            EXIT;
END IF;
      END LOOP;
   CLOSE  good_found_cur;
END;
```

在 Oracle SQL Developer 中运行上面的代码，执行结果如图 10-8 所示。

图 10-8　通过%FOUND 属性判断数据的有效性

输出的具体内容如下：

```
a1.苹果.4.2
a2.香蕉.5.9
b1.橘子.10.2
b2.菠萝.5.2
c1.香梨.9.3
c2.杨桃.15.3
d1.葡萄.6.2
d2.油桃.9.2
没有数据被提取
```

10.3.3　%NOTFOUND 属性

%NOTFOUND 属性的含义与%FOUND 属性正好相反，如果没有提取出数据，则返回 TRUE，否则返回 FALSE，它的返回值为布尔型。

【例 10-11】通过%NOTFOUND 属性判断数据的有效性，在 Oracle SQL Developer 中输入语句如下：

```
set serveroutput on;
```

```
DECLARE
CURSOR good_found_cur
IS SELECT * FROM goods;
cur_prodrcd GOODS%ROWTYPE;
BEGIN
  OPEN  good_found_cur;
    LOOP
       FETCH good_found_cur INTO cur_prodrcd;
       IF good_found_cur%NOTFOUND THEN
       dbms_output.put_line(cur_prodrcd.f_id||'.'|| cur_prodrcd.f_name
                   ||'.'|| cur_prodrcd.f_price);
       ELSE
          dbms_output.put_line('没有数据被提取');
           EXIT;
END IF;
     END LOOP;
   CLOSE  good_found_cur;
END;
```

在 Oracle SQL Developer 中运行上面的代码，执行结果如图 10-9 所示。

图 10-9　通过%NOTFOUND 属性判断数据的有效性

输出的具体内容如下：

没有数据被提取

10.3.4　%ROWCOUNT 属性

%ROWCOUNT 属性表示累计到当前为止使用 FETCH 提取数据的行数，它的返回值为整型。

【例 10-12】通过%ROWCOUNT 属性查看已经返回了多少行记录，在 Oracle SQL Developer 中输入语句如下：

```
set serveroutput on;
DECLARE
CURSOR good_rowcount_cur
IS SELECT * FROM goods
WHERE f_price>4;
TYPE FRT_TAB IS TABLE OF GOODS%ROWTYPE;
```

```
good_count_rd FRT_TAB;

BEGIN
    OPEN  good_rowcount_cur;
        LOOP
            FETCH good_rowcount_cur BULK COLLECT INTO good_count_rd LIMIT 2;
            FOR i in good_count_rd.first..good_count_rd.last LOOP
dbms_output.put_line(good_count_rd(i).f_id||'.'
|| good_count_rd(i).f_name||'.'|| good_count_rd(i).f_price);
        END LOOP;
        IF mod(good_rowcount_cur%ROWCOUNT,2)=0 THEN
dbms_output.put_line('读取到第'||good_rowcount_cur%ROWCOUNT||'条记录');
            ELSE
 dbms_output.put_line( '读取到单条记录为'||good_rowcount_cur%ROWCOUNT||'条记录');
        END IF;
        EXIT WHEN  good_rowcount_cur%NOTFOUND;
    END LOOP;
    CLOSE  good_rowcount_cur;
END;
```

在 Oracle SQL Developer 中运行上面的代码，在 Oracle SQL Developer 中运行上面的代码，执行结果如图 10-10 所示。

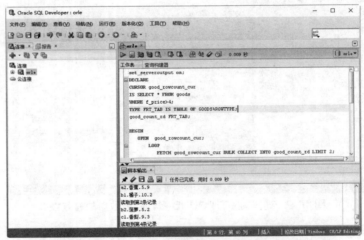

图 10-10　通过%ROWCOUNT 属性查看返回了多少行记录

输出的具体内容如下：

```
a2.香蕉.5.9
b1.橘子.10.2
读取到第 2 条记录
b2.菠萝.5.2
c1.香梨.9.3
读取到第 4 条记录
c2.杨桃.15.3
d2.油桃.9.2
读取到第 6 条记录
d1.葡萄.6.2
a1.苹果.4.2
读取到第 8 条记录
```

10.4　隐式游标的使用

隐式游标是由数据库自动创建和管理的游标，默认名称为 SQL，也称为 SQL 游标，本节就来介绍隐式游标的使用、隐式游标的属性及隐式游标在使用中的异常处理。

10.4.1　使用隐式游标

每当运行 SELECT 语句时，系统会自动打开一个隐式的游标，用户不能控制隐式游标，但是可以使用隐式游标，下面介绍一个隐式游标的使用实例。

【例 10-13】使用隐式游标，在 Oracle SQL Developer 中输入语句如下：

```
set serveroutput on;
DECLARE
cur_id  goods.f_id%TYPE;
cur_name  goods.f_name%TYPE;
cur_price  goods.f_name%TYPE;
BEGIN
SELECT f_id,f_name,f_price INTO cur_id,cur_name,cur_price
FROM goods
WHERE f_price=10.2;
IF SQL%FOUND THEN
        dbms_output.put_line(cur_id||'.'||cur_name||'.'||cur_price);
END IF;
END;
```

在 Oracle SQL Developer 中运行上面的代码，执行结果如图 10-11 所示。

图 10-11　使用隐式游标

输出的具体内容如下：

```
b1.橘子.10.2
```

上面代码中的判断条件如下：

```
WHERE f_price=10.2;
```

这个判断条件必须保证只有一条记录符合，因为 SELECT INTO 语句只能返回一条记录。

如果返回多条记录，在 Oracle SQL Developer 中运行时，会提示实际返回的行数超过请求的行数。

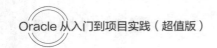

【例 10-14】使用隐式游标返回多条记录，会出现出错提示，这里将判断条件修改如下：

```
WHERE f_price>8.2;
```

在 Oracle SQL Developer 中输入语句如下：

```
set serveroutput on;
DECLARE
cur_id  goods.f_id%TYPE;
cur_name  goods.f_name%TYPE;
cur_price  goods.f_name%TYPE;
BEGIN
SELECT f_id,f_name,f_price INTO cur_id,cur_name,cur_price
FROM goods
WHERE f_price>8.2;
IF SQL%FOUND THEN
        dbms_output.put_line(cur_id||'.'||cur_name||'.'||cur_price);
END IF;
END;
```

在 Oracle SQL Developer 中运行上面的代码，执行结果如图 10-12 所示。

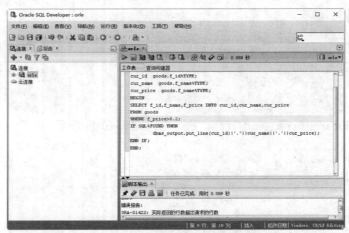

图 10-12　使用隐式游标返回多条记录

输出的具体内容如下：

```
错误报告：
ORA-01422: 实际返回的行数超出请求的行数
```

 ## 10.4.2　游标中使用异常处理

在使用游标的过程中，会出现异常处理，当出现异常情况时，用户可以提前做好处理操作。如果不加处理，则脚本会中断操作，可见，合理地处理异常，可以维护脚本运行的稳定性。

【例 10-15】在游标中使用异常处理。

这里为了演示效果，可以先将 goods 表中的数据删除，SQL 语句如下：

```
delete goods;
```

针对没有数据的异常处理代码如下：

```
set serveroutput on;
DECLARE
```

```
      cur_id  goods.f_id%TYPE;
cur_name  goods.f_name%TYPE;
BEGIN
    SELECT f_id ,f_name INTO cur_id,cur_name
 FROM goods;
    EXCEPTION
    WHEN NO_DATA_FOUND THEN
    dbms_output.put_line('没有数据');
END;
```

在 Oracle SQL Developer 中运行上面的代码，执行结果如图 10-13 所示。

图 10-13 在游标中使用异常处理

输出的具体内容如下：

没有数据

通过结果可知，对于没有数据的异常情况，用户提前做好了处理。

10.5　隐式游标的属性

隐式游标的属性种类和显式游标是一样的，但是属性的含义有一定的区别，下面进行详细介绍。

10.5.1　%ISOPEN 属性

Oracle 数据库可以自行控制%ISOPEN 属性，返回的值永远是 FALSE。

【例 10-16】验证隐式游标的%ISOPEN 属性返回值为 FALSE 的特性，在 Oracle SQL Developer 中输入语句如下：

```
set serveroutput on;
DECLARE
BEGIN
  DELETE FROM goods;
    IF SQL%ISOPEN THEN
      dbms_output.put_line('游标打开了');
 ELSE
dbms_output.put_line('游标没有打开');
```

```
    END IF;
END;
```

在 Oracle SQL Developer 中运行上面的代码，执行结果如图 10-14 所示。

图 10-14　验证隐式游标的%ISOPEN 属性

输出的具体内容如下：

游标没有打开

提示：%FOUND 属性在 INSERT、UPDATE 和 DELETE 执行对数据有影响时会返回 TRUE，而 SELECT INTO 语句只要语句返回，该属性即为 TRUE。

10.5.2　%FOUND 属性

%FOUND 属性反映了操作是否影响了数据，如果影响了数据，则返回 TRUE，否则返回 FALSE。

【例 10-17】隐式游标属性%FOUND 的应用，在 Oracle SQL Developer 中输入语句如下：

```
set serveroutput on;
DECLARE
     cur_id     goods.f_id%TYPE;
     cur_name  goods.f_name%TYPE;
     cur_price  goods.f_price%TYPE;
BEGIN
   SELECT f_id ,f_name,f_price INTO cur_id,cur_name,cur_price
 FROM goods;

   EXCEPTION
   WHEN TOO_MANY_ROWS THEN
IF SQL%FOUND THEN
       dbms_output.put_line('%FOUND 为 TRUE');
       DELETE FROM goods WHERE f_price=10.2;
   IF SQL%FOUND THEN
       dbms_output.put_line('删除数据了');
END IF;
     END IF;
END;
```

当返回多条数据时，会出现 TOO_MANY_ROWS 异常。通过以下代码来处理可能引起的异常：

```
EXCEPTION
    WHEN TOO_MANY_ROWS THEN
```

以下代码表示当 SQL%FOUND 为 TURE 时，执行删除操作。

```
DELETE FROM goods WHERE f_price=10.2;
```

以下代码表示继续判断 SQL%FOUND 是否为 TURE，如果是 TURE，则继续 THEN 后的操作。

```
IF SQL%FOUND THEN
        dbms_output.put_line('删除数据了');
```

在 Oracle SQL Developer 中运行上面的代码，执行结果如图 10-15 所示。

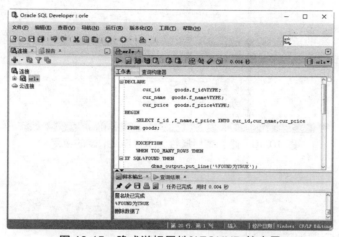

图 10-15 隐式游标属性%FOUND 的应用

输出的具体内容如下：

```
%FOUND 为 TRUE
删除数据了
```

从结果可以看出该属性的使用方法和特征，由于在删除操作时在数据库中找到了符合 WHERE 条件的记录，所以，执行删除操作，此时的 SQL%FOUND 为 TRUE，后面的删除提示被执行。

10.5.3 %NOTFOUND 属性

%NOTFOUND 属性的含义与%FOUND 属性正好相反，如果操作没有影响数据，则返回 TRUE，否则返回 FALSE。

【例 10-18】隐式游标属性%NOTFOUND 的应用，在 Oracle SQL Developer 中输入语句如下：

```
set serveroutput on;
DECLARE
    cur_id      goods.f_id%TYPE;
    cur_name  goods.f_name%TYPE;
    cur_price  goods.f_price%TYPE;
BEGIN
   SELECT f_id ,f_name,f_price INTO cur_id,cur_name,cur_price
 FROM goods  WHERE f_price=105.2;
exception
  when others then
  IF SQL%NOTFOUND THEN
      dbms_output.put_line('%NOTFOUND 为 TRUE');
```

```
END IF;
END;
```

在 Oracle SQL Developer 中运行上面的代码，执行结果如图 10-16 所示。

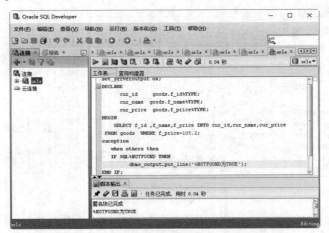

图 10-16   隐式游标属性%NOTFOUND 的应用

输出的内容如下：

```
匿名块已完成
%NOTFOUND 为 TRUE
```

10.5.4   %ROWCOUNT 属性

该属性反映了操作对数据影响的数量。

【例 10-19】通过%ROWCOUNT 属性查看已经返回了多少行记录，输入语句如下：

```
set serveroutput on;
DECLARE
    cur_id  goods.f_id%TYPE;
    cur_name  goods.f_name%TYPE;
    cur_price  goods.f_price%TYPE;
    cur_count  varchar2(8);
BEGIN
  SELECT f_id ,f_name,f_price INTO cur_id,cur_name,cur_price
 FROM goods;

  EXCEPTION
  WHEN NO_DATA_FOUND THEN
    dbms_output.put_line('SQL%ROWCOUNT');
 dbms_output.put_line('没有数据');

  WHEN TOO_MANY_ROWS THEN
    cur_count:= SQL%ROWCOUNT;
 dbms_output.put_line(' SQL%ROWCOUNT 值为: '||cur_count);
END;
```

在 Oracle SQL Developer 中运行上面的代码，执行结果如图 10-17 所示。

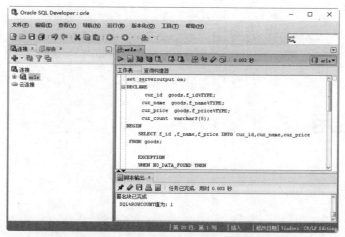

图 10-17　通过%ROWCOUNT 属性查看返回了多少行记录

输出的具体内容如下：

SQL%ROWCOUNT 值为：1

通过结果可知，定义变量 cur_count 保存 SQL%ROWCOUNT 是成功的。

10.6　就业面试技巧与解析

10.6.1　面试技巧与解析（一）

面试官：游标使用完后如何处理？

应聘者：在使用完游标之后，一定要将其关闭，关闭游标的作用是释放游标和数据库的连接，将其从内存中删除，删除将释放系统资源。

10.6.2　面试技巧与解析（二）

面试官：在面试的过程中，如果有人给你打电话，你该怎么办？

应聘者：对于我个人来说，这种情况是不可能出现的，我会在进入面试前，把手机关机或调成静音，这是对面试官的尊重，也会避免面试时造成尴尬局面。

第 11 章

存储过程的应用

 学习指引

存储过程（Stored Procedure）是在大型数据库系统中，一组为了完成特定功能的 SQL 语句集，是数据库中的一个重要对象。本章介绍数据库的存储过程，主要内容包括创建、调用、查看、修改、删除存储过程等。

 重点导读

- 了解什么是存储过程。
- 掌握创建存储过程的方法。
- 掌握调用存储过程的方法。
- 掌握查看存储过程的方法。
- 掌握修改存储过程的方法。
- 掌握删除存储过程的方法。

11.1　了解存储过程

存储过程可以重复调用，当存储过程执行一次后，可以将语句缓存中，这样下次执行的时候直接使用缓存中的语句，这样就可以提高存储过程的性能。

11.1.1　什么是存储过程

存储过程是一组为了完成特定功能的 SQL 语句集合，经编译后存储在数据库中，用户通过指定存储过程的名称并给出参数来执行。存储过程中可以包含逻辑控制语句和数据操纵语句，它可以接收参数、输出参数、返回单个或多个结果集及返回值。

由于存储过程在创建时即在数据库服务器上进行了编译并存储在数据库中，所以，存储过程的运行速度要比单个 SQL 语句块快。同时，由于在调用时只需提供存储过程名和必要的参数信息，所以，在一定程度上也可以减少网络流量，降低网络负担。

11.1.2 存储过程的优点

相对于直接使用 SQL 语句，在应用程序中直接调用存储过程有以下好处：

1. 存储过程允许标准组件式编程

存储过程创建后可以在程序中被多次调用执行，而不必重新编写该存储过程的 SQL 语句。而且数据库专业人员可以随时对存储过程进行修改，但对应用程序源代码却毫无影响，从而极大地提高了程序的可移植性。

2. 存储过程能够实现较快的执行速度

如果操作包含大量的 T-SQL 语句代码，分别被多次执行，那么存储过程比批处理的执行速度快得多。因为存储过程是预编译的，在首次运行一个存储过程时，查询优化器对其进行分析、优化，并给出最终被存在系统表中的存储计划。而批处理的 T-SQL 语句每次运行都需要预编译和优化，所以，速度就要慢一些。

3. 存储过程减轻网络流量

对于同一个针对数据库对象的操作，如果这一操作所涉及的 T-SQL 语句被组织成一个存储过程，那么当在客户机上调用该存储过程时，网络中传递的只是该调用语句，否则将会是多条 SQL 语句，从而减轻了网络流量，降低了网络负载。

4. 存储过程可被作为一种安全机制来充分利用

系统管理员可以对执行的某一个存储过程进行权限限制，从而能够实现对某些数据访问的限制，避免非授权用户对数据的访问，保证数据的安全。

11.2 创建存储过程

在使用存储过程之前，需要先创建存储过程，使用 CREATE PROCEDURE 语句可以创建存储过程，基本语法格式如下：

```
CREATE [OR REPLACE] PROCEDURE [schema.] procedure_name
  [parameter_name [[IN]datatype[{:=DEFAULT}expression]]
  {IS|AS}
  BODY:
```

创建存储过程的参数介绍如下：

（1）CREATE PROCEDURE：为用来创建存储函数的关键字。

（2）OR REPLACE：表示如是指定的过程已经存在，则覆盖同名的存储过程。

（3）schema：表示该存储过程的所属机构。

（4）procedure_name：存储过程的名称。

（5）parameter_name：存储过程的参数名称。

（6）[IN]datatype[{:=DEFAULT}expression]：设置传入参数的数据类型和默认值。

（7）{IS|AS}：表示存储过程的连接词。

（8）BODY：表示函数体，是存储过程的具体操作部分，可以用 BEGIN…END 来表示 SQL 代码的开始和结束。

下面给出一个实例，演示一下如何创建存储过程。

【例 11-1】创建一个简单的存储过程。在 Oracle SQL Developer 中输入语句如下：

```
CREATE PROCEDURE HelloWorld
AS
BEGIN
   dbms_output.put_line('Hello World! ');
END;
```

上述代码中，此存储过程名为 HelloWorld，使用 CREATE PROCEDURE HelloWorld 语句定义，此存储过程没有参数。BEGIN 和 END 语句用来限定存储过程体，过程本身仅输出一行字符串。

在 Oracle SQL Developer 中运行上面的代码，执行结果如图 11-1 所示。

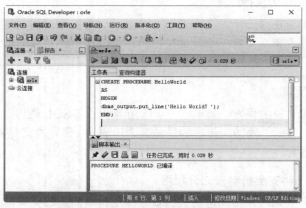

图 11-1　创建一个简单的存储过程

输出的具体内容如下：

```
PROCEDURE HELLO 已编译
```

11.3　调用存储过程

创建好存储过程后，接下来就可以调用存储过程了，调用存储过程的方法有两种，一种是直接调用存储过程；另一种是在 GEGIN…END 中调用存储过程。

1. 直接调用存储过程

直接调用存储过程的语法格式如下：

```
execute  procedure_name;
```

也可以缩写成如下格式：

```
exec  procedure_name;
```

其中，procedure_name 为存储过程的名称。

在 Oracle SQL Developer 中调用存储过程，如果想让 DBMS_OUTPUT.PUT_LINE 成功输出，需要把 SERVEROUTPUT 选项设置为 ON 状态。默认情况下，它是处于 OFF 状态的。

用户可以使用以下语句查看 SERVEROUTPUT 选项的状态，在 Oracle SQL Developer 中输入语句如下：

```
SHOW SERVEROUTPUT
```

执行结果如图 11-2 所示。

图 11-2　查看 SERVEROUTPUT 选项的状态

输出的具体内容如下：

```
SERVEROUTPUT OFF
```

这就说明 SERVEROUTPUT 的状态是 OFF，下面就需要设置 SERVEROUTPUT 的状态为 ON，在 Oracle SQL Developer 中输入语句如下：

```
SET SERVEROUTPUT ON
```

【例 11-2】调用存储过程 HelloWorld。

在 Oracle SQL Developer 中运行下面的代码，调用存储过程 HelloWorld。

```
exec HelloWorld;
```

执行结果如图 11-3 所示。

图 11-3　直接调用存储过程 HelloWorld

输出的具体内容如下：

```
HelloWorld!
```

2. 在 GEGIN…END 中调用存储过程

在 GEGIN…END 中直接调用存储过程，调用语法结构如下：

```
BEGIN
  procedure_name;
```

```
END;
```

【例 11-3】调用存储过程 HelloWorld。

```
BEGIN
    HelloWorld;
END;
```

执行结果如图 11-4 所示。

图 11-4　在 GEGIN…END 中调用存储过程

输出的具体内容如下：

```
HelloWorld!
```

11.4　查看存储过程

Oracle 数据库中存储了存储过程的状态信息，用户可以查看已经存在的存储过程。

【例 11-4】查看存储过程 HelloWorld，在 Oracle SQL Developer 中输入 SQL 语句如下：

```
SELECT * FROM USER_SOURCE WHERE NAME='HELLOWORLD' ORDER BY LINE;
```

执行结果如图 11-5 所示。

图 11-5　查看存储过程 HelloWorld

输出的具体内容如下：

NAME	TYPE	LINE	TEXT
HELLOWORLD	PROCEDURE	1	PROCEDURE Hello World
HELLOWORLD	PROCEDURE	2	AS
HELLOWORLD	PROCEDURE	3	BEGIN
HELLOWORLD	PROCEDURE	4	DBMS_OUTPUT.PUT_LINE('HelloWorld!');
HELLOWORLD	PROCEDURE	5	END;

从运算结果中可以看出，每条记录中的 TEXT 字段都存储了语句脚本，这些脚本综合起来就是存储过程 HelloWorld 的内容。

注意：在查看存储过程中，需要把存储过程的名称大写，如果小写，则无法查询到任何内容。

11.5　修改存储过程

Oracle 中如果要修改存储过程，使用 CREATE OR REPLACE PROCEDURE 语句，也就是覆盖原始的存储过程。

【例 11-5】修改存储过程 HelloWorld，在 Oracle SQL Developer 中运行如下代码：

```
CREATE OR REPLACE PROCEDURE HelloWorld
AS
BEGIN
    DBMS_OUTPUT.PUT_LINE('Hello World! Hello Oracle!');
END;
```

执行结果如图 11-6 所示。

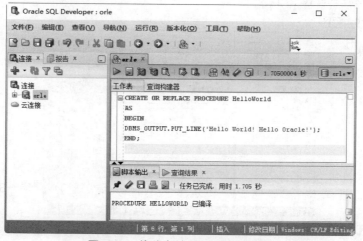

图 11-6　修改存储过程 HelloWorld

修改完毕后，在 Oracle SQL Developer 中运行调用存储过程的代码如下：

```
exec HelloWorld;
```

执行结果如图 11-7 所示。

输出的具体内容如下：

```
Hello World! Hello Oracle!
```

图 11-7　调用存储过程 HelloWorld

11.6　删除存储过程

使用 DROP 语句可以删除存储过程，其语法结构如下：

```
DROP PROCEDURE [schema.] procedure_name
```

参数介绍如下：

（1）schema 表示存储过程所属的机构。

（2）procedure_name 为要移除的存储过程的名称。

【例 11-6】删除存储过程 HelloWorld，在 Oracle SQL Developer 中运行代码如下：

```
DROP PROCEDURE HelloWorld;
```

执行结果如图 11-8 所示。

图 11-8　删除存储过程 HelloWorld

输出的具体内容如下：

```
procedure HELLOWORLD 已删除.
```

11.7　存储过程的异常处理

有时编写的存储过程难免会出现各种各样的问题，为此 Oracle 提供了异常处理的方法，这样减少了排查错误的范围，查看存储过程错误的方法如下：

```
SHOW ERRORS PROCEDURE procedure_name;
```

【例 11-7】创建一个有错误的存储过程，然后查看错误信息。

首先创建一个有错误的存储过程，在 Oracle SQL Developer 中运行代码如下：

```
CREATE OR REPLACE PROCEDURE HA
AS
BEGIN
    DBMM_OUTPUT.PUT_LINE('这是一个有错误的存储过程');
END;
```

执行结果如图 11-9 所示。

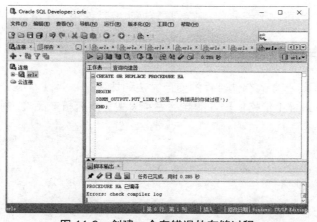

图 11-9 创建一个有错误的存储过程

输出的具体内容如下：

```
PROCEDURE HA 已编译
Errors: check compiler log
```

查看错误的具体细节，在 Oracle SQL Developer 中运行如下代码：

```
SHOW ERRORS PROCEDURE HA;
```

执行结果如图 11-10 所示。

图 11-10 查看错误的具体细节

输出的具体内容如下：

```
Errors: check compiler log
4/1              PL/SQL: Statement ignored
4/1              PLS-00201: 必须声明标识符 'DBMM_OUTPUT.PUT_LINE'
```

从错误提示可知，错误是由第 4 行引起的，正确的写法如下：

```
DBMS_OUTPUT.PUT_LINE('这是有错误的存储过程');
```

11.8　存储过程的参数应用

存储过程可以带参数，也可以不带参数。在数据转换时经常使用不带参数的存储过程。

11.8.1　无参数的存储过程

下面通过案例来学习不带参数的存储过程的使用方法和技巧。

【例 11-8】把数据表 goods 中价格低于 6 的商品名称设置为"打折商品"。创建存储过程的脚本如下：

```
CREATE PROCEDURE GOODS_PRC
AS
BEGIN
UPDATE goods SET f_name='打折商品'
  WHERE f_id IN
    (
    SELECT f_id FROM
     (SELECT * FROM goods ORDER BY f_price ASC)
    WHERE F_PRICE <6
    );
COMMIT;
END;
```

其中，COMMIT 表示提交更改，在 Oracle SQL Developer 中运行上面的代码，结果如图 11-11 所示。

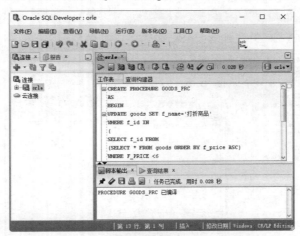

图 11-11　创建存储过程 GOODS_PRC

输出的具体内容如下：

```
PROCEDURE GOODS_PRC 已编译
```

接着在 Oracle SQL Developer 中调用存储过程 GOODS_PRC，语句如下：

```
EXEC GOODS_PRC;
```

执行结果如图 11-12 所示。

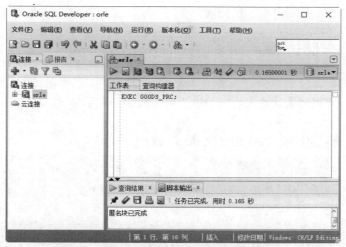

图 11-12   调用存储过程 GOODS_PRC

查看数据表 goods 的记录是否发生变化，SQL 语句如下：

```
SELECT * FROM  goods;
```

执行结果如图 11-13 所示。

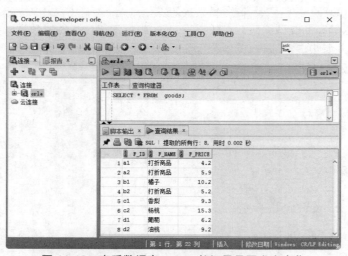

图 11-13   查看数据表 goods 的记录是否发生变化

输出的具体内容如下：

```
F_ID   F_NAME                      F_PRICE
----   ------------------------    ----------
a1     打折商品                     4.2
a2     打折商品                     5.9
b1     橘子                        11.2
b2     打折商品                     5.2
```

c1	香梨	9.3
c2	杨桃	15.3
d1	葡萄	6.2
d2	油桃	9.2

从运算结果中可以看出，存储过程已经生效。

11.8.2　有参数的存储过程

存储过程可以带有参数，使用参数可以增加存储过程的灵活性，为数据库编程带来很大的便利。存储过程的参数可以是常量、变量和表达式等。一旦在存储过程中使用了参数，在执行存储过程时，必须指定对应的参数。

为演示有参数存储过程的应用，首先创建表 shop，SQL 语句如下：

```
CREATE TABLE  shop
(
    s_id        number          NOT NULL,
    f_id        varchar2(4)     NOT NULL,
    f_name      varchar2(25)    NOT NULL,
    f_price     number (4,2)    NOT NULL
);
```

接着在表 shop 中输入表数据，SQL 语句如下：

```
INSERT INTO shop VALUES (101,'a1', '铅笔',4.2);
INSERT INTO shop VALUES (102,'a2','钢笔', 5.9);
INSERT INTO shop VALUES (103,'b1','毛笔', 11.2);
INSERT INTO shop VALUES(104,'b2','水彩笔',5.2);
```

【例 11-9】根据输入的商品类型编码，在数据表 shop 中搜索符合条件的数据，并将数据输出，创建存储过程的脚本如下：

```
CREATE PROCEDURE SHOP_PRC(parm_sid IN NUMBER)
AS
 cur_id shop.f_id%type;                             --存放商品的编码
 cur_prtifo shop%ROWTYPE;                           --存放表 shop 的行记录

BEGIN
        SELECT shop.f_id INTO cur_id
          FROM shop
WHERE s_id = parm_sid;                    --根据商品类型编码获取商品的编码
IF SQL%FOUND THEN
        DBMS_OUTPUT.PUT_LINE(parm_sid||':');
        END IF;
        FOR my_prdinfo_rec IN
          (
           SELECT * FROM shop WHERE s_id=parm_sid)
          LOOP
          DBMS_OUTPUT.PUT_LINE('商品名称: '|| my_prdinfo_rec.f_name||','
||'商品价格: '|| my_prdinfo_rec.f_price);
            END LOOP;
          EXCEPTION
          WHEN NO_DATA_FOUND THEN
            DBMS_OUTPUT.PUT_LINE('没有数据');
WHEN TOO_MANY_ROWS THEN
          DBMS_OUTPUT.PUT_LINE('数据过多');
```

```
END;
```

在 Oracle SQL Developer 中运行上面的代码，结果如图 11-14 所示。

在 Oracle SQL Developer 中调用存储过程 SHOP_PRC，语句如下：

```
EXEC SHOP_PRC (101);
```

执行结果如图 11-15 所示。

图 11-14　创建存储过程 SHOP_PRC

图 11-15　调用存储过程 SHOP_PRC

输出的具体内容如下：

```
101:
商品名称：铅笔,商品价格：4.2
```

11.9　存储过程的综合运用

所有的存储过程都存储在服务器上，只要调用就可以在服务器上执行，下面给出一个综合示例，通过创建一个存储过程用来统计学生信息表 stu 中的记录数和学生信息表 stu 中 id 的和。

创建一个名称为 stu 的数据表，表结构如表 11-1 所示，将表 11-2 中的数据插入到 stu 表中。

表 11-1　stu 表结构

字 段 名	数 据 类 型	主 键	外 键	非 空	唯 一	自 增
id	NUMBER(10)	是	否	是	是	否
name	VARCHAR2 (50)	否	否	是	否	否
glass	VARCHAR2(50)	否	否	是	否	否

表 11-2　stu 表内容

id	name	glass
1	夏明	glass 1
2	小宇	glass 2
3	甜甜	glass 1

创建一个 stu 表，并且向 stu 表中插入表格中的数据，代码如下：

```
CREATE TABLE stu
(
    id            NUMBER(10),
    name          VARCHAR2(50),
    glass         VARCHAR2(50)
);
```

按 Enter 键，语句执行结果如图 11-16 所示。

为了演示，需要插入学生数据信息，SQL 语句如下：

```
INSERT INTO stu VALUES(1,'夏明','glass 1');
INSERT INTO stu VALUES(2,'小宇','glass 2');
INSERT INTO stu VALUES(3,'甜甜','glass 1');
```

按 Enter 键，语句执行结果如图 11-17 所示。

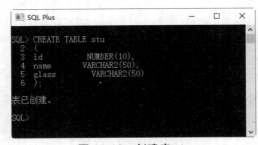

图 11-16　创建表 stu　　　　　　　图 11-17　向表 stu 中插入数据

通过命令 DESC 命令查看创建的表格，结果如下：

```
SQL> DESC stu;
```

按 Enter 键，语句执行结果如图 11-18 所示。

通过 SELECT * FROM stu 来查看插入表格的内容，结果如下：

```
SQL> SELECT * FROM stu;
```

按 Enter 键，语句执行结果如图 11-19 所示。

图 11-18　查看表 stu 的结构

图 11-19　查看插入表格的内容

接下来在 Oracle SQL Developer 中创建存储过程，来统计表 stu 中的记录数和 stu 表中 id 的和。创建一个可以统计表格内记录条数的存储函数，函数名为 count_stu()，具体代码如下：

```
CREATE OR REPLACE PROCEDURE COUNT_STU
AS
cur_count number(6);
cur_sum number(6);
BEGIN
        SELECT COUNT(*) INTO cur_count
         FROM stu;
        SELECT SUM(id) INTO cur_sum
         FROM stu;

        IF SQL%FOUND THEN
        DBMS_OUTPUT.PUT_LINE('记录总数: '||cur_count);
        DBMS_OUTPUT.PUT_LINE('ID总数: '||cur_sum);
        END IF;
END;
```

在 Oracle SQL Developer 中运行上面的代码，结果如图 11-20 所示。

图 11-20　创建存储过程 count_stu()

输出的具体内容如下：

```
PROCEDURE COUNT_STU 已编译
```

在 Oracle SQL Developer 中调用存储过程 COUNT_STU，语句如下：

```
EXEC COUNT_STU;
```

执行结果如图 11-21 所示。

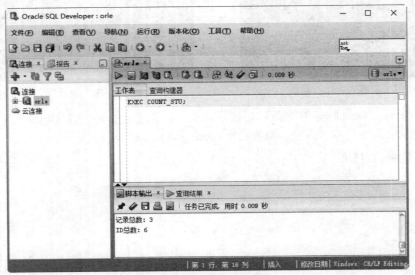

图 11-21　调用存储过程 COUNT_STU

输出的具体内容如下：

```
记录总数：2
id 总和：3
```

11.10　就业面试技巧与解析

11.10.1　面试技巧与解析（一）

面试官：删除存储过程需要注意什么问题？

应聘者：存储过程之间可以相互调用，如果删除被调用的存储过程，那么重新编译时调用者会出现错误，所以，在删除操作时，要分清各个存储过程之间的关系。

11.10.2　面试技巧与解析（一）

面试官：你认为面试中，最重要的是什么？

应聘者：我认为面试中最重要的就是守时。守时是职业道德的一个基本要求，提前 10～15 分钟到达面试地点，可熟悉一下环境，稳定一下心神。提前半小时以上会被面试官认为没有时间观念，而面试时迟到或是匆匆忙忙赶到更是致命的，这会让面试官认为应聘者缺乏自我管理和约束能力，即缺乏职业能力。不管什么理由，迟到会影响自身的形象，这是一个对人、对自己尊重的问题。

第 3 篇

核心应用

Oracle 数据库为用户提供了多项核心技术,使用这些技术可以方便用户管理大型数据库。本篇讲述 Oracle 数据库核心技术的应用,主要内容包括触发器的应用、函数的应用、表空间的管理、事务与锁的应用等。

- 第 12 章　Oracle 触发器的应用
- 第 13 章　Oracle 函数的应用
- 第 14 章　Oracle 的表空间管理
- 第 15 章　Oracle 的事务与锁

第 12 章

Oracle 触发器的应用

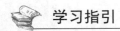

学习指引

触发器是许多关系数据库系统都提供的一项技术，在 Oracle 系统中，触发器类似过程和函数，都具有声明、执行和异常处理过程的 PL/SQL 块。本章介绍 Oracle 触发器的应用，主要内容包括创建触发器、查看触发器、修改触发器、删除触发器及触发器的类型等。

重点导读

- 了解什么是触发器。
- 掌握创建触发器的方法。
- 掌握查看触发器的方法。
- 掌握触发器的使用技巧。
- 掌握删除触发器的方法。

12.1 了解 Oracle 触发器

触发器是一个特殊的存储过程，触发器的定义是说某个条件成立时，触发器中所定义的语句就会被自动执行，因此，触发器不需要人为去调用，就可以自动调用。

12.1.1 什么是触发器

触发器在数据库中以独立的对象存储。它与存储过程和函数不同的是，执行存储过程要使用 EXEC 语句来调用，而触发器的执行不需要使用 EXEC 语句来调用，也不需要手工启动，只要当一个预定义的事件发生时，就会被 Oracle 自动调用。

另外，触发器可以查询其他表，而且可以包含复杂的 SQL 语句，它们主要用于满足复杂的业务规则或要求，例如，可以根据客户当前的账户状态，控制是否允许插入新订单。

12.1.2　触发器的组成

一个完整的触发器由多个元素组成，如触发事件、触发时间、触发操作等，下面分别进行介绍。

（1）触发事件：引起触发器被触发的事件。例如，DML 语句（INSERT、UPDATE、DELETE 语句对表或视图执行数据处理操作）、DDL 语句（如 CREATE、ALTER、DROP 语句在数据库中创建、修改、删除模式对象）、数据库系统事件（如系统启动或退出、异常错误）、用户事件（如登录或退出数据库）。

（2）触发时间：即该触发器是在触发事件发生之前（BEFORE）还是之后（AFTER）触发，也就是触发事件和该触发器的操作顺序。

（3）触发操作：即该触发器被触发之后的目的和意图，正是触发器本身要做的事情。例如，PL/SQL 块。

（4）触发对象：包括表、视图、模式、数据库。只有在这些对象上发生了符合触发条件的触发事件，才会执行触发操作。

（5）触发条件：由 WHEN 子句指定一个逻辑表达式，只有当该表达式的值为 TRUE 时，遇到触发事件才会自动执行触发器，使其执行触发操作。

（6）触发频率：说明触发器内定义的动作被执行的次数，即语句级（STATEMENT）触发器和行级（ROW）触发器。

（7）语句级（STATEMENT）触发器：是指当某触发事件发生时，该触发器只执行一次。

（8）行级（ROW）触发器：是指当某触发事件发生时，对受到该操作影响的每一行数据，触发器都单独执行一次。

12.1.3　触发器的类型

在 Oracle 中，触发器可以分为行级（Row-Level）触发器和语句级（Statement-Level）触发器。行级（Row-Level）触发器则是在定义了触发器的表中的行数据改变时就会被触发一次。例如，在一个表中定义了行级的触发器，当这个表中一行数据发生变化时，如删除了一行记录，那么触发器也会被自动执行。

语句级（Statement-Level）触发器可以在某些语句执行前或执行后被触发，例如，在一个表中定义了语句级的触发器，当这个表被删除时，程序就会自动执行触发器中定义的操作过程，这个删除表的操作就是触发器执行的条件。

12.2　创建触发器

使用触发器可以为用户带来便利，在使用之前需要创建触发器，下面介绍创建触发器的方法。

12.2.1　触发器的语法与功能介绍

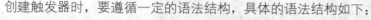

创建触发器时，要遵循一定的语法结构，具体的语法结构如下：

```
create [or replace] tigger 触发器名 触发时间 触发事件
on 表名
[for each row]
begin
 pl/sql 语句
end
```

语法结构中的主要参数介绍如下：

- 触发器名：触发器对象的名称。由于触发器是数据库自动执行的，因此，该名称只是一个名称，没有实质的用途。
- 触发时间：指明触发器何时执行，该值可取。
- before：表示在数据库动作之前触发器执行。
- after：表示在数据库动作之后触发器执行。
- 触发事件：指明哪些数据库动作会触发此触发器。
- insert：数据库插入会触发此触发器。
- update：数据库修改会触发此触发器。
- delete：数据库删除会触发此触发器。
- 表名：数据库触发器所在的表。
- for each row：对表的每一行触发器执行一次。如果没有这一选项，则只对整个表执行一次。

在数据库中使用触发器，可以实现如下功能：

（1）允许/限制对表的修改。

（2）自动生成派生列，如自增字段。

（3）强制数据一致性。

（4）提供审计和日志记录。

（5）防止无效的事务处理。

（6）启用复杂的业务逻辑。

12.2.2　为单个事件定义触发器

为单个事件定义触发器的操作比较简单，下面创建一个触发器，该触发器可以保证 work_year 字段的值不被改动，始终保持 work_year 字段的值为默认值 0。

要想实现这一功能，首先需要创建一个员工表，SQL 语句如下：

```
CREATE TABLE T_EMPLOYEE
(
    employee_id        number         not null primary key,
    employee_name      varchar2(20),
    work_year          number,
    status             varchar2(10)
);
```

按 Enter 键，语句执行结果如图 12-1 所示。

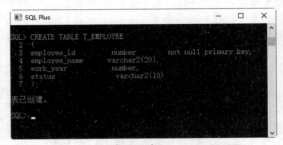

图 12-1　创建员工表 T_EMPLOYEE

接着在员工表中插入表数据，SQL 代码如下：

```
select * from t_employee;
insert all
  into t_employee(employee_id,employee_name,work_year,status) values(1,'王明',5,'ACT')
  into t_employee(employee_id,employee_name,work_year,status) values(2,'刘爱玲',5,'ACT')
  into t_employee(employee_id,employee_name,work_year,status) values(3,'王林',5,'ACT')
  into t_employee(employee_id,employee_name,work_year,status) values(4,'胡启东',4,'ACT')
  into t_employee(employee_id,employee_name,work_year,status) values(5,'钟琳',3,'ACT')
  into t_employee(employee_id,employee_name,work_year,status) values(6,'张晓宇',3,'ACT')
  into t_employee(employee_id,employee_name,work_year,status) values(7,'方朵朵',3,'ACT')
  into t_employee(employee_id,employee_name,work_year,status) values(8,'张开山',3,'ACT')
  into t_employee(employee_id,employee_name,work_year,status) values(9,'贾宝林',3,'ACT')
  into t_employee(employee_id,employee_name,work_year,status) values(10,'王尚宇',1,'ACT')
select * from dual;
```

按 Enter 键，语句执行结果如图 12-2 所示。

【例 12-1】为单个事件定义的触发器。该触发器可以保证 work_year 字段的值不被改动，始终保持 work_year 字段的值为默认值 0。即插入新员工信息时，员工工龄默认为 0。SQL 语句如下：

```
create or replace trigger tr_before_insert_employee
  before insert
  on t_employee
  for each row
    begin
      :new.work_year:=0;
    end;
```

按 Enter 键，语句执行结果如图 12-3 所示。

图 12-2　向表 T_EMPLOYEE 中插入数据

图 12-3　为单个事件定义触发器

检验触发器是否生效，首先向表中插入一行数据，并设置这个员工的工龄为"5"，SQL 语句如下：

```
insert into t_employee(employee_id,employee_name,work_year,status) values(11,'曲潇潇',5,'ACT');
```

按 Enter 键，语句执行结果如图 12-4 所示。

下面查询这行数据，SQL 语句如下：

```
select * from t_employee where employee_id=11;
```

按 Enter 键，语句执行结果如图 12-5 所示，从运算结果中可以看出，这行数据的工龄自动更改为"0"，从结果可以看出，在插入数据前，启动了触发器。

注意：在创建触发器时，如果系统提示用户"无法对 SYS 拥有的对象创建触发器"，就需要改变登录用户了，具体方法如下：

首先在 SQL Plus 窗口中输入以下 SQL 语句：

```
alter user scott identified by 123456 account unlock;
```

按 Enter 键，语句执行结果如图 12-6 所示，提示用户已更改。

图 12-4　向表中插入一行数据

图 12-5　查询插入的数据

接着在 SQL Plus 窗口中输入以下 SQL 语句：

```
conn scott/123456
```

按 Enter 键，语句执行结果如图 12-7 所示，提示已连接。这样就可以在普通用户下创建表，并对表创建触发器了。

图 12-6　更改登录用户

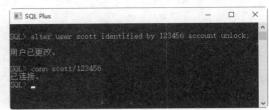

图 12-7　连接数据库

12.2.3　为多个事件定义触发器

除了可以为单个事件定义触发器外，还可以为多个事件定义触发器，下面为多个事件创建触发器，实现的功能是通过 insert 或 update 操作将员工信息表中的 status 字段改为大写形式。

【例 12-2】为多个事件定义的触发器。SQL 语句如下：

```
create or replace trigger tr_insert_update_employee
  before insert or update
  on t_employee
  for each row
    begin
      :new.status:=upper(:new.status);
    end;
```

图 12-8　为多个事件定义触发器

按 Enter 键，语句执行结果如图 12-8 所示。

接着在员工信息表中插入一行数据，这里输入 status 字段的状态为小写 "act"，SQL 语句如下：

```
insert into t_employee(employee_id,employee_name,work_year,status) values(12,'张静',5,'act');
```

按 Enter 键，语句执行结果如图 12-9 所示。

查看插入行的信息内容，SQL 语句如下：

```
select * from t_employee where employee_id=12;
```

按 Enter 键，语句执行结果如图 12-10 所示，从运算结果中可以看出，status 字段的状态为大写 "ACT"，这就说明触发器执行成功。

图 12-9　向表中插入一行数据

图 12-10　查看插入的数据信息

接着修改员工信息表中的 status 字段的状态为小写"act"，SQL 语句如下：

```
update t_employee set status='act' where employee_id=12;
```

按 Enter 键，语句执行结果如图 12-11 所示。

查看修改行的信息内容，SQL 语句如下：

```
select * from t_employee where employee_id=12;
```

按 Enter 键，语句执行结果如图 12-12 所示，从运算结果中可以看出，status 字段的状态仍然为大写"ACT"，这就说明修改字段信息时，触发器执行成功。

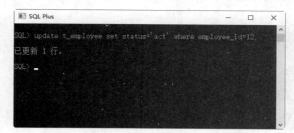

图 12-11　修改员工信息表中 status 字段

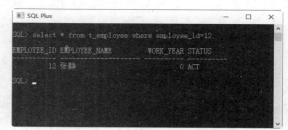

图 12-12　查看修改行的信息内容

12.2.4　为单个事件触发多个触发器

按照触发器的创建时间，同一事件可以按序触发不同的触发器，前面已经创建好了两个触发器，具体内容如下：

- tr_before_insert_employee 限制工龄为 0。
- tr_insert_update_employee 限制 status 的字母为大写。

【例 12-3】为单个事件触发多个触发器。如果触发器触发成功，会将如下一行数据的 work_year 改为 0，status 改为大写 ACT。这里插入一位员工信息，SQL 语句如下：

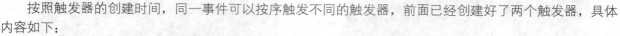

```
insert into t_employee(employee_id,employee_name,work_year,status) values(13,'李芳芳',3,'act');
```

按 Enter 键，语句执行结果如图 12-13 所示。

检验触发器是否成功，SQL 语句如下：

```
select * from t_employee where employee_id=13;
```

按 Enter 键，语句执行结果如图 12-14 所示，从运算结果中可以看出，该段数据的 work_year 字段虽然插入时设置的是"3"，status 字段是小写"act"，但是在查询时可以看到 work_year 字段为"0"，status 字段是大写"ACT"，这就说明触发器执行成功。

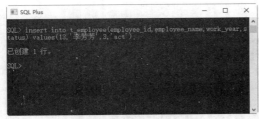

图 12-13　插入一行数据

图 12-14　检验触发器是否成功

12.2.5　创建触发器通过条件进行触发

通过设置条件可以创建触发器，具体实现的功能如下：如果 work_year 大于 0，则把 status 的值改为 ACT。
首先删除之前创建的触发器，SQL 语句如下：

```
select * from user_objects where object_type='TRIGGER';
drop trigger TR_INSERT_UPDATE_EMPLOYEE;
drop trigger TR_BEFORE_INSERT_EMPLOYEE;
```

按 Enter 键，语句执行结果如图 12-15 所示。

【例 12-4】创建触发器通过条件进行触发。SQL 语句如下：

```
create or replace trigger tr_update_employee
  before update
  on t_employee
  for each row
    when (old.status='ACT' and old.work_year>0)
    begin
      :new.status:='ACF';
    end;
```

按 Enter 键，语句执行结果如图 12-16 所示。

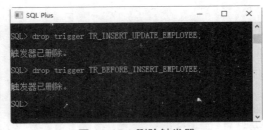

图 12-15　删除触发器

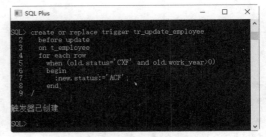

图 12-16　创建触发器

注意：old 和 new 在触发器的描述语句中使用，:old 和:new 在触发器的操作语句中使用。
测试创建的触发器是否成功，这里输入 SQL 语句如下：

```
update t_employee set employee_id=employee_id;--不会更改表内容，但会触发触发器
```

按 Enter 键，语句执行结果如图 12-17 所示。
查询员工信息表，SQL 语句如下：

```
select * from t_employee;
```

按 Enter 键，语句执行结果如图 12-18 所示，从运算结果中可以看出，工龄大于 0 的员工，其 status 字段的更改为"ACF"，而工龄等于 0 的 status 字段仍为"ACT"。

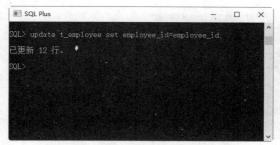

图 12-17　测试创建的触发器是否成功

图 12-18　查询员工信息表

12.2.6　创建触发器时的注意事项

在创建触发器时，用户应该注意的事项如下：

- 触发器不接受参数。
- 一个表上最多可有 12 个触发器，但同一时间、同一事件、同一类型的触发器只能有一个，并各触发器之间不能有矛盾。
- 在一个表上的触发器越多，对在该表上的 DML 操作的性能影响就越大。
- 触发器最大为 32KB。若确实需要，可以先建立过程，然后在触发器中用 CALL 语句进行调用。
- 在触发器的执行部分只能用 DML 语句（SELECT、INSERT、UPDATE、DELETE），不能使用 DDL 语句（CREATE、ALTER、DROP）。
- 触发器中不能包含事务控制语句（COMMIT、ROLLBACK、SAVEPOINT）。因为触发器是触发语句的一部分，触发语句被提交、回退时，触发器也被提交、回退了。
- 在触发器主体中调用的任何过程、函数，都不能使用事务控制语句。
- 在触发器主体中不能申明任何 Long 和 blob 变量。新值 new 和旧值 old 也不能是表中的任何 long 和 blob 列。
- 不同类型的触发器（如 DML 触发器、INSTEAD OF 触发器、系统触发器）的语法格式和作用有较大的区别。

12.3　查看触发器

一个完整的触发器包括触发器名称和触发器内容信息，用户可以使用命令查看数据库中已经定义的触发器。

12.3.1　查看触发器的名称

用户可以查看已经存在的触发器的名称。

【例 12-5】查看触发器的名称，SQL 语句如下：

```
SELECT OBJECT_NAME FROM USER_OBJECTS WHERE OBJECT_TYPE='TRIGGER';
```

按 Enter 键，语句执行结果如图 12-19 所示，从运算结果中可以看出，当前数据库中存在的触发器名称为 TR_UPDATE_ EMPLOYEE。

图 12-19　查看触发器的名称

12.3.2　查看触发器的内容信息

有了触发器的名称，就可以查看触发器的具体内容了。

【例 12-6】查看触发器 TR_UPDATE_EMPLOYEE 的内容信息，命令如下：

```
SELECT * FROM USER_SOURCE WHERE NAME= 'TR_UPDATE_EMPLOYEE' ORDER BY LINE;
```

按 Enter 键，语句执行结果如图 12-20 所示。

图 12-20　查看触发器的内容信息

输出的具体内容如下：

```
NAME                    TYPE        LINE     TEXT
TR_UPDATE_EMPLOYEE      TRIGGER      1       trigger tr_update_employee
TR_UPDATE_EMPLOYEE      TRIGGER      2       before update
TR_UPDATE_EMPLOYEE      TRIGGER      3       on t_employee
TR_UPDATE_EMPLOYEE      TRIGGER      4       for each row
TR_UPDATE_EMPLOYEE      TRIGGER      5       when (old.status='ACT' and old.work_year>0)
TR_UPDATE_EMPLOYEE      TRIGGER      6       begin
TR_UPDATE_EMPLOYEE      TRIGGER      7       :new.status:='ACF';
TR_UPDATE_EMPLOYEE      TRIGGER      8       END ;
```

12.4　修改触发器

Oracle 中如果要修改触发器，使用 CREATE OR REPLACE TRIGGER 语句，也就是覆盖原始的存储过程。

【例 12-7】修改已经创建好的触发器 tr_update_employee，使工龄大于 3 的员工，其 status 字段修改为 ACF。SQL 语句如下：

```
create or replace trigger tr_update_employee
  before update
  on t_employee
  for each row
```

```
    when (old.status='ACT' and old.work_year>3)
    begin
      :new.status:='ACF';
    end;
```

按 Enter 键，语句执行结果如图 12-21 所示。

测试修改的触发器是否成功，输入 SQL 语句如下：

```
update t_employee set employee_id=employee_id;
```

按 Enter 键，语句执行结果如图 12-22 所示。

图 12-21　修改创建好的触发器　　　　　　　图 12-22　测试修改的触发器是否成功

查询员工信息表，SQL 语句如下：

```
select * from t_employee;
```

按 Enter 键，语句执行结果如图 12-23 所示，从运算结果中可以看出，工龄大于 3 的员工，其 status 字段的更改为 ACF，而工龄小于 3 的 status 字段仍为 ACT。从结果可以看出，触发器被成功修改。

图 12-23　查看员工信息表

12.5　删除触发器

使用 DROP TRIGGER 语句可以删除 Oracle 中已经定义的触发器，删除触发器语句基本语法格式如下：

```
DROP TRIGGER [schema.]TRIGGER_NAME
```

其中，schema 表示该触发器的所属机构，是可选的；TRIGGER_NAME 是要删除的触发器的名称。

【例 12-8】删除一个触发器，代码如下：

```
DROP TRIGGER INS_SUM;
```

按 Enter 键，语句执行结果如图 12-24 所示。

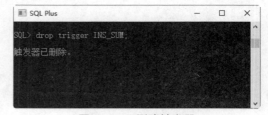

图 12-24　删除触发器

12.6 触发器的综合使用

在创建触发器时，一定要弄清楚触发器的结构，在使用触发器时，要清楚触发器触发的时间（BEFORE 或 AFTER）和触发的条件（INSERT、DELETE 或 UPDATE），在创建触发器后，要清楚怎么修改触发器。

下面通过一个综合示例，来学习一下触发器的综合应用，创建一个 test 表，当用户对 test 表执行 DML 语句时，将相关信息记录到日志表 test_log 之中。

创建 test 表，SQL 代码如下：

```
CREATE TABLE test(
  t_id  NUMBER(4),
  t_name VARCHAR2(20),
  t_age NUMBER(2),
  t_sex CHAR
);
```

按 Enter 键，语句执行结果如图 12-25 所示。

创建 test_log 表，SQL 代码如下：

```
CREATE TABLE test_log(
  l_user  VARCHAR2(15),
  l_type  VARCHAR2(15),
  l_date  VARCHAR2(30)
);
```

按 Enter 键，语句执行结果如图 12-26 所示。

图 12-25　创建表 test

图 12-26　创建表 test_log

创建触发器，SQL 代码如下：

```
CREATE OR REPLACE TRIGGER TEST_TRIGGER
 AFTER DELETE OR INSERT OR UPDATE ON TEST
DECLARE
 V_TYPE TEST_LOG.L_TYPE%TYPE;
BEGIN
 IF INSERTING THEN
  --INSERT 触发
  V_TYPE := 'INSERT';
  DBMS_OUTPUT.PUT_LINE('记录已经成功插入，并已记录到日志');
 ELSIF UPDATING THEN
  --UPDATE 触发
  V_TYPE := 'UPDATE';
  DBMS_OUTPUT.PUT_LINE('记录已经成功更新，并已记录到日志');
 ELSIF DELETING THEN
  --DELETE 触发
```

```
   V_TYPE := 'DELETE';
   DBMS_OUTPUT.PUT_LINE('记录已经成功删除，并已记录到日志');
 END IF;
 INSERT INTO TEST_LOG
 VALUES
   (USER, V_TYPE, TO_CHAR(SYSDATE, 'yyyy-mm-dd hh24:mi:ss')); --USER 表示当前用户名
END;
```

按 Enter 键，语句执行结果如图 12-27 所示。

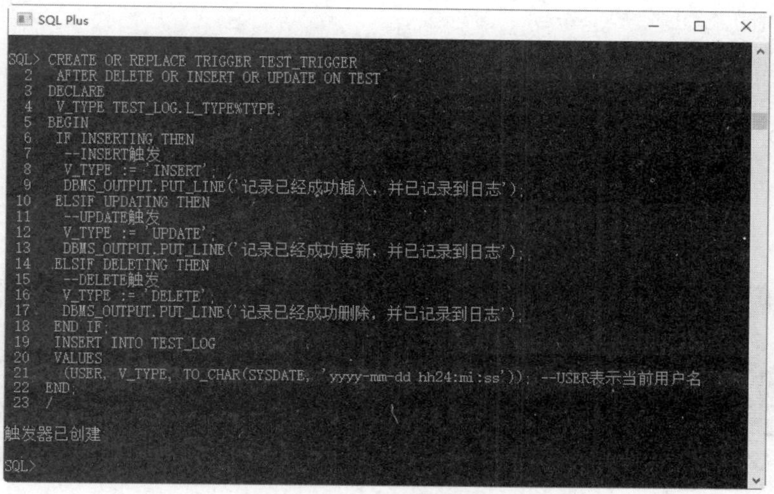

图 12-27　创建触发器

执行插入数据操作，SQL 代码如下：

```
INSERT INTO test VALUES(101,'Tom',22,'M');
```

按 Enter 键，语句执行结果如图 12-28 所示。

查询表 test，SQL 语句如下：

```
SELECT * FROM test;
```

按 Enter 键，语句执行结果如图 12-29 所示。

图 12-28　插入数据

图 12-29　查询表 test

执行修改数据操作，SQL 代码如下：

```
UPDATE test SET t_age = 30 WHERE t_id = 101;
```

按 Enter 键，语句执行结果如图 12-30 所示。

查询表 test，SQL 语句如下：

```
SELECT * FROM test;
```

按 Enter 键，语句执行结果如图 12-31 所示，从运算结果中可以看出，表 test 中的 T_AGE 字段信息由
"22" 被修改为 "30"。

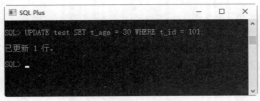

图 12-30　修改数据

图 12-31　查询表 test

执行删除数据操作，SQL 代码如下：

```
DELETE test WHERE t_id = 101;
```

按 Enter 键，语句执行结果如图 12-32 所示。

再次查询表 test，SQL 语句如下：

```
SELECT * FROM test;
```

按 Enter 键，语句执行结果如图 12-33 所示，从运算结果中可以看出，表 test 中无任何数据。

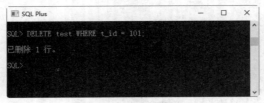

图 12-32　删除数据

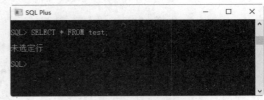

图 12-33　再次查询表 test

最后查询表 test_log，SQL 语句如下：

```
SELECT * FROM test_log;
```

按 Enter 键，语句执行结果如图 12-34 所示，从运算结果中可以看出，对表 test 的 DML 操作都被记录在 test_log 表中，包括用户、操作类型与操作时间 3 个信息。

图 12-34　再次查询表 test_log

12.7　就业面试技巧与解析

12.7.1　面试技巧与解析（一）

面试官：创建触发器时必须特别注意什么问题？

应聘者：在使用触发器的时候需要注意，对于相同的表、相同的事件只能创建一个触发器，例如，对表 account 创建了一个 BEFORE INSERT 触发器，那么如果对表 account 再次创建一个 BEFORE INSERT 触发器，Oracle 将会报错，此时，只可以在表 account 上创建 AFTER INSERT 或者 BEFORE UPDATE 类型的触发器。灵活运用触发器将为操作省去很多麻烦。

12.7.2　面试技巧与解析（二）

面试官： 为什么要及时删除不用的触发器？

应聘者： 触发器定义之后，每次执行触发事件，都会激活触发器并执行触发器中的语句。如果需求发生变化，而触发器没有进行相应的改变或者删除，则触发器仍然会执行旧的语句，从而会影响新的数据的完整性。因此，要将不再使用的触发器及时删除。

第13章

Oracle 函数的应用

 学习指引

　　Oracle 提供了多种用于执行特定操作的专用函数，这些函数大大提高了用户对数据库的管理效率，本章介绍 Oracle 函数的应用，主要包括数学函数、字符串函数、日期和时间函数、条件判断函数、系统信息函数等。

 重点导读

- 了解什么是 Oracle 的函数。
- 掌握数学函数的用法。
- 掌握字符串函数的用法。
- 掌握时间和日期函数的用法。
- 掌握条件函数的用法。
- 掌握系统信息函数的用法。

13.1　Oracle 函数简介

　　函数可以接受零个或者多个输入参数，并返回一个输出结果。Oracle 提供了大量丰富的函数，在进行数据库管理，以及数据的查询和操作时，会经常用到各种函数。通过对数据的处理，数据库功能可以变得更加强大，更加灵活地满足不同用户的需求。

　　Oracle 数据库中主要使用两种类型的函数，一种是单行函数，另一种是聚合函数。

　　（1）单行函数：对每一个函数应用在表的记录中时，只能输入一行结果，返回一个结果，例如，MOD(x,y) 返回 x 除以 y 的余数（x 和 y 可以是两个整数，也可以是表中的整数列），常用的单行函数有以下几种：

- 字符函数：对字符串操作。
- 数字函数：对数字进行计算，返回一个数字。
- 转换函数：可以将一种数据类型转换为另一种数据类型。

- 日期函数：对日期和时间进行处理。

（2）聚合函数：聚合函数同时可以对多行数据进行操作，并返回一个结果。例如，SUM(x)返回结果集中 x 列的总和。

13.2　数学函数

数学函数主要用来处理数值计算，数学函数接受数字参数，参数可以来自表中的一列，也可以是一个数字表达式。常用的数学函数包括绝对值函数、三角函数（包括正弦函数、余弦函数、正切函数、余切函数等）、对数函数等，在产生计算错误时，数学函数将会返回空值。

13.2.1　绝对值函数

求一个数的绝对值是数学函数中比较常用的一个函数，使用 ABS(X)函数，可以返回 X 的绝对值。

【例 13-1】求 10、-6.18 和-68 的绝对值，SQL 语句如下：

```
SELECT ABS(10), ABS(-6.18), ABS(-68) FROM dual;
```

按 Enter 键，语句执行结果如图 13-1 所示，从运算结果中可以看出，正数的绝对值为其本身，10 的绝对值为 10；负数的绝对值为其相反数，-6.18 的绝对值为 6.18；-68 的绝对值为 68。

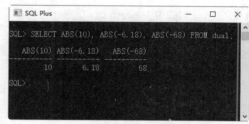

图 13-1　绝对值函数的应用

注意：dual 表是一个虚拟表，用来构成 select 的语法规则，Oracle 保证 dual 中永远只有一条记录。

13.2.2　平方根函数

使用 SQRT(x)函数可以返回非负数 x 的二次方根。

【例 13-2】求 81、40 和 91 的二次平方根，SQL 语句如下：

```
SELECT SQRT(81), SQRT(64), SQRT(100) FROM dual;
```

按 Enter 键，语句执行结果如图 13-2 所示，从运算结果中可以看出，91 的平方根等于 9，64 的平方根为 8，100 的平方根为 10。

图 13-2　平方根函数的应用

13.2.3　求余函数

使用 MOD(x,y)可以返回 x 被 y 除后的余数，MOD()对于带有小数部分的数值也起作用，它返回除法运算后的精确余数。

【例13-3】对 MOD(32,3)、MOD(100,10)、MOD(40.8,6)进行求余运算，输入语句如下：

```
SELECT MOD(32,3),MOD(100, 10),MOD(40.8,6) FROM dual;
```

按 Enter 键，语句执行结果如图 13-3 所示，从运算结果中可以看出，32 除以 3 的余数为 2，100 除以 10 的余数为 0，40.8 除以 6 的余数为 4.8。

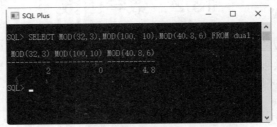

图 13-3　求余函数的应用

13.2.4　获取整数的函数

在 Oracle 数据库中，可以使用两个函数获取整数的函数，分别是 CEIL(x)和 FLOOR(x)，CEIL(x)返回不小于 x 的最小整数值；FLOOR(x)返回不大于 x 的最大整数值，返回值转化为一个 BIGINT。

【例13-4】使用 CEIL 函数返回最小整数，输入语句如下：

```
SELECT  CEIL(-10.35), CEIL(9.2) FROM dual;
```

按 Enter 键，语句执行结果如图 13-4 所示，从运算结果中可以看出，-10.35 为负数，不小于-10.35 的最小整数为-10，因此，返回值为-10；不小于 9.2 的最小整数为 10，因此，返回值为 10。

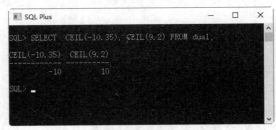

图 13-4　返回最小整数

【例13-5】使用 FLOOR 函数返回最大整数，输入语句如下：

```
SELECT  FLOOR (-10.35), FLOOR (9.2) FROM dual;
```

按 Enter 键，语句执行结果如图 13-5 所示，从运算结果中可以看出，-10.35 为负数，不大于-10.35 的最大整数为-11，因此，返回值为-11；不大于 9.2 的最大整数为 9，因此，返回值为 9。

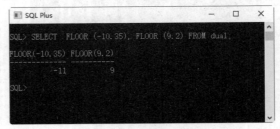

图 13-5　返回最大整数

13.2.5　获取随机数的函数

在 Oracle 数据库中，可以使用两个函数获取随机数，一个是 DBMS_RANDOM.RANDOM，该函数返回一个随机值；一个是 DBMS_RANDOM.VALUE(x，y)，它返回参数之间的一个随机数。

【例 13-6】使用 DBMS_RANDOM.RANDOM 产生随机数，SQL 语句如下：

```
SELECT DBMS_RANDOM.RANDOM , DBMS_RANDOM.RANDOM FROM dual;
```

按 Enter 键，语句执行结果如图 13-6 所示，从运算结果中可以看出，不带参数的 DBMS_RANDOM. RANDOM 每次产生的随机数值是不同的。

【例 13-7】使用 DBMS_RANDOM.VALUE(x，y)函数产生 1～100 的随机数，SQL 语句如下：

```
SELECT DBMS_RANDOM.VALUE(1,100),DBMS_RANDOM.VALUE(1,100) FROM dual;
```

按 Enter 键，语句执行结果如图 13-7 所示，从运算结果中可以看出，DBMS_RANDOM.VALUE (1，20) 产生了 1～20 的随机数。

图 13-6　产生随机数

图 13-7　返回指定数值范围内的随机数

13.2.6　四舍五入函数

使用 ROUND(x)函数可以返回最接近参数 x 的整数，也就是对 x 值进行四舍五入操作。

【例 13-8】使用 ROUND(x)函数对操作数进行四舍五入操作，SQL 语句如下：

```
SELECT ROUND(-2.15),ROUND(-5.67), ROUND(2.15),ROUND(5.67) FROM dual;
```

按 Enter 键，语句执行结果如图 13-8 所示，从运算结果中可以看出，四舍五入处理之后，只保留了各个值的整数部分。

图 13-8　返回整数

ROUND(x,y)返回最接近参数 x 的数，其值保留到小数点后面 y 位，若 y 为负值，则将保留 x 值到小数点左边 y 位。

【例 13-9】使用 ROUND(x,y)函数对操作数进行四舍五入操作，结果保留小数点后面指定 y 位，SQL 语句如下：

```
SELECT ROUND(-2.15,1), ROUND(3.38, 0), ROUND(23.38, -1), round(22.38,-2) FROM dual;
```

按 Enter 键，语句执行结果如图 13-9 所示，从运算结果中可以看出，ROUND(-2.15,1)保留小数点后面 1 位，四舍五入的结果为-2.2；ROUND(3.38, 0) 保留小数点后面 0 位，即返回四舍五入后的整数值 3；ROUND(23.38, -1)和 ROUND (22.38, -2)分别保留小数点左边 1 位和 2 位，y 值为负数时，保留的小数点左边的相应位数直接保存为 0，不进行四舍五入，因此，返回的值分别为 20 和 0。

TRUNCATE(x,y)返回被舍去至小数点后 y 位的数字 x。若 y 的值为 0，则结果不带有小数点或不带有小数部分。若 y 设为负数，则截去（归零）x 小数点左起第 y 位开始后面所有低位的值。

【例 13-10】使用 TRUNC(x,y)函数对操作数进行四舍五入操作，结果保留小数点后面指定 y 位，输入语句如下：

```
SELECT TRUNC(2.31,1), TRUNC (2.99,1), TRUNC (2.99,0), TRUNC (19.99,-1) FROM dual;
```

按 Enter 键，语句执行结果如图 13-10 所示，从运算结果中可以看出，TRUNC (2.31,1)和 TRUNC (2.99,1) 都保留小数点后 1 位数字，返回值分别为 2.3 和 2.9；TRUNC (2.99,0)返回整数部分值 2；TRUNC (19.99, -1) 截去小数点左边第 1 位后面的值，并将整数部分的 1 位数字置 0，结果为 10。

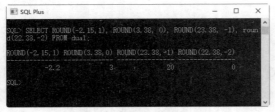

图 13-9　使用 ROUND(x,y)函

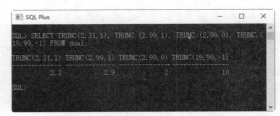

图 13-10　使用 TRUNC(x,y)函数

提示：ROUND(x,y)函数在截取值时会四舍五入，而 TRUNC(x,y)直接截取值，并不进行四舍五入。

13.2.7　符号函数

SIGN(x)函数返回参数 x 的符号，x 为正数返回 1，0 返回 0，负数返回-1。

【例 13-11】返回 3、-10 和 0 的符号。输入语句如下：

```
SELECT SIGN (3), SIGN (-10), SIGN (0) FROM dual;
```

按 Enter 键，语句执行结果如图 13-11 所示，从运算结果中可以看出，SIGN(3)返回 1；SIGN(-10)返回 -1；SIGN(0)返回 0。

图 13-11　符号函数的应用

13.2.8　幂运算函数

Oracle 数据库中幂运算函数有两个，分别是 POWER(x,y)函数和 EXP(x)。POWER(x,y)函数返回 x 的 y 次乘方的结果值；EXP(x)返回 e 的 x 乘方后的值。

【例 13-12】使用 POWER 函数进行乘方运算，SQL 语句如下：

```
SELECT POWER(5,2), POWER(-5,2) FROM dual;
```

按 Enter 键，语句执行结果如图 13-12 所示，从运算结果中可以看出，POWER(5,2)返回 5 的 2 次方，是 25；POWER(-5,2)返回-5 的 2 次方，结果为 25。

【例 13-13】使用 EXP 函数计算 e 的乘方，输入语句如下：

```
SELECT EXP(1),EXP(-1),EXP(0) FROM dual;
```

按 Enter 键，语句执行结果如图 13-13 所示，从运算结果中可以看出，EXP(1)返回以 e 为底的 3 次方，结果为 2.71828183；EXP(-1)返回以 e 为底的-3 次方，结果为 0.367879441；EXP(0)返回以 e 为底的 0 次方，结果为 1。

图 13-12　使用 POWER 函数进行乘方运算

图 13-13　使用 EXP 函数计算 e 的乘方

13.2.9　对数运算函数

Oracle 数据库中对数运算函数有两个，分别是 LOG(x, y)和 LN(x)。LOG(x, y)返回以 x 为底 y 的对数；LN(x)返回 x 的自然对数，x 相对于基数 e 的对数，参数 n 要求大于 0。

【例 13-14】使用 LOG(x)函数计算自然对数，SQL 语句如下：

```
SELECT LOG(10, 100), LOG(7, 49) FROM dual;
```

按 Enter 键，语句执行结果如图 13-14 所示，10 的 2 次乘方等于 100，因此，LOG(10，100)返回结果为 2；同样 LOG(7，49)返回结果为 2。

【例 13-15】使用 LN 计算以 e 为基数的对数，SQL 语句如下：

```
SELECT LN(2), LN(100) FROM dual;
```

按 Enter 键，语句执行结果如图 13-15 所示。

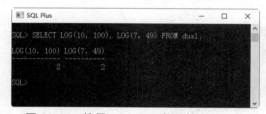

图 13-14　使用 LOG(x)函数计算自然对数

图 13-15　使用 LN 计算以 e 为基数的对数

13.2.10　正弦函数

SIN(x)返回 x 的正弦，其中 x 为弧度值。

【例 13-16】使用 SIN 函数计算正弦值，SQL 语句如下：

```
SQL> SELECT SIN(1)FROM dual;
```

按 Enter 键，语句执行结果如图 13-16 所示。

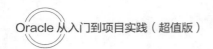

图 13-16　使用 SIN 函数计算正弦值

13.2.11　反正弦函数

ASIN(x)返回 x 的反正弦，即正弦为 x 的值。x 的取值范围为−1～1。

【例 13-17】使用 ASIN 函数计算反正弦值，输入语句如下：

```
SELECT ASIN(0.841470985)FROM dual;
```

按 Enter 键，语句执行结果如图 13-17 所示，从运算结果中可以看出，函数 ASIN 和 SIN 互为反函数。

图 13-17　使用 ASIN 函数计算反正弦值

13.2.12　余弦函数

COS(x)返回 x 的余弦，其中 x 为弧度值。

【例 13-18】使用 COS 函数计算余弦值，输入语句如下：

```
SELECT COS(0),COS (1) FROM dual;
```

按 Enter 键，语句执行结果如图 13-18 所示，从运算结果中可以看出，COS(0)值为 1；COS(1)值为 0.5403023059。

图 13-18　使用 COS 函数计算余弦值

13.2.13　反余弦函数

ACOS(x)返回 x 的反余弦，即余弦是 x 的值。x 的取值范围为−1～1。

【例 13-19】使用 ACOS 函数计算反余弦值，输入语句如下：

```
SELECT ACOS(1),ACOS(0.5403023059) FROM dual;
```

按 Enter 键，语句执行结果如图 13-19 所示，从运算结果中可以看出，函数 ACOS 和 COS 互为反函数。

图 13-19　使用 ACOS 函数计算反余弦值

13.2.14　正切函数

TAN(x)返回 x 的正切，其中 x 为给定的弧度值。

【例 13-20】使用 TAN 函数计算正切值，输入语句如下：

```
SQL> SELECT TAN(0.3), TAN( 0.7853981634) FROM dual;
```

按 Enter 键，语句执行结果如图 13-20 所示。

图 13-20　使用 TAN 函数计算正切值

13.2.15　反正切函数

ATAN(x)返回 x 的反正切，即正切为 x 的值。

【例 13-21】使用 ATAN 函数计算反正切值，输入语句如下：

```
SELECT ATAN(0.30933625), ATAN(1) FROM dual;
```

按 Enter 键，语句执行结果如图 13-21 所示，从运算结果中可以看出，函数 ATAN 和 TAN 互为反函数。

图 13-21　使用 ATAN 函数计算反正切值

13.3　字符串函数

字符串函数主要用来处理数据库中的字符串数据，包括获取字符串长度、合并字符串、字符串字母大小写转换等。

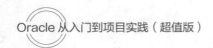

13.3.1 计算字符串长度

使用 LENGTH(str)函数，可以计算指定字符串的长度。

【例 13-22】使用 LENGTH 函数计算字符串长度，输入语句如下：

```
SELECT LENGTH('Hello World!'), LENGTH('Hello Oracle!') FROM dual ;
```

按 Enter 键，语句执行结果如图 13-22 所示，从运算结果中可以看出，两个字符串的长度分别为 12 和 13。

图 13-22　使用 LENGTH 函数计算字符串长度

13.3.2 合并字符串

CONCAT(s1,s2)返回结果为连接参数产生的字符串。

【例 13-23】使用 CONCAT 函数连接字符串，输入语句如下：

```
SELECT CONCAT(' Hello World!', 'Hello Oracle!') FROM dual;
```

按 Enter 键，语句执行结果如图 13-23 所示，从运算结果中可以看出，返回两个字符串连接后的字符串。

图 13-23　使用 CONCAT 函数连接字符串

13.3.3 搜索字符串

使用 INSTR(s,x)函数可以搜索字符串中指定字符的位置，输出结果为整数。

【例 13-24】使用 INSTR 函数进行字符串替代操作，输入语句如下：

```
SELECT INSTR('hello Oracle', 'c') FROM dual;
```

按 Enter 键，语句执行结果如图 13-24 所示，字符 c 位于字符串'hello Oracle'的第 10 个位置，结果输出为 10。

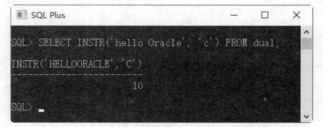

图 13-24　使用 INSTR 函数进行字符串替代操作

13.3.4　字符串字母大小写转换

使用 LOWER (str)函数可以将字符串 str 中的字母字符全部转换成小写字母。

【**例 13-25**】使用 LOWER 函数将字符串中所有字母字符转换为小写，输入语句如下：

```
SELECT LOWER('HELLO ORACLE') FROM dual ;
```

按 Enter 键，语句执行结果如图 13-25 所示，从运算结果中可以看出，原来所有字母都是大写，全部转换为小写，如 HELLO ORACLE，转换之后为 hello oracle。

图 13-25　转换字符为小写

使用 UPPER(str)函数可以将字符串 str 中的字母字符全部转换成大写字母。

【**例 13-26**】使用 UPPER 函数将字符串中所有字母字符转换为大写，输入语句如下：

```
SELECT UPPER('hello oracle') FROM dual;
```

按 Enter 键，语句执行结果如图 13-26 所示，从运算结果中可以看出，原来所有字母字符为小写的，全部转换为大写，如 hello oracle，转换之后为 HELLO ORACLE。

使用 INITCAP(str)函数将输入的字符串单词的首字母转换成大写。如果不是两个字母连在一起，则认为是新的单词，例如，a_b a,b　a b，a 和 b 都会转换成大写。

【**例 13-27**】使用 INITCAP 函数将字符串中首字母转换成大写，输入语句如下：

```
SELECT INITCAP ('hello beautiful world ') FROM dual;
```

按 Enter 键，语句执行结果如图 13-27 所示，从运算结果中可以看出，原来每个单词的首字母全部转换为大写，如 hello，转换之后为 Hello。

图 13-26　转换字符为大写

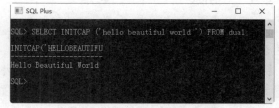

图 13-27　将首字母转换为大写

13.3.5　获取指定长度的字符串

使用 SUBSTR(s,m,n)函数可以获取指定的字符串，其中参数 s 代表字符串，m 代表截取的位置，n 代表截取长度。

【**例 13-28**】使用 SUBSTR 函数返回字符串中指定的字符，输入语句如下：

```
SELECT SUBSTR ('I am Tom', 6,2), SUBSTR (' I am Tom',- 6,2) FROM dual;
```

按 Enter 键，语句执行结果如图 13-28 所示，从运算结果中可以看出，当 m 值为正数时，从左边开始

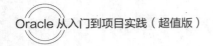

数指定的位置；当 m 值为负值时，从右边开始取指定位置的字符。

图 13-28　返回字符串中指定的字符

13.3.6　替换目标字符串

REPLACE(s1,s2,s3)是一个替换字符串的函数。其中，参数 s1 表示搜索的目标字符串；s2 表示在目标字符串中要搜索的字符串；s3 是可选参数，用它替换被搜索到的字符串，如果该参数不用，表示从 s1 字符串中删除搜索到的字符串。

【例 13-29】使用 REPLACE 函数对字符串进行替换操作，输入语句如下：

```
SELECT REPLACE ('My name is Jack','Jack','Tom') , REPLACE ('My name is Jack', ' Jack') FROM dual;
```

按 Enter 键，语句执行结果如图 13-29 所示，从运算结果中可以看出，第一个替换的情况是字符串"Jack"被替换成"Tom"；第二个替换的情况是字符串"Jack"被删除掉。

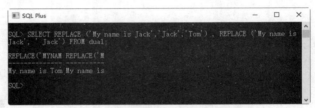

图 13-29　对字符串进行替换操作

13.3.7　删除字符串首尾指定字符

LTRIM(s,n)函数将删除指定的左侧字符。其中，s 是目标字符串，n 是需要查找的字符。如果 n 不指定，则表示删除左侧的空格。

【例 13-30】使用 LTRIM 函数对字符串进行删除操作，SQL 语句如下：

```
SQL>SELECT LTRIM ('My name is Jack', 'My') , LTRIM ('  My name is Jack') FROM dual;
```

按 Enter 键，语句执行结果如图 13-30 所示，从运算结果中可以看出，第一个删除的情况是字符串的"My"字符被删除；第二个删除的情况是字符串左侧的空格被删除。

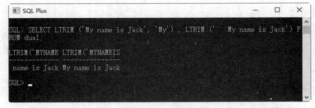

图 13-30　使用 LTRIM 函数对字符串进行删除操作

RTRIM(s,n)函数将删除指定的右侧字符。其中，s 是目标字符串，n 是需要查找的字符。如果 n 不指定，则表示删除右侧的空格。

【例 13-31】使用 RTRIM 函数对字符串进行删除操作，输入语句如下：

```
SQL>SELECT RTRIM ('My name is Jack', 'Jack') , RTRIM ('My name is Jack    ') FROM dual;
```

按 Enter 键，语句执行结果如图 13-31 所示，从运算结果中可以看出，第一个删除的情况是字符串的
"Jack"字符被删除；第二个删除的情况是字符串右侧的空格被删除。

图 13-31　使用 RTRIM 函数对字符串进行删除操作

13.3.8　删除指定字符串

TRIM 函数将删除指定的前缀或者后缀的字符，默认删除空格。具体的语法格式如下：

```
TRIM ([LEADING/TRAILING/BOTH][trim_character FROM]trim_source)
```

主要参数介绍如下：

- LEADING：指删除 trim_source 的前缀字符。
- TRAILING：删除 trim_source 的后缀字符。
- BOTH：删除 trim_source 的前缀和后缀字符。
- trim_character：指删除的指定字符，默认删除空格。
- trim_source：指被操作的源字符串。

【例 13-32】使用 TRIM(s1 FROM s)函数删除字符串中两端指定的字符，输入语句如下：

```
SQL>SELECT TRIM(BOTH 'x' FROM 'xiamxomex'), TRIM('    xkxkxky    ') FROM dual;
```

按 Enter 键，语句执行结果如图 13-32 所示，删除字符串"xiamxomex"两端的重复字符"x"，而中间
的"x"并不删除，结果为"iamxome"；删除字符串 xkxkxky 两端的空格。

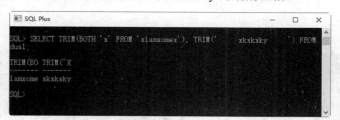

图 13-32　删除字符串中两端指定的字符

13.3.9　字符集名称和 ID 互换

NLS_CHARSET_ID(string)函数可以得到字符集名称对应的 ID。参数 string 表示字符集的名称。

【例 13-33】使用 NLS_CHARSET_ID 函数获取 ID，输入语句如下：

```
SQL>SELECT NLS_CHARSET_ID('US7ASCII') FROM dual;
```

按 Enter 键，语句执行结果如图 13-33 所示，字符集 US7ASCII 对应的 ID 为"1"。

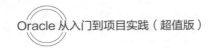

NLS_CHARSET_NAME(number)函数可以得到字符集 ID 对应的名称。参数 number 表示字符集的 ID。

【例 13-34】使用 NLS_CHARSET_NAME 函数根据 ID 获取字符集名称，输入语句如下：

```
SQL>SELECT NLS_CHARSET_NAME(1) FROM dual;
```

按 Enter 键，语句执行结果如图 13-34 所示，ID 为 1 对应的字符集名称为 US7ASCII 对。

图 13-33　使用 NLS_CHARSET_ID 函数获取 ID　　　　图 13-34　根据 ID 获取字符集名称

13.4　日期和时间函数

日期和时间函数是数据库中常用的函数，这些函数主要用来处理日期和时间值，一般的日期函数除了使用 DATE 类型的参数外，还可以使用 TIMESTAMP 类型的参数，但会忽略这些值的时间部分。

13.4.1　获取当前日期和时间

使用 SYSDATE()函数可以获取当前系统日期。

【例 13-35】使用日期函数获取系统当前日期，输入语句如下：

```
SQL> SELECT SYSDATE FROM dual;
```

按 Enter 键，语句执行结果如图 13-35 所示，从运算结果中可以看出，当前的日期为 2018 年 6 月 13 日。

【例 13-36】使用日期函数获取指定格式的系统当前日期，输入语句如下：

```
SQL> SELECT TO_CHAR(SYSDATE, 'YYYY-MM-DD HH24:MI:SS') FROM dual;
```

按 Enter 键，语句执行结果如图 13-36 所示，从运算结果中可以看出，获取的系统时间包含日期和时间，并且时间精确到微秒。

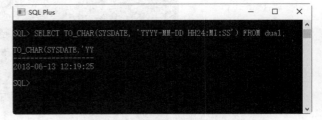

图 13-35　使用日期函数获取系统当前日期　　　　图 13-36　获取指定格式的系统当前日期

【例 13-37】使用日期函数获取系统当前时间，输入语句如下：

```
SQL> SELECT SYSTIMESTAMP FROM dual;
```

按 Enter 键，语句执行结果如图 13-37 所示，从运算结果中可以看出，返回类型为带时区信息的 TIMESTAMP 类型。

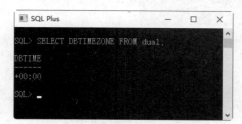

图 13-37　使用日期函数获取系统当前时间

13.4.2　获取时区的函数

DBTIMEZONE 函数返回数据库所在的时区。

【例 13-38】使用 DBTIMEZONE 函数获取数据库所在的时区，输入语句如下：

```
SQL> SELECT DBTIMEZONE FROM dual;
```

按 Enter 键，语句执行结果如图 13-38 所示。

SESSIONTIMEZONE 函数返回当前会话所在的时区。

【例 13-39】使用 SESSIONTIMEZONE 函数获取当前会话所在的时区，输入语句如下：

```
SQL> SELECT SESSIONTIMEZONE FROM dual;
```

按 Enter 键，语句执行结果如图 13-39 所示。

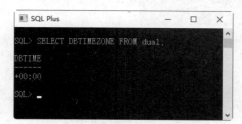

图 13-38　获取数据库所在的时区

图 13-39　获取当前会话所在的时区

13.4.3　获取指定月份最后一天函数

LAST_DAY(date)函数返回参数指定日期对应月份的最后一天。

【例 13-40】使用 LAST_DAY 函数返回指定月份最后一天，输入语句如下：

```
SQL>SELECT LAST_DAY(SYSDATE) FROM dual;
```

按 Enter 键，语句执行结果如图 13-40 所示，从运算结果中可以看出，这里返回的是系统当前日期。

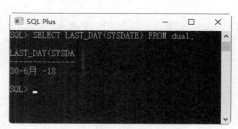

图 13-40　返回指定月份最后一天

13.4.4　获取指定日期后一周的日期函数

NEXT_DAY(date, char)函数获取当前日期向后的一周对应日期，char 表示是星期几，全称和缩写都允许，但必须是有效值。

【例 13-41】使用 NEXT_DAY 函数返回指定日期后一周的日期函数，输入语句如下：

```
SQL> SELECT NEXT_DAY (SYSDATE, '星期日') FROM dual;
```

按 Enter 键，语句执行结果如图 13-41 所示，从运算结果中可以看出，NEXT_DAY(SYSDATE,'星期日')返回当前日期后第一个周日的日期，这里是 2018 年 6 月 17 日。

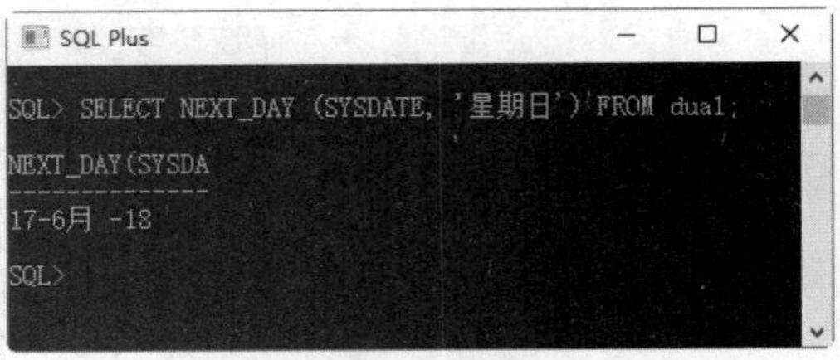

图 13-41　返回指定日期后一周的日期

13.4.5　获取指定日期特定部分的函数

EXTRACT(datetime)函数可以从指定的时间中提取特定部分，如提取年份、月份或者时等。

【例 13-42】使用 EXTRACT 函数获取年份等特定部分，输入语句如下：

```
SQL> SELECT EXTRACT (YEAR FROM SYSDATE), EXTRACT (MINUTE  FROM TIMESTAMP '2018-10-8  12:23:40')
FROM dual;
```

按 Enter 键，语句执行结果如图 13-42 所示，从运算结果中可以看出，分别返回了年份和分钟。

图 13-42　获取年份特定部分

13.4.6　获取两个日期之间的月份数

MONTHS_BETWEEN(date1, date2)函数返回 date1 和 date2 之间的月份数。

【例 13-43】使用 MONTHS_BETWEEN 函数获取两个日期之间的月份数，输入语句如下：

```
SQL>SELECT
MONTHS_BETWEEN(TO_DATE('2018-10-8','YYYY-MM-DD'),TO_DATE('2018-8-8','YYYY-MM-DD')) one,
MONTHS_BETWEEN(TO_DATE('2018-05-8','YYYY-MM-
DD'),TO_DATE('2018-07-8','YYYY-MM-DD') ) TEO FROM
dual;
ONE       TEO
--------  --------
2         -2
```

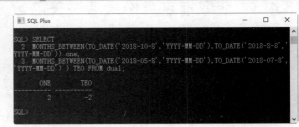

按 Enter 键，语句执行结果如图 13-43 所示，从运算结果中可以看出，当 date1>date2 时，返回数值为一个整数；当 date1<date2 时，返回数值为一个负数。

图 13-43　获取两个日期之间的月份数

13.5　转换函数

转换函数的主要作用是完成不同数据类型之间的转换，例如，将二进制数转换为十进制数、数值转换为字符串、字符转换为日期等。

13.5.1　字符串转 ASCII 类型字符串

使用 ASCIISTR(char)函数可以将任意字符串转换为数据库字符集对应的 ASCII 字符串，char 为字符类型。

【例 13-44】使用 ASCIISTR 函数把字符串转为 ASCII 类型，输入语句如下：

```
SQL> SELECT ASCIISTR('我的 Oracle 数据库') FROM dual;
```

按 Enter 键，语句执行结果如图 13-44 所示。

图 13-44　把字符串转为 ASCII 类型

13.5.2　二进制数转十进制数

使用 BIN_TO_NUM()函数可以将二进制数转换成对应的十进制数。

【例 13-45】使用 BIN_TO_NUM 函数把二进制转为十进制类型，输入语句如下：

```
SQL> SELECT BIN_TO_NUM (1,1,0,1)  FROM dual;
```

按 Enter 键，语句执行结果如图 13-45 所示，从运算结果中可以看出，二进制数 1101 对应的十进制数为 13。

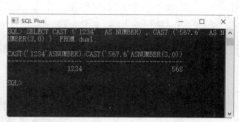

图 13-45　把二进制转为十进制类型

13.5.3　数据类型之间的转换

在 Oracle 中，使用 CAST(expr as type_name)函数可以进行数据类型的转换。

【例 13-46】使用 CAST 函数把数字与字符串之间进行转换操作，输入语句如下：

```
SQL> SELECT CAST ('1234' AS NUMBER), CAST ('5613.6' AS
NUMBER(3,0) )  FROM dual;
```

按 Enter 键，语句执行结果如图 13-46 所示，从运算结果中可以看出，在转换为整数的过程中，会进行四舍五入运算。

图 13-46　把数字与字符串之间进行转换

13.5.4　数值转换为字符串

使用 TO_CHAR 函数可以将一个数值型参数转换成字符型数据，具体语法格式如下：

```
TO_CHAR(n, [fmt[nlsparam]])
```

参数介绍如下：

- n：代表数值型数据。
- ftm：代表要转换成字符的格式。
- nlsparam：参数代表指定 fmt 的特征，包括小数点字符、组分隔符和本地钱币符号。

【例 13-47】使用 TO_CHAR 函数把数值类型转换为字符串，输入语句如下：

```
SQL> SELECT TO_CHAR (1.23456, '99.999'), TO_CHAR (1.23456) FROM dual;
```

按 Enter 键，语句执行结果如图 13-47 所示，从运算结果中可以看出，如果不指定转换的格式，则数值直接转换为字符串，不做任何格式处理。

另外，TO_CHAR 函数还可以将日期类型转换为字符串类型。

【例 13-48】使用 TO_CHAR 函数把日期类型转化为字符串类型，输入语句如下：

```
SQL> SELECT TO_CHAR (SYSDATE, 'YYYY-MM-DD'), TO_CHAR (SYSDATE, 'HH24-MI-SS') FROM dual;
```

按 Enter 键，语句执行结果如图 13-48 所示。

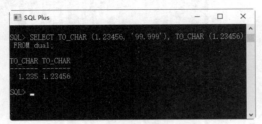

图 13-47　把数值类型转换为字符串

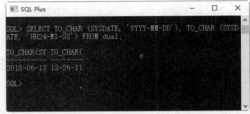

图 13-48　把日期类型转换为字符串类型

13.5.5　字符类型转日期类型

使用 TO_DATE 函数可以将一个字符型数据转换成日期型数据。具体语法格式如下：

```
TO_DATE(char[,fmt[,nlsparam]])
```

参数介绍如下：

- char：代表需要转换的字符串。
- ftm：代表要转换成字符的格式。
- nlsparam：参数控制格式化时使用的语言类型。

【例 13-49】使用 TO_DATE 函数把字符串类型转换为日期类型，输入语句如下：

```
SQL> SELECT TO_CHAR(TO_DATE ('2018-10-16', 'YYYY-MM-DD'),'MONTH') FROM dual;
```

按 Enter 键，语句执行结果如图 13-49 所示。

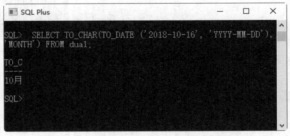

图 13-49　把字符串类型转换为日期类型

13.5.6　字符串转数字函数

TO_NUMBER 函数将一个字符型数据转换成数字数据，具体语法格式如下：

```
TO_NUMBER (expr[,fmt[,nlsparam]])
```

参数介绍如下：

- expr：代表需要转换的字符串。
- ftm：代表要转换成数字的格式。

- nlsparam：参数指定 fmt 的特征，包括小数点字符、组分隔符和本地钱币符号。

【例 13-50】使用 TO_NUMBER 函数把字符串类型转换为数字类型，输入语句如下：

```
SQL> SELECT TO_NUMBER ('2018.123', '9999.999') FROM dual;
```

按 Enter 键，语句执行结果如图 13-50 所示。

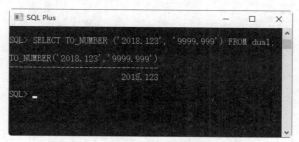

图 13-50　把字符串类型转换为数字类型

13.6　系统信息函数

在 Oracle 中，常用的系统信息函数有返回当前会话的登录名函数和返回会话及上下文信息函数。

13.6.1　返回当前会话的登录名称

使用 USER 函数返回当前会话的登录名名称。

【例 13-51】使用 USER 函数返回当前会话的登录名称。输入语句如下：

```
SQL> SELECT USER  FROM dual;
```

按 Enter 键，语句执行结果如图 13-51 所示，从运算结果中可以看出，当前会话的登录名称为 "sys"。

图 13-51　返回当前会话的登录名称

13.6.2　返回会话以及上下文信息

USERENV 函数返回当前会话的信息，使用的语法格式如下：

```
USERENV(parameter)
```

parameter 参数有 3 个值，当参数为 Language 时，返回会话对应的语言、字符集等；当参数为 SESSION 时，可返回当前会话的 ID；当参数为 ISDBA 时，可以返回当前用户是否为 DBA。

【例 13-52】使用 USERENV 函数返回当前会话的对应语言和字符集等信息，输入语句如下：

```
SQL> SELECT USERENV('Language') FROM dual;
```

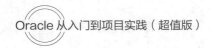

按 Enter 键，语句执行结果如图 13-52 所示。

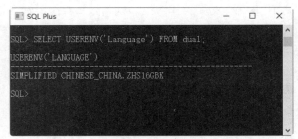

图 13-52　返回当前会话的对应语言和字符集

13.7　Oracle 函数的综合应用

Oracle 数据库为用户提供了多种函数，包括数学函数、字符串函数、日期和时间函数等。不同版本的 Oracle 之间的函数可能会有微小的差别，使用时需要查阅对应版本的参考手册，但大部分函数功能在不同版本的 Oracle 之间是一致的。

下面给出一个综合示例，使用字符串和日期函数，对人员信息表中的字段值进行操作。

首先创建一个人员信息表 member，SQL 语句如下：

```
CREATE TABLE member
(
    m_id        NUMBER(4) GENERATED BY DEFAULT AS IDENTITY,
    m_FN        VARCHAR2(10),
    m_LN        VARCHAR2(10),
    m_birth     DATE,
    m_info      VARCHAR2(25) NULL
);
```

按 Enter 键，语句执行结果如图 13-53 所示。

接着插入一条数据记录，SQL 语句如下：

```
INSERT INTO member VALUES (1001, 'Tom', 'Jack', '13-6月-1975', 'GoodMan ');
```

按 Enter 键，语句执行结果如图 13-54 所示。

图 13-53　创建表 member　　　　　　　　　　　图 13-54　插入一条数据记录

查询插入的数据记录，SQL 语句如下：

```
SELECT * FROM member;
```

按 Enter 键，语句执行结果如图 13-55 所示。

图 13-55　查询数据记录

返回 m_FN 的长度，返回第 1 条记录中人的全名，将 m_info 字段值转换成小写字母，将 m_info 的全部改为大写输出。输入 SQL 语句如下：

```
SELECT LENGTH(m_FN), CONCAT(m_FN, m_LN), LOWER (m_info), UPPER (m_info) FROM member;
```

按 Enter 键，语句执行结果如图 13-56 所示。

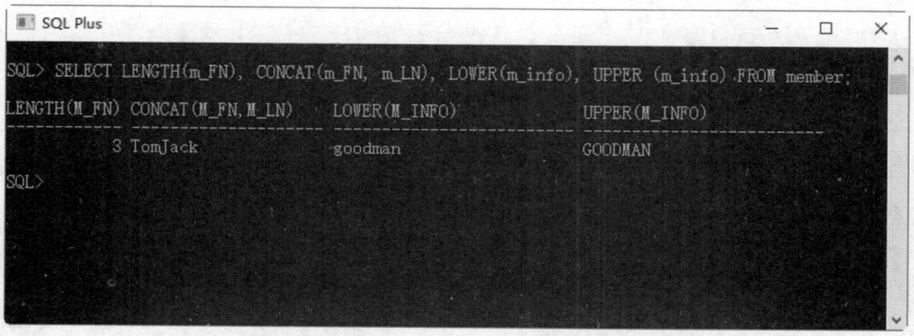

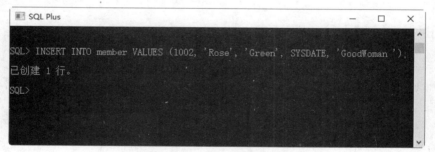

图 13-56　显示符合条件的查询结果

插入一条新的记录，m_FN 值为"Rose"，m_LN 值为"Green"，m_birth 值为系统当前时间，m_info 值为"GoodWoman"。

```
INSERT INTO member VALUES (1002, 'Rose', 'Green', SYSDATE, 'GoodWoman ');
```

按 Enter 键，语句执行结果如图 13-57 所示。

![SQL Plus 窗口，执行 INSERT INTO member VALUES (1002, 'Rose', 'Green', SYSDATE, 'GoodWoman '); 已创建 1 行。](图 13-57)

图 13-57　插入一条新记录

使用 SELECT 语句查看插入结果：

```
SQL> SELECT * FROM member;
```

按 Enter 键，语句执行结果如图 13-58 所示，从运算结果中可以看出，其中现在有两条记录。

图 13-58　查询插入数据记录

计算记录中人的年龄，按照'**YYYY-MM-DD**'格式输出时间值。

```
SELECT  EXTRACT(YEAR  FROM  SYSDATE)-EXTRACT(year   FROM  m_birth) AS  age,  TO_CHAR(m_birth,
'YYYY-MM-DD') AS birth FROM member;
```

按 Enter 键，语句执行结果如图 13-59 所示。

使用 **COUNT(*)**函数查看数据表中的记录数，输入语句如下：

```
SQL> SELECT COUNT(*) FROM member;
```

按 Enter 键，语句执行结果如图 13-60 所示，从运算结果中可以看出，最后插入的为第二条记录，因此，返回值为 2。

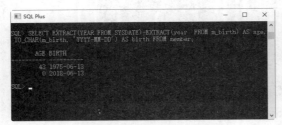

图 13-59　计算记录中人的年龄

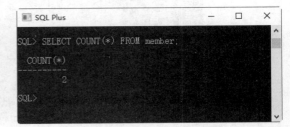

图 13-60　使用 COUNT(*)函数查看数据表中的记录数

13.8　就业面试技巧与解析

13.8.1　面试技巧与解析（一）

面试官：如何从日期时间值中获取年、月、日等部分日期或时间值？

应聘者：Oracle 中，日期时间值以字符串形式存储在数据表中，因此，可以使用字符串函数分别截取日期时间值的不同部分，例如，某个名称为 dt 的字段有值 "2010-10-01 12:00:30"，如果只需要获得年值，可以输入 YEAR FROM TIMESTAMP '1985-10-8　12:23:40'；如果只需要获得月份值，可以输入 MONTH FROM TIMESTAMP '1985-10-8　12:23:40'。

13.8.2　面试技巧与解析（二）

面试官：如何选择列表中第一个不为空的表达式？

应聘者：COALESCE(expr)函数返回列表中第一个不为 null 的表达式。如果全部为 null，则返回一个 null。

第 14 章
Oracle 的表空间管理

 学习指引

为了更好地管理数据文件，Oracle 提出了表空间的概念，表空间是 Oracle 数据库的逻辑结构。本章介绍 Oracle 的表空间管理，主要内容包括什么是表空间、查看表空间、管理表空间、管理数据文件等。

重点导读

- 了解什么是表空间。
- 掌握查看表空间的方法。
- 掌握管理表空间的方法。
- 掌握管理临时表空间的方法。
- 掌握管理数据文件的方法。

14.1　了解表空间

表空间是数据库的逻辑划分，Oracle 数据库被划分成多个表空间的逻辑区域，这样就形成了 Oracle 数据库的逻辑结构，本节就来介绍 Oracle 数据库的表空间。

14.1.1　什么是表空间

表空间是 Oracle 数据库的必备知识，Oracle 数据库中的数据逻辑地存储在表空间之中，而实际上是存储在物理的操作系统文件中，该文件是 Oracle 格式。一个表空间由一个或多个数据文件组成，数据文件不能跨表空间存储，即一个数据文件只能属于一个表空间。

一个表空间只能属于一个数据库，所有的数据库对象都存放在指定的表空间中。一个 Oracle 数据库能够有一个或多个表空间，而一个表空间则对应着一个或多个物理的数据库文件。表空间是 Oracle 数据库恢复的最小单位，容纳着许多数据库实体，如表、视图、索引、聚簇、回退段和临时段等。

Oracle 数据库中至少存在一个表空间，即 SYSTEM 的表空间。每个 Oracle 数据库均有 SYSTEM 表空间，这是数据库创建时自动创建的。SYSTEM 表空间必须时刻保持联机，因为其包含着数据库运行所要求的基本信息，包括关于整个数据库的数据字典、联机求助机制、所有回退段、临时段和自举段、所有的用户数据库实体、其他 Oracle 软件产品要求的表。

一个小型应用的 Oracle 数据库通常仅包括 SYSTEM 表空间，然而，一个稍大型应用的 Oracle 数据库采用多个表空间会对数据库的使用带来更大的方便。

Oracle 表空间能帮助 DBA 用户完成以下工作：

（1）决定数据库实体的空间分配。

（2）设置数据库用户的空间份额。

（3）控制数据库部分数据的可用性。

（4）分布数据于不同的设备之间以改善性能。

（5）备份和恢复数据。

14.1.2　表空间的分类

根据系统进行划分，Oracle 数据库把表空间分为两类，分别是系统表空间和非系统表空间。

1. 系统表空间

顾名思义，系统表空间是数据库系统创建时需要的表空间，这些表空间在数据库创建时自动创建，是每个数据库所必须存在的表空间，它们满足数据库系统运行的最低要求，如系统表空间中存放数据字典或者存放还原段。在用户没有创建非系统表空间时，系统表空间可以存放用户数据或索引，但是这样做会增加系统表空间的 I/O，从而影响系统的运行效率。

2. 非系统表空间

非系统表空间是用户根据业务需求自行创建的表空间，非系统表空间可以按照数据的多少、使用频度、需求数量等灵活设置，这些表空间可以存储还原段或临时段，即创建还原表空间和临时表空间，这样一个表空间的功能就相对独立，在特定的数据库应用环境下可以很好地提供系统运行效率，通过创建用户自定义表空间，如还原表空间、临时表空间、数据表空间或者索引表空间，可以使数据库的管理更加灵活方便。

14.2　管理表空间的方案

Oracle 数据库提供了两种管理表空间区段的方案，一种是数据字典管理，另一种是本地管理。这两种管理方式体现在对表空间区段的管理方式不同，造成系统的效率也有所不同。Oracle 推荐使用本地管理表空间的方式。

14.2.1　通过数据字典管理表空间

数据字典管理表空间（Dictionary-Managed Tablespace，DMT）是 Oracle 8i 前后都可以使用的一种表空间管理模式，即通过数据字典管理表空间的空间使用。

　　具体的管理过程是将每个数据字典管理的表空间的使用情况记录在数据字典的表中，当分配或撤销表空间区段的分配时，则隐含地使用 SQL 语句对表操作以记录当前表空间区段的使用情况，并且在还原段中记录了变换前的区段使用情况，就像操作普通表时 Oracle 的行为一样。

　　不过，通过数据字典管理表空间的方式增加了数据字典的频繁操作，对于一个有几百个甚至上千个表空间的大型数据库系统，系统效率会很低。下面介绍两个数据字典，即 FET\$ 和 UET\$。它们用来记录数据字典管理的表空间区段分配情况。

【例 14-1】 查看数据字典 FET\$ 的结果，SQL 语句如下：

```
DESC FET$;
```

按 Enter 键，语句执行结果如图 14-1 所示。

数据字典 FET\$ 记录表空间中的已用空间，其中属性的含义如下：

- TS#：表空间编号。
- FILE#：文件编号。
- BLOCK#：数据块编号。
- LENGTH：数据块的数量。

【例 14-2】 查看数据字典 UET\$ 的结果，SQL 语句如下：

```
DESC UET$;
```

按 Enter 键，语句执行结果如图 14-2 所示。

图 14-1　查看数据字典 FET\$ 的结果

图 14-2　查看数据字典 UET\$ 的结果

　　数据字典 UET\$ 记录表空间中已经分配的空间，分配空间后，就相当于从数据字典 FET\$ 中挖数据，释放空间以后，相当于从数据字典 UET\$ 中挖数据，在 extent 不断分配和释放中，UET\$ 和 FET\$ 不断变化。

　　从数据字典的结构可以看出，使用数据字典管理的表空间，所有的区段分配与回收都要频繁地访问数据字典，这样容易造成访问的竞争。为了解决这个问题，Oracle 提出了本地管理表空间的方式，即使用位图记录表空间自身的区段分配情况。

14.2.2　通过本地管理表空间

　　本地管理表空间（Locally Managed Tablespace，LMT）是 Oracle 8i 以后出现的一种新的表空间的管理模式，即通过本地位图来管理表空间的空间使用，使用本地管理表空间可以很好地解决数据字典管理表空间效率不高的问题。

　　所谓本地化管理，就是指 Oracle 不再利用数据字典表来记录 Oracle 表空间中的区的使用状况，而是在每个表空间的数据文件的头部加入了一个位图区，在其中记录每个区的使用状况。每当一个区被使用，或者被释放以供重新使用时，Oracle 都会更新数据文件头部的这个记录，反映这个变化。

　　本地化管理的表空间的创建过程语法格式如下：

```
CREATE TABLESPACE 表空间名字
```

```
DATAFILE '数据文件详细信息'
[EXTENT MANAGEMENT { LOCAL
{AUTOALLOCATE | UNIFORM [SIZE INTETER [K|M] ] } } ]
```

关键字 EXTENT MANAGEMENT LOCAL 指定这是一个本地化管理的表空间。对于系统表空间，只能在创建数据库的时候指定 EXTENT MANGEMENT LOCAL，因为它是数据库创建时建立的第一个表空间。

当然，用户还可以继续选择更细的管理方式：AUTOALLOCATE、UNIFORM。若为 AUTOALLOCATE，则表明让 Oracle 来决定区块的使用办法；若选择了 UNIFORM，则可以详细指定每个区块的大小，若不加指定，则为每个区使用 1MB 大小。

Oracle 之所以推出了这种新的表空间管理方法，因为这种表空间组织方法具有如下优点：

（1）本地化管理的表空间避免了递归的空间管理操作，而这种情况在数据字典管理的表空间是经常出现的，当表空间中的区的使用状况发生改变时，数据字典的表的信息发生改变，从而同时也使用了在系统表空间中的回滚段。

（2）本地化管理的表空间避免了在数据字典相应表中写入空闲空间、已使用空间的信息，从而减少了数据字典表的竞争，提高了空间管理的并发性。

（3）区的本地化管理自动跟踪表空间中的空闲块，减少了手工合并自由空间的需要。

（4）表空间中的区的大小可以选择由 Oracle 系统来决定，或者由数据库管理员指定一个统一的大小，避免了字典表空间一直头疼的碎片问题。

（5）从由数据字典来管理空闲块改为由数据文件的头部记录来管理空闲块，这样避免了产生回滚信息，不再使用系统表空间中的回滚段。因为由数据字典来管理，它会把相关信息记在数据字典的表中，从而产生回滚信息。

由于这种表空间具有以上特性，所以，本地管理表空间支持在一个表空间中进行更多的并发操作，从而减少了对数据字典的依赖，进而提高系统的运行效率。

14.3 表空间的类型

根据表空间的内容进行划分，Oracle 数据库把表空间分为 3 种类型，分别是永久表空间、临时表空间和还原表空间，用户可以通过数据字典查询表空间对应的这 3 种类型。

【例 14-3】通过数据字典查询表空间的类型，SQL 语句如下：

```
select distinct(contents) from dba_tablespaces;
```

按 Enter 键，语句执行结果如图 14-3 所示，从运算结果中可以看出，表空间类型分 3 种，即永久表空间（PERMANENT）、还原表空间（UNDO）、临时表空间（TEMPORARY）。

图 14-3　通过数据字典查询表空间的类型

14.3.1　永久表空间

永久表空间用来存储用户数据和数据库自己的数据。一个 Oracle 数据库系统应该设置"默认永久表空间"，如果创建用户时没有指定默认表空间，那么就使用这个默认永久表空间作为默认表空间。

【例 14-4】查询当前数据库的默认永久表空间，SQL 语句如下：

```
SELECT PROPERTY_VALUE FROM DATABASE_PROPERTIES WHERE PROPERTY_NAME='DEFAULT_PERMANENT_TABLESPACE';
```

按 Enter 键，语句执行结果如图 14-4 所示，从运算结果中可以看出，当前数据库的默认永久表空间为 USERS。

图 14-4　查询当前数据库的默认永久表空间

在使用 DBCA 创建数据库时，默认已经创建了 USERS 表空间，并且把这个表空间作为数据库默认表空间。不过，在数据库创建之后，用户可以通过 SQL 指令修改默认永久表空间。

【例 14-5】修改当前数据库的默认永久表空间，SQL 语句如下：

图 14-5　修改当前数据库的默认永久表空间

```
ALTER DATABASE DEFAULT TABLESPACE USERS;
```

按 Enter 键，语句执行结果如图 14-5 所示，从运算结果中可以看出，当前数据库已更改。

提示：如果数据库中没有默认表空间，在创建用户的时候最好指定一个表空间，如果创建用户的时候也没有指定默认的表空间，那么该用户就使用 system 作为默认表空间，这并不是我们所希望的。

14.3.2　临时表空间

临时表空间在排序时使用其作为排序空间，这是数据库级别的默认临时表空间。如果在创建用户时没有指定默认表空间，用户就可以使用这个临时表空间作为自己的默认临时表空间，用户所有的排序都在这个临时表空间中进行。

【例 14-6】查询当前数据库的默认临时表空间，SQL 语句如下：

```
SELECT PROPERTY_VALUE FROM DATABASE_PROPERTIES WHERE PROPERTY_NAME='DEFAULT_TEMP_TABLESPACE';
```

按 Enter 键，语句执行结果如图 14-6 所示，从运算结果中可以看出，当前数据库的默认临时表空间为 TEMP。

图 14-6　查询当前数据库的默认临时表空间

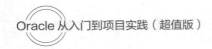

14.3.3 还原表空间

数据库的还原表空间只能存放数据的还原段，不能存放其他任何对象。一般情况下，还原表空间需要在创建数据库后来创建，这也是在实际应用中经常用到的一种创建还原表空间的方式，至于如何创建和维护还原表空间，会在下面的章节中介绍。

14.4 创建表空间

在一个数据库中，存在大量的表空间，根据业务需要将用户表或其他对象保存在表空间中，从而根据硬件环境来减少数据库的 I/O，也方便数据空间的维护。本节就来介绍如何创建表空间。

14.4.1 创建表空间的语法规则

使用 CREATE TABLESPACE 语句可以创建表空间，语法规则如下：

```
CREATE TABLESPACE tablespace_name
DATAFILE filename SINE size
[AUTOEXTENO[ON/OFF]]NEXT size
[MAXSIZE size]
[PERMANENT|TEMPORARY]
[EXTENT MANAGEMENT
[DICTIONARY|LOCAL
[AUTOALLOCATE|UNIFORM.[SIZE integer[K|M]]]]]
```

参数介绍如下：

- tablespace_name：为创建表空间的名称。
- DATAFILE filename SINE size：指定在表空间中存放数据文件的文件名和数据库文件的大小。
- [AUTOEXTENO[ON/OFF]]NEXT size：指定数据文件的扩展方式，ON 代表自动扩展，OFF 为非自动扩展，NEXT 后指定自动扩展的大小。
- [MAXSIZE size]：指定数据文件为自动扩展方式时的最大值。
- [PERMANENT|TEMPORARY]：指定表空间的类型，PERMANENT 表示永久表空间，TEMPORARY 表示临时性表空间。如果不指定表空间的类型，默认为永久性表空间。
- EXTENT MANAGEMENT DICTIONARY|LOCAL：指定表空间的管理方式，DICTIONARY 是指字典管理方式，LOCAL 是指本地的管理方式。默认情况下的管理方式为本地管理方式。

【例 14-7】创建一个表空间，名称为 MYSPACE，大小为 30MB，SQL 语句如下：

```
CREATE TABLESPACE MYSPACE DATAFILE 'MYSPACE.DBF' SIZE 30M;
```

按 Enter 键，语句执行结果如图 14-7 所示，从运算结果中可以看出，表空间已经创建，其中 MYSPACE.DBF 为表空间的数据文件。

图 14-7　创建表空间 MYSPACE

【例 14-8】创建一个表空间，名称为 MYSPACES，大小为 20MB，可以自动扩展，最大值为 2048MB，SQL 语句如下：

```
CREATE TABLESPACE MYSPACES
DATAFILE 'MYSPACES.DBF' SIZE 20M
AUTOEXTEND  ON NEXT 256M
MAXSIZE 2048M;
```

按 Enter 键，语句执行结果如图 14-8 所示。

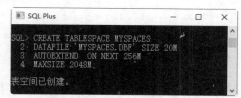

图 14-8　创建表空间 MYSPACES

14.4.2　创建本地管理的表空间

本地管理的表空间不能随意更改存储参数，因此，创建过程比较简单。下面创建一个本地管理的表空间，具体参数如下：表空间的名字为 MY_SPACE，该表空间只有一个大小为 200MB 的数据文件，区段（EXTENT）管理方式为本地管理（LOCAL），区段尺寸统一为 2MB。

【例 14-9】创建本地管理的表空间，名称为 MY_SPACE，SQL 语句如下：

```
CREATE TABLESPACE MY_SPACE
    datafile 'd:\userdata\MY_SPACE01.dbf' size 200M,
    extent management local
    uniform size 2M;
```

按 Enter 键，语句执行结果如图 14-9 所示，提示用户表空间已经创建。

下面通过一个小示例来验证一下表空间 MY_SPACE 的区段管理方式。

【例 14-10】查看表空间 MY_SPACE 的区段管理方式，SQL 语句如下：

```
Select tablespace_name,block_size,extent_management,status
    from dba_tablespaces
    where tablespace_name like 'MY_SPACE%';
```

按 Enter 键，语句执行结果如图 14-10 所示。从运算结果中可以看出，表空间 MY_SPACE 为本地管理，因为其 EXTENT_MAN 为 LOCAL，且默认该表空间一旦创建就是联机状态，因为 STATUS 为 ONLINE。

图 14-9　创建本地管理的表空间 MY_SPACE

图 14-10　查看表空间 MY_SPACE 的区段管理方式

【例 14-11】查看表空间 MY_SPACE 的数据文件信息，SQL 语句如下：

```
Select tablespace_name,file_name,status
    from dba_data_files
    where tablespace_name='MY_SPACE';
```

按 Enter 键，语句执行结果如图 14-11 所示，从运算结果中可以看出，表空间 MY_SPACE 中只有一个数据文件。该文件存储在 D:\USERDATA 目录下，文件名为 MY_SPACE01.DBF。

在创建本地管理的表空间时，并没有使用默认存储参数，只是使用了一个 UNIFORM SIZE 参数，设置统一的区段尺寸。下面来查看一下本地管理的表空间存储参数信息。

【例 14-12】查看本地管理的表空间的存储参数信息，SQL 语句如下：

```
Select tablespace_name, block_size,initial_extent,next_extent,max_extents,pct_increase
  from dba_tablespaces
    where tablespace_name='MY_SPACE';
```

按 Enter 键，语句执行结果如图 14-12 所示，从运算结果中可以看出，表空间 MY_SPACE 的初始区段大小为 2MB，再次分配区段时，区段大小也为 2MB。

图 14-11　查看表空间 MY_SPACE 的数据文件信息

图 14-12　查看本地管理的表空间的存储参数信息

14.4.3　创建还原表空间

还原表空间用于存放还原段，不能存放其他任何对象，在创建还原表空间时，只能使用 DATAFILE 子句和 EXTENT MANAGEMENT 子句。

【例 14-13】创建还原表空间 UNDO_SPACE，SQL 语句如下：

```
CREATE UNDO TABLESPACE UNDO_SPACE
    datafile 'd:\userdata\UNDO_SPACE.dbf'
    size 30M;
```

按 Enter 键，语句执行结果如图 14-13 所示。

【例 14-14】查看是否成功创建还原表空间 UNDO_SPACE，SQL 语句如下：

```
Select tablespace_name,status,contents,logging,extent_management
    from dba_tablespaces;
```

按 Enter 键，语句执行结果如图 14-14 所示，从运算结果中可以看出，最后一行为用户创建的还原表空间。该表空间的状态为联机状态，CONTENTS 为 UNDO 说明它是还原表空间，LOGGING 说明该表空间的变化受重做日志的保护，区段的管理方式为本地管理。

图 14-13　创建还原表空间 UNDO_SPACE

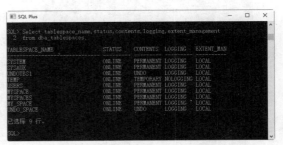

图 14-14　查看是否成功创建还原表空间

【例 14-15】 查看还原表空间 UNDO_SPACE 的存储参数，SQL 语句如下：

```
Select tablespace_name, block_size,initial_extent,next_extent,max_extents
    from dba_tablespaces
    where contents='UNDO';
```

按 Enter 键，语句执行结果如图 14-15 所示，从运算结果中可以看出，当前数据库中有两个还原表空间，其中，UNDOTBS 是系统创建的，UNDO_SPACE 是用户刚刚创建的，它的默认数据库块尺寸为 8192B，初始区段大小为 65536B。

【例 14-16】 查看还原表空间 UNDO_SPACE 的数据文件，SQL 语句如下：

```
Select tablespace_name,file_id,file_name,status
    from dba_data_files
    where tablespace_name='UNDO_SPACE';
```

按 Enter 键，语句执行结果如图 14-16 所示，从运算结果中可以看出，还原表空间 UNDO_SPACE 中的数据文件为 D:\USERDATA\UNDO_SPACE.DBF，该文件当前可以使用，因为 STATUS 为 AVAILABLE。

图 14-15　查看还原表空间的存储参数

图 14-16　查看还原表空间的数据文件

注意：在用户创建了还原表空间后，如果需要可以把当前数据库正在使用的还原表空间切换到新建立的还原表空间上。

14.4.4　创建临时表空间

临时表空间是被当前数据库的多个用户共享使用的，临时表空间中的区段在需要时按照创建临时表空间时的参数或管理方式进行扩展，当执行完对数据库的操作后，该空间的内容自动清空。创建临时表空间的语法格式如下：

```
CREATE TEMPORARY TABLESPACE tablespace_name
TEMPFILE filename SINE size
```

【例 14-17】 创建一个临时表空间，名称为 MY_Temp，大小为 30MB，区段管理方式为本地管理，区段的统一扩展尺寸为 1MB，SQL 语句如下：

```
CREATE TEMPORARY TABLESPACE MY_Temp
    tempfile 'd:\userdata\MY_Temp01.dbf' SIZE 30M
    extent management local
    uniform size 1M;
```

按 Enter 键，语句执行结果如图 14-17 所示，提示用户表空间已创建。

提示：在创建临时表空间时，需要使用 CREATE TEMPORARY 告诉数据库服务器该表空间是临时表空间，并且表空间中的数据文件必须使用 TEMPFILE 标识它是临时表空间的数据文件。

【例 14-18】 查看是否成功创建临时表空间 MY_Temp，SQL 语句如下：

```
Select tablespace_name,status,contents,logging
```

```
    from dba_tablespaces
    where tablespace_name like 'MY_TEMP%';
```

按 Enter 键，语句执行结果如图 14-18 所示，从运算结果中可以看出，**MY_TEMP** 为临时表空间，因为 CONTENTS 为 TEMPORARY，该表空间处于联机状态。

图 14-17　创建临时表空间 MY_Temp

图 14-18　查看是否创建成功

注意：该表空间为 NOLOGGING，这说明是不需要将临时表空间的变化记录到重做日志文件中的。

【例 14-19】通过数据字典视图来查看数据文件信息，SQL 语句如下：

```
Col name for a30
Select file#, status,enabled,bytes,block_size,name
    from v$tempfile;
```

按 Enter 键，语句执行结果如图 14-19 所示，从运算结果中可以看出，临时表空间 **MY_Temp** 中的数据文件为 D:\USERDATA\MY_TEMP01.DBF，该文件为可读可写文件，当前处于联机状态，大小为 30MB。

图 14-19　通过数据字典视图来查看数据文件信息

14.4.5　创建临时表空间组

临时表空间组是 Oracle 为了解决临时表空间的压力、增加系统性能而设计的。临时表空间组由多个临时表空间组成，每一个临时表空间组至少要包含一个临时表空间，而且临时表空间组的名称不能和其他表空间重名。

默认临时表空间组的出现，主要是为了分散用户对默认临时表空间的集中使用，通过将临时表空间的使用分散到多个临时表空间上，这样就提高了数据库的性能。

创建临时表空间组的语法格式如下：

```
CREATE TEMPORARY TABLESPACE tablespace_name
TEMPFILE filename SIZE size TABLESPACE GROUP group_name;
```

【例 14-20】创建一个临时表空间组，名称为 testgroup，大小为 20MB，SQL 语句如下：

```
CREATE TEMPORARY TABLESPACE MYTTN
TEMPFILE 'test.dbf' SIZE 20M TABLESPACE GROUP testgroup;
```

按 Enter 键，语句执行结果如图 14-20 所示。

对于已经存在的临时表空间，可以将其移动到指定的临时表空间组中。

【例 14-21】将临时表空间 MY_Temp 放置到临时表空间组 testgroup 中，SQL 语句如下：

```
ALTER TABLESPACE MY_TEMP TABLESPACE GROUP testgroup;
```

按 Enter 键，语句执行结果如图 14-21 所示。

图 14-20　创建临时表空间组 testgroup

图 14-21　将临时表空间放置到临时表空间组

【例 14-22】创建一个临时表空间，名称为 MY_Temp_01，大小为 30MB，SQL 语句如下：

```
CREATE TEMPORARY TABLESPACE MY_Temp_01
    tempfile 'd:\userdata\MY_Temp02.dbf' SIZE 30M;
```

按 Enter 键，语句执行结果如图 14-22 所示。

【例 14-23】将临时表空间 MY_Temp_01 放置到临时表空间组 testgroup 中，SQL 语句如下：

```
ALTER TABLESPACE MY_TEMP_01 TABLESPACE GROUP testgroup;
```

按 Enter 键，语句执行结果如图 14-23 所示，这样临时表空间组中就有两个临时表空间了。

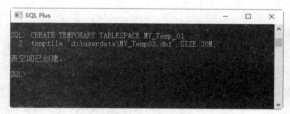

图 14-22　创建临时表空间 MY_Temp_01

图 14-23　将临时表空间 MY_Temp_01 放置
到临时表空间组中

【例 14-24】将默认表空间设置为临时表空间组，SQL 语句如下：

```
alter database default temporary tablespace testgroup;
```

按 Enter 键，语句执行结果如图 14-24 所示，提示用户数据库已更改，这样就把临时表空间组设置为当前数据库的默认临时表空间了，因此，就有两个临时表空间可以供数据库使用。

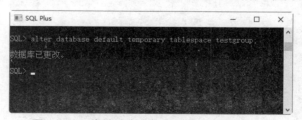

图 14-24　将默认表空间设置为临时表空间组

【例 14-25】查看一下当前数据库中临时表空间及相关的数据文件，SQL 语句如下：

```
Select file#,ts#,status,name from v$tempfile;
```

按 Enter 键，语句执行结果如图 14-25 所示，从运算结果中可以看出，，当前的临时表空间有两个。

【例 14-26】查看当前的默认临时表空间信息，确认是否修改成功，SQL 语句如下：

```
Select property_value from database_properties where
Property_name='DEFAULT_TEMP_TABLESPACE';
```

按 Enter 键，语句执行结果如图 14-26 所示，从运算结果中可以看出，，此时的数据库默认临时表空间已经是 TESTGROUP 了。

图 14-25 查看当前数据库中临时表空间及相关的数据文件

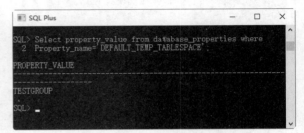

图 14-26 查看当前的默认临时表空间信息

14.4.6 默认临时表空间

默认临时表空间是指一旦该数据库启动，则默认使用该表空间作为默认的临时表空间，用于存放用户会话数据，如排序操作。默认临时表空间可以在创建数据库时创建，此时使用指定 DEFAULT TEMPORARY TABLESPACE，也可以在数据库创建成功后创建，此时需要事先建立一个临时表空间，再使用 ALTER DATABASE DEFAULT TEMPORARY TABLESPACE 指令更改临时表空间。

【例 14-27】查看当前数据库的默认临时表空间，SQL 语句如下：

```
select *from database_properties where property_name like 'DEFAULT%';
```

按 Enter 键，语句执行结果如图 14-27 所示，从运算结果中可以看出，，当前数据库默认临时表空间是 TESTGROUP，默认永久表空间为 USERS，用户创建的表或索引如果没有指定表空间，则默认存储在 USERS 表空间中，而且默认的表空间类型为 SMALLFILE（小文件类型）。

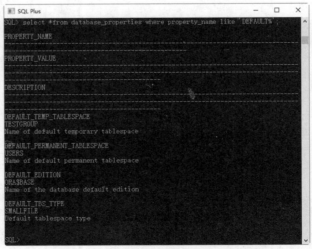

图 14-27 查看当前数据库的默认临时表空间

在数据库中，可能会出现当前的临时表空间不能满足应用需求的情况，这时 DBA 可以创建相应的临时表空间，而后切换为当前使用的临时表空间。

【例 14-28】切换临时表空间，SQL 语句如下：

```
Alter database default temporary tablespace my_temp;
```

按 Enter 键，语句执行结果如图 14-28 所示，提示用户数据库已被更改。

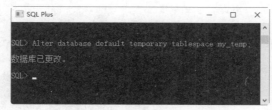

图 14-28 切换临时表空间

【例 14-29】验证是否成功更改默认临时表空间，SQL 语句如下：

```
select *from database_properties where property_name like 'DEFAULT%';
```

按 Enter 键，语句执行结果如图 14-29 所示，此时当前数据库的默认临时表空间为 my_temp。在用户需要时，默认临时表空间可以随时使用指令进行更改，一旦更改，则所有的用户将自动使用更改后的临时表空间作为默认临时表空间。

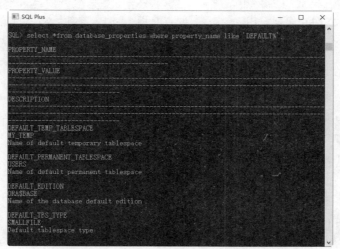

图 14-29 验证是否成功更改默认临时表空间

注意：在管理默认临时表空间时，用户需要注意以下事项：
- 不能删除一个当前使用的默认临时表空间。
- 不能把默认临时表空间的空间类型更改为 PERMANENT，即不能把默认临时表空间更改为一个永久 PERMANENT 表空间。
- 不能把默认临时表空间设置为脱机状态。

14.4.7 创建大文件表空间

创建大文件空间和普通表空间的语法格式非常类似，定义大文件表空间的语法格式如下：

```
CREATE BIGFILE TABLESPACE tablespace_name
```

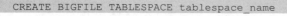

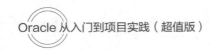

```
DATAFILE filename SIZE size
```

【例 14-30】建立大文件空间，名称为 MY_BIG，SQL 语句如下：

```
CREATE BIGFILE TABLESPACE MY_BIG DATAFILE 'mybg.dbf' SIZE 3G;
```

按 Enter 键，语句执行结果如图 14-30 所示，提示用户表空间已经创建。

【例 14-31】查询大文件空间的数据文件属性信息，SQL 语句如下：

```
Select tablespace_name,file_name,bytes/(1024*1024*1024) G
from dba_data_files;
```

按 Enter 键，语句执行结果如图 14-31 所示，从运算结果中可以看出，MY_BIG 的大小为 3GB。

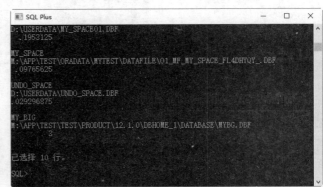

图 14-30　建立大文件空间 MY_BIG

图 14-31　查询大文件空间的数据文件属性信息

14.5　查看表空间

在对表空间进行管理之前，首先要做的就是查看当前数据库中的表空间，下面介绍查看表空间的方法。

14.5.1　查看默认表空间

在 Oracle 12c 中，默认的表空间有 5 个，分别为 SYSTEM、SYSAUX、UNDOTBS1、TEMP 和 USERS。

【例 14-32】查询当前登录用户默认的表空间的名称，SQL 语句如下：

```
SELECT TABLESPACE_NAME FROM DBA_TABLESPACES;
```

按 Enter 键，语句执行结果如图 14-32 所示。

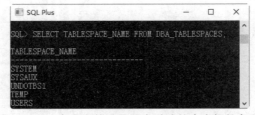

图 14-32　查询当前登录用户默认的表空间的名称

从结果可以看出，默认情况下有 5 个表空间。各个表空间的含义如下：

（1）SYSTEM 表空间：用来存储 SYS 用户的表、视图和存储过程等数据库对象。

（2）SYSAUX 表空间：用于安装 Oracle 12c 数据库使用的实例数据库。

（3）UNDOTBS1 表空间：用于存储撤销信息。

（4）TEMP 表空间：用户存储 SQL 语句处理的表和索引的信息。

（5）USERS 表空间：存储数据库用户创建的数据库对象。

如果要查看某个用户的默认表空间，可以通过 DBA_USERS 数据字典进行查询。

【例 14-33】查询 SYS、SYSDG、SYSBACKUP、SYSTEM 和 SYSKM 用户的默认表空间，SQL 语句如下：

```
SELECT DEFAULT_TABLESPACE,USERNAME FROM DBA_USERS WHERE USERNAME LIKE 'SYS%';
```

按 Enter 键，语句执行结果如图 14-33 所示，从运算结果中可以看出，SYSDG、SYSBACKUP 和 SYSKM 用户的默认表空间是 USERS，SYS 和 SYSTEM 用户的默认表空间是 SYSTEM。

图 14-33　查询用户的默认表空间

如果想要查看表空间的使用情况，可以使用数据字典 DBA_FREE_SPACE。

【例 14-34】查询 SYSTEM 默认表空间的使用情况，SQL 语句如下：

```
SELECT * FROM DBA_FREE_SPACE WHERE TABLESPACE_NAME='SYSTEM';
```

按 Enter 键，语句执行结果如图 14-34 所示。

图 14-34　查询 SYSTEM 默认表空间的使用情况

14.5.2　查看临时表空间

使用数据字典 DBA_TEMP_FILES 可以查看临时表空间。

【例 14-35】查询临时表空间的名称，SQL 语句如下：

```
SELECT TABLESPACE_NAME FROM DBA_TEMP_FILES;
```

按 Enter 键，语句执行结果如图 14-35 所示。

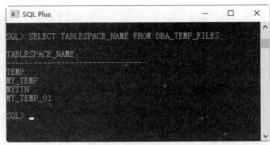

图 14-35　查询临时表空间的名称

14.5.3　查看临时表空间组

通过数据字典 DBA_TABLESPACE_GROUPS，可以查看临时表空间组信息。

【例 14-36】查看临时表空间组信息，SQL 语句如下：

```
SELECT * FROM DBA_TABLESPACE_GROUPS;
```

按 Enter 键，语句执行结果如图 14-36 所示。

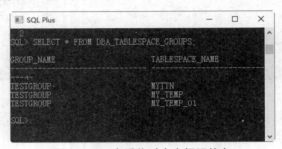

图 14-36　查看临时表空间组信息

14.6　表空间的状态管理

脱机和只读是表空间的两种状态，在脱机状态下，用户或应用程序无法访问这些表空间，此时可以完成一些如脱机备份等操作，处于只读状态的表空间，用户或应用程序可以访问这些表空间，但是无法更改表空间中的数据。

14.6.1　表空间的脱机管理

表空间的可用状态为两种：联机状态和脱机状态。如果是联机状态，此时用户可以操作表空间；如果是脱机状态，此时表空间是不可用的。

设置表空间的可用状态的语法格式如下：

```
ALTER TABLESPACE tablespace {ONLINE|OFFLINE[NORMAL|TEMPORARY|IMMEDIATE]}
```

其中，**ONLINE** 表示设置表空间为联机状态；**OFFLINE** 为脱机状态，包括 **NORMAL**（为正常状态）、**TEMPORARY**（为临时状态）、**IMMEDIATE**（为立即状态）。

【例 14-37】把表空间 **MY_SPACE** 设置为脱机状态，SQL 语句如下：

```
ALTER TABLESPACE MY_SPACE OFFLINE;
```

按 Enter 键，语句执行结果如图 14-37 所示。

【例 14-38】查看表空间 MY_SPACE 设置的状态，SQL 语句如下：

```
Select tablespace_name,status,contents,logging
   from dba_tablespaces
   where tablespace_name='MY_SPACE';
```

按 Enter 键，语句执行结果如图 14-38 所示，目前表空间 MY_SPACE 为脱机状态。

图 14-37 把表空间 MY_SPACE 设置为脱机状态

图 14-38 查看表空间 MY_SPACE 设置的状态

如果想恢复表空间 MY_SPACE 为联机状态，可用以下语句：

```
ALTER TABLESPACE MY_SPACE ONLINE;
```

按 Enter 键，语句执行结果如图 14-39 所示。

图 14-39 恢复表空间 MY_SPACE 为联机状态

【例 14-39】再次查看表空间 MY_SPACE 设置的状态，SQL 语句如下：

```
Select tablespace_name,status,contents,logging
   from dba_tablespaces
   where tablespace_name='MY_SPACE';
```

按 Enter 键，语句执行结果如图 14-40 所示，可以看到表空间的状态又变成了 ONLINE。

图 14-40 再次查看表空间 MY_SPACE 设置的状态

14.6.2 表空间的只读管理

如果一个表中的数据不会变化，属于静态数据，则可以把相应表空间更改为只读，只读表空间不会产生变化的数据。根据需要，用户可以把表空间设置成只读或者可读写状态。具体的语法格式如下：

```
ALTER TABLESPACE tablespace READ｛ONLY|WRITE｝;
```

其中，ONLY 为只读状态；WRITE 为可以读写状态。

【例 14-40】把表空间 MY_SPACE 设置为只读状态，SQL 语句如下：

```
ALTER TABLESPACE MY_SPACE READ ONLY;
```

按 Enter 键，语句执行结果如图 14-41 所示。

【例 14-41】把表空间 MY_SPACE 设置为可读写状态，SQL 语句如下：

```
ALTER TABLESPACE MY_SPACE READ WRITE;
```

按 Enter 键，语句执行结果如图 14-42 所示。

图 14-41　把表空间设置为只读状态

图 14-42　把表空间设置为可读写状态

注意：在设置表空间为只读状态之前，需要保证表空间为联机状态。

14.7　表空间的基本管理

表空间的基本管理涉及更改表空间的名称、删除表空间等，下面进行详细介绍。

14.7.1　更改表空间的名称

对于已经存在的表空间，可以根据需要更改名称。语法格式如下：

```
ALTER TABLESPACE oldname RENAME TO newname;
```

【例 14-42】把表空间 MY_SPACE 的名称更改为 MY_TABLESPACE，SQL 语句如下：

```
ALTER TABLESPACE MY_SPACE RENAME TO MY_TABLESPACE;
```

按 Enter 键，语句执行结果如图 14-43 所示。

【例 14-43】验证表空间的名称是否更改成功，SQL 语句如下：

```
Select tablespace_name from dba_tablespaces where tablespace_name like 'MY_TABLE%';
```

按 Enter 键，语句执行结果如图 14-44 所示，从运算结果中可以看出，当前表空间的名称为 MY_TABLESPACE。

图 14-43　更改表空间的名称

图 14-44　验证表空间的名称是否更改成功

注意：并不是所有的表空间都可以更改名称，系统自动创建的不可更名，如 SYSTEM 和 SYSAUX 等，另外，表空间必须是联机状态才可以重命名。

14.7.2　删除表空间

删除表空间的方式有两种，包括使用本地管理方式和使用数据字典的方式。相比而言，使用本地方式删除表空间的速度更快些，所以，在删除表空间前，可以先把表空间的管理方式修改为本地管理，然后删除表空间。

删除表空间的语法格式如下：

```
DROP TABLESPACE tablespace_name [INCLUDING CONTENTS] [CASCADE CONSTRAINTS];
```

其中，[INCLUDING CONTENTS]表示在删除表空间时把表空间文件也删除；[CASCADE CONSTRAINTS]表示在删除表空间时把表空间中的完整性也删除。

【例 14-44】删除表空间 MY_TABLESPACE，SQL 语句如下：

```
DROP TABLESPACE MY_TABLESPACE INCLUDING CONTENTS;
```

按 Enter 键，语句执行结果如图 14-45 所示，提示用户表空间已经被删除。

图 14-45　删除表空间

14.8　数据文件的管理

在创建和管理表空间时，都会用到数据文件，本节主要介绍数据文件的一些操作。

14.8.1　迁移数据文件

在 Oracle 数据库中创建表空间时，数据文件也同时被创建了。根据实际工作的需要，可以把当前表空间中的数据文件移动到其他表空间中。

移动数据文件的基本步骤如下：

（1）把要存放数据文件所用的表空间设置成脱机状态。语句如下：

```
ALTER TABLESPACE MYTEMM OFFLINE;
```

（2）可以手动把要移动的文件移动到其他的表空间中。

（3）更改数据文件的名称。语句如下：

```
ALTER TABLESPACE MYTEMM RENAME oldfilename TO newfilename;
```

（4）把该表空间设置成联机状态。语句如下：

```
ALTER TABLESPACE MYTEMM ONLINE;
```

14.8.2　删除数据文件

对于不再使用的数据文件，可以进行删除操作，如果数据文件处于以下 3 种情况，不可被删除。

（1）数据文件或者数据文件所在的表空间处于只读状态。

（2）数据文件中存在数据。

（3）数据文件是表空间中唯一个或第一个数据文件。

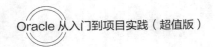

14.9　就业面试技巧与解析

14.9.1　面试技巧与解析（一）

面试官：您在前一家公司的离职原因是什么？

应聘者：我离职是因为这家公司倒闭；我在公司工作了 3 年多，对公司有较深的感情；从去年始，由于市场形势突变，公司的局面急转直下；到眼下这一步我觉得很遗憾，但还要面对现实，重新寻找能发挥我能力的舞台。

14.9.2　面试技巧与解析（二）

面试官：如果你在这次面试中没有被录用，你怎么打算？

应聘者：现在的社会是一个竞争的社会，从这次面试中也可看出这一点，有竞争就必然有优劣，有成功必定就会有失败。往往成功的背后有许多的困难和挫折，如果这次失败了也仅仅是一次经历而已，只有经过经验经历的积累才能塑造出一个完全的成功者。我会从以下几个方面来正确看待这次失败：

（1）要敢于面对，面对这次失败不气馁，接受已经失去了这次机会就不会回头这个现实，从心理意志和精神上体现出对这次失败的抵抗力。要有自信，相信自己经历了这次之后经过努力一定能行，能够超越自我。

（2）善于反思，对于这次面试经验要认真总结，思考剖析，能够从自身的角度找差距。正确对待自己，实事求是地评价自己，辩证地看待自己的长短得失，做一个明白人。

（3）走出阴影，要克服这一次失败带给自己的心理压力，时刻牢记自己的弱点，防患于未然，加强学习，提高自身素质。

第15章

Oracle 的事务与锁

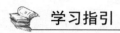 **学习指引**

Oracle 中提供了多种数据完整性的保证机制，如触发器、事务和锁等，本章介绍 Oracle 的事务管理与锁机制，主要内容包括事务的类型和应用、锁的作用与类型、锁的应用等。

重点导读

- 了解什么是事务与事务属性。
- 掌握管理事务的常用语句。
- 掌握设置保存点的方法。
- 了解什么是锁与锁的分类。
- 掌握等待锁和死锁的发生过程。

15.1　事务管理

事务是 Oracle 中的基本工作单元，是用户定义的一个数据库操作序列，事务管理的主要功能是为了保证一批相关数据库中数据的操作能全部被完成，从而保证数据的完整性。

15.1.1　事务的概念

事务用于保证数据的一致性，它由一组相关的 DML（数据操作语言——增、删、改）语句组成，该组的 DML 语句要么全部成功，要么全部失败。

例如，网上转账就是一个用事务来处理的典型案例，它主要分为 3 步：第一步是在源账号中减少转账金额，如减少 10 万元；第二步是在目标账号中增加转账金额，如增加 10 万元；第三步是在事务日志中记录该事务，这样，可以保证数据的一致性。

在上面的 3 步操作中，如果有一步失败，整个事务都会回滚，所有的操作都将撤销，目标账号和源账号上的金额都不会发生变化。

15.1.2 事务的特性

事务是作为单个逻辑工作单元执行的一系列操作，具有 4 个特性，分别是原子性（Atomicity）、一致性（Consistency）、隔离性（Isolation）和持久性（Durability）属性，简称 ACID 属性。

（1）原子性（Atomicity）：事务是一个完整的操作。事务的各步操作是不可分的（原子的）；要么都执行，要么都不执行。

（2）一致性（Consistency）：一个查询的结果必须与数据库在查询开始时的状态保持一致（读不等待写，写不等待读）。

（3）隔离性（Isolation）：对于其他会话来说，未完成的（也就是未提交的）事务必须不可见。

（4）持久性（Durability）：事务一旦提交完成后，数据库就不可以丢失这个事务的结果，数据库通过日志能够保持事务的持久性。

下面通过一个实例来理解事务的特性。

【例 15-1】理解事务的特性。

为了演示效果，首先创建一个数据表 tablenumber。

```
CREATE TABLE  tablenumber
(
  id   NUMBER(6)
);
```

按 Enter 键，语句执行结果如图 15-1 所示。

向数据表中插入一行数据，命令如下：

```
INSERT INTO tablenumber VALUES (100);
```

按 Enter 键，语句执行结果如图 15-2 所示。

图 15-1　创建数据表 tablenumber

图 15-2　向数据表中插入一行数据

登录 SQL Plus，定义窗口为 SQL Plus1。执行更新操作，SQL 语句如下：

```
UPDATE tablenumber SET id=200;
```

按 Enter 键，语句执行结果如图 15-3 所示。

执行成功后，查询表 tablenumber 的内容是否变化，结果如下：

```
SELECT * FROM tablenumber;
```

按 Enter 键，语句执行结果如图 15-4 所示。

以同样的用户登录新的 SQL Plus，定义窗口为 SQL Plus2，同样查询表 tablenumber 的内容，结果如下：

```
SELECT * FROM tablenumber;
```

按 Enter 键，语句执行结果如图 15-5 所示，从运算结果中可以看出，当会话 1 还没有提交时，会话 2 还不能看到修改的数据。

图 15-3　更新数据记录

图 15-4　查询数据表的变化

在 SQL Plus 窗口中提交事务，命令如下：

```
COMMIT;
```

按 Enter 键，语句执行结果如图 15-6 所示，执行完成后提示提交完成。

图 15-5　查询表 tablenumber 的内容

图 15-6　提交事务

再次在窗口 SQL Plus 中查询表 tablenumber 的内容，SQL 语句如下：

```
SELECT * FROM tablenumber;
```

按 Enter 键，语句执行结果如图 15-7 所示，从运算结果中可以看出，查询的结果变成 200 了，说明事务的一致性。

图 15-7　再次查询表 tablenumber 的内容

15.1.3　设置只读事务

只读事务是指只允许执行查询的操作，而不允许执行任何其他 DML 操作的事务，使用只读事务可以确保用户只能取得某时间点的数据。例如，假定机票代售点每天 18 点开始统计当天的销售情况，这时可以使用只读事务。

在设置了只读事务后，尽管其他会话可能会提交新的事务，但是只读事务将不会取得最新数据的变化，从而可以保证取得特定时间点的数据信息。设置只读事务的语句如下：

```
set transaction read only;
```

在数据库中使用事务，具有如下优点：

（1）把逻辑相关的操作分成了一个组。

（2）在数据永久改变前，可以预览数据变化。

（3）能够保证数据的读一致性。

15.1.4　事务管理的语句

一个事务中可以包含一条语句或者多条语句甚至一段程序，一段程序中也可以包含多个事务。事务可以根据需求把一段事务分成多个组，每个组可以理解为一个事务。

Oracle 中常用的事务管理语句包含如下几条：

（1）COMMIT 语句：提交事务语句，使用该语句可以把多个步骤对数据库的修改，一次性地永久写入数据库，代表数据库事务的成功执行。

（2）ROLLBACK 语句：事务失败时执行回滚操作语句，使用该语句在发生问题时，可以把对数据库已经做出的修改撤销，回退到修改前的状态。在操作过程中，一旦发生问题，如果还没有提交操作，则随时可以使用 ROLLBACK 来撤销前面的操作。

（3）SAVEPOINT 语句：设置事务点语句，该语句用于在事务中间建立一些保存点，ROLLBACK 可以使操作回退到这些点上边，而不必撤销全部操作。一旦 COMMIT 提交事务完成，就不能用 ROLLBACK 来取消已经提交的操作。一旦 ROLLBACK 完成，被撤销的操作要重做，必须重新执行相关提交事务操作语句。

15.1.5　事务实现机制

几乎所有的数据库管理系统中，事务管理的机制都是通过使用日志文件来实现的，下面简单介绍一下日志的工作方式。

事务开始之后，事务中所有的操作都会写到事务日志中，写到日志中的事务，一般有两种：一是针对数据的操作，如插入、修改和删除，这些操作的对象是大量的数据；另一种是针对任务的操作，如创建索引。当取消这些事务操作时，系统自动执行这种操作的反操作，保证系统的一致性。

系统自动生成一个检查点机制，这个检查点周期性地检查事务日志，如果在事务日志中，事务全部完成，那么检查点事务日志中的事务提交到数据库中，并且在事务日志中做一个检查点提交标识。如果在事务日志中，事务没有完成，那么检查点将事务日志中的事务不提交到数据库中，并且在事务日志中做一个检查点未提交的标识。

15.1.6　事务的类型

事务的类型分为两种，分别是显式事务和隐式事务。

1. 显式事务

显式事务是通过命令完成的，具体语法规则如下：

```
新事务开始
sql statement
…
COMMIT|ROLLBACK;
```

其中，COMMIT 表示提交事务，ROLLBACK 表示事务回滚。Oracle 事务不需要设置开始标记。通常有下列情况之一时，事务会开启：

（1）登录数据库后，第一次执行 DML 语句。

（2）当事务结束后，第一次执行 DML 语句。

2. 隐式事务

隐式事务没有非常明确的开始和结束点，Oracle 中的每一条数据操作语句，如 SELECT、INSERT、

UPDATE 和 DELETE 都是隐式事务的一部分，即使只有一条语句，系统也会把这条语句当作一个事务，要么执行所有语句，要么什么都不执行。

默认情况下，隐式事务 AUTOCOMMIT（自动提交）为打开状态，可以控制提交的状态：

```
SET AUTOCOMMIT ON/OFF
```

当有以下情况出现时，事务会结束：

（1）执行 DDL 语句，事务自动提交，如使用 CREATE、GRANT 和 DROP 等命令。

（2）使用 COMMIT 提交事务，使用 ROLLBACK 回滚事务。

（3）正常退出 SQL Plus 时，自动提交事务；非正常退出时，则 ROLLBACK 事务回滚。

15.1.7　事务的保存点

事务的保存点可以设置在任何位置，当然也可以设置多个保存点，这样就可以把一个长的事务根据需要划分为多个小的段，这样操作的好处是当对数据的操作出现问题时不需要全部回滚，只需要回滚到保存点即可。

事务可以回滚保存点以后的操作，但是保存点会被保留，保存点以前的操作不会回滚。下面仍然通过一个案例来理解保存点的应用。

向数据表 tablenumber 中插入数据，此时隐式事务已经自动打开，命令如下：

```
INSERT INTO tablenumber VALUES (300);
```

按 Enter 键，语句执行结果如图 15-8 所示。

创建保存点，名称为 BST，命令如下：

```
SAVEPOINT BST;
```

按 Enter 键，语句执行结果如图 15-9 所示，保存点创建成功后，提示保存点已创建。

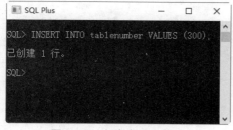

图 15-8　向表中插入数据

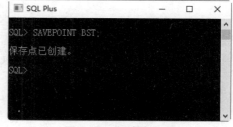

图 15-9　创建保存点

继续向数据表 tablenumber 中插入数据，命令如下

```
INSERT INTO tablenumber VALUES (400);
```

按 Enter 键，语句执行结果如图 15-10 所示。

此时查看 tablenumber 表中的记录，结果如下：

```
SELECT * FROM tablenumber;
```

按 Enter 键，语句执行结果如图 15-11 所示。

回滚到保存点 BST，命令如下：

```
ROLLBACK TO BST;
```

按 Enter 键，语句执行结果如图 15-12 所示。

此时查看 tablenumber 表中的记录，结果如下：

```
SELECT * FROM tablenumber;
```

按 Enter 键，语句执行结果如图 15-13 所示，从运算结果中可以看出，保存点以后的操作被回滚，保存点以前的操作被保留。

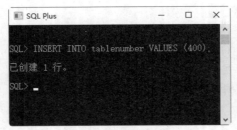

图 15-10　向数据表中插入数据

图 15-11　查看表中记录

图 15-12　回滚到保存点

图 15-13　查看 tablenumber 表中的记录

15.2　锁的应用

数据库是一个多用户使用的共享资源，当多个用户并发地存取数据时，在数据库中就会产生多个事务同时存取同一数据的情况，若对并发操作不加控制，就可能会读取和存储不正确的数据，破坏数据库的一致性，为解决这一问题，Oracle 数据库提出了锁机制。

15.2.1　锁的概念

Oracle 的锁机制主要是执行对多个活动事务的并发控制，它可以控制多个用户对同一数据进行的操作，使用锁机制，可以解决数据库的并发问题，从而保证数据库的完整性和一致性。

从事务的分离性可以看出，当前事务不能影响其他的事务，所以，当多个会话访问相同的资源时，数据库会利用锁确保它们像队列一样依次进行。Oracle 处理数据时用到锁是自动获取的，但是 Oracle 也允许用户手动锁定数据。对于一般的用户，通过系统的自动锁管理机制基本可以满足使用要求，但如果对数据安全、数据库完整性和一致性有特殊要求，则需要亲自控制数据库的锁和解锁，这就需要了解 Oracle 的锁机制，掌握锁的使用方法。

如果不使用锁机制，对数据的并发操作会带来下面一些问题：脏读、幻读、非重复性读取、丢失更新。

1. 脏读

当一个事务读取的记录是另一个事务的一部分时，如果第一个事务正常完成，就没有什么问题，如果此时另一个事务未完成，就产生了脏读。例如，员工表中编号为 1001 的员工工资为 1740 元，如果事务 1

将工资修改为 1900 元，但还没有提交确认；此时事务 2 读取员工的工资为 1900 元；事务 1 中的操作因为某种原因执行了 ROLLBACK 回滚，取消了对员工工资的修改，但事务 2 已经把编号为 1001 的员工的数据读走了。此时就发生了脏读。如果此时用了行级锁，第一个事务修改记录时封锁改行，那么第二个事务只能等待，这样就避免了脏数据的产生，从而保证了数据的完整性。

2．幻读

当某一数据行执行 INSERT 或 DELETE 操作，而该数据行恰好属于某个事务正在读取的范围时，就会发生幻读现象。例如，现在要对员工涨工资，将所有工资为低于 1700 元的工资都涨到 1900 元，事务 1 使用 UPDATE 语句进行更新操作，事务 2 同时读取这一批数据，但是在其中插入了几条工资小于 1900 元的记录，此时事务 1 如果查看数据表中的数据，会发现自己 UPDATE 之后还有工资小于 1900 元的记录！幻读事件是在某个凑巧的环境下发生的，简而言之，它是在运行 UPDATE 语句的同时有人执行了 INSERT 操作。因为插入了一个新记录行，所以，没有被锁定，并且能正常运行。

3．非重复性读取

如果一个事务不止一次读取相同的记录，但在两次读取中间有另一个事务刚好修改了数据，则两次读取的数据将出现差异，此时就发生了非重复读取。例如，事务 1 和事务 2 都读取一条工资为 2310 元的数据行，如果事务 1 将记录中的工资修改为 2500 元并提交，而事务 2 使用的员工的工资仍为 2310 元。

4．丢失更新

一个事务更新了数据库之后，另一个事务再次对数据库更新，此时系统只能保留最后一个数据的修改。

例如，对一个员工表进行修改，事务 1 将员工表中编号为 1001 的员工工资修改为 1900 元，而之后事务 2 又把该员工的工资更改为 3000 元，那么最后员工的工资为 3000 元，导致事务 1 的修改丢失。

使用锁将可以实现并发控制，能够保证多个用户同时操作同一数据库中的数据而不发生上述数据不一致的现象。

15.2.2　锁的分类

在数据库中有两种基本的锁：排他锁（Exclusive Locks，即 X 锁）和共享锁（Share Locks，即 S 锁）。

（1）排他锁：当数据对象被加上排他锁时，其他的事务不能对它读取和修改。

（2）共享锁：加了共享锁的数据对象可以被其他事务读取，但不能修改。

根据保护对象的不同，Oracle 数据库锁可分为如下几种：

（1）DML lock（data locks，数据锁）：用于保护数据的完整性。

（2）DDL lock（dictionary locks，字典锁）：用于保护数据库对象的结构（如表、视图、索引的结构定义）。

（3）Internal locks 和 latches（内部锁与闩）：保护内部数据库结构。

（4）Distributed locks（分布式锁）：用于 OPS（并行服务器）中。

（5）PCM locks（并行高速缓存管理锁）：用于 OPS（并行服务器）中。

在 Oracle 中最主要的锁是 DML 锁，DML 锁的目的在于保证并发情况下的数据完整性。在 Oracle 数据库中，DML 锁主要包括 TM 锁和 TX 锁，其中 TM 锁称为表级锁，TX 锁称为事务锁或行级锁。

锁出现在数据共享的场合，用来保证数据的一致性。当多个会话同时修改一个表时，需要对数据进行相应的锁定。

15.2.3　锁的类型

锁有"共享锁""排他锁""共享排他锁"等多种类型，而且每种类型又有"行级锁"（一次锁住一条记录）、"页级锁"（一次锁住一页，即数据库中存储记录的最小可分配单元）、"表级锁"（锁住整个表）。

（1）共享锁（S 锁）：可通过 lock table in share mode 命令添加该 S 锁。在该锁定模式下，不允许任何用户更新表。但是允许其他用户发出 select…from for update 命令对表添加 RS 锁。

（2）排他锁（X 锁）：可通过 lock table in exclusive mode 命令添加 X 锁。在该锁定模式下，其他用户不能对表进行任何 DML 和 DDL 操作，该表上只能进行查询。

（3）行级共享锁（RS 锁）：通常是通过 select…from for update 语句添加的，同时该方法也是我们用来手工锁定某些记录的主要方法。例如，在查询某些记录的过程中，不希望其他用户对查询的记录进行更新操作，则可以发出这样的语句。当数据使用完毕以后，直接发出 rollback 命令将锁定解除。当表上添加了 RS 锁定以后，不允许其他事务对相同的表添加排他锁，但是允许其他的事务通过 DML 语句或 lock 命令锁定相同表中的其他数据行。

（4）行级排他锁（RX 锁）：当进行 DML 操作时会自动在被更新的表上添加 RX 锁，也可以通过执行 lock 命令显式地在表上添加 RX 锁。在该锁定模式下，允许其他的事务通过 DML 语句修改相同表中的其他数据行，或通过 lock 命令对相同表添加 RX 锁定，但是不允许其他事务对相同的表添加排他锁（X 锁）。

（5）共享行级排他锁（SRX 锁）：通过 lock table in share row exclusive mode 命令添加 SRX 锁。该锁定模式比行级排他锁和共享锁的级别都要高，这时不能对相同的表进行 DML 操作，也不能添加共享锁。

上述几种锁模式中，RS 锁是限制最少的，X 锁是限制最多的。另外，行级锁属于排他锁，也被称为事务锁。当修改表的记录时，需要对将要修改的记录添加行级锁，防止两个事务同时修改相同的记录，事务结束后，该锁也会释放。表级锁的主要作用是防止在修改表的数据时，表的结构发生变化。

在 Oracle 中除了执行 DML 时自动为表添加锁外，用户还可以手动添加锁。添加锁的语法规则如下：

```
LOCK TABLE [schema.] table IN
    [EXCLUSIVE]
    [SHARE]
    [ROW EXCLUSIVE]
    [SHARE ROW EXCLUSIVE]
    [ROW SHARE*| SHARE UPDATE*]
    MODE[NOWAIT]
```

如果要释放锁，只需要使用 ROLLBACK 命令即可。

15.2.4　锁等待和死锁

当程序对所做的修改进行提交（Commit）或回滚（Rollback）后，锁住的资源便会得到释放，从而允许其他用户进行操作。如果两个事务分别锁定一部分数据，而都在等待对方释放锁才能完成事务操作，这种情况下就会发生死锁。

1．死锁的原因

在多用户环境下，死锁的发生是由于两个事务都锁定了不同的资源的同时又都在申请对方锁定的资源，即一组进程中的各个进程均占有不会释放的资源，但因互相申请其他进程占用的不会释放的资源而处于一种永久等待的状态。形成死锁有如下 4 个必要条件：

（1）请求与保持条件——获取资源的进程可以同时申请新的资源。

（2）非剥夺条件——已经分配的资源不能从该进程中剥夺。

（3）循环等待条件——多个进程构成环路，并且其中每个进程都在等待相邻进程正占用的资源。

（4）互斥条件——资源只能被一个进程使用。

2. 可能会造成死锁的资源

每个用户会话可能有一个或多个代表它运行的任务，其中每个任务可能获取或等待获取各种资源。以下类型的资源可能会造成阻塞，并最终导致死锁：

（1）锁资源。等待获取资源（如对象、页、行、元数据和应用程序）的锁可能导致死锁。例如，事务 T1 在行 r1 上有共享锁（S 锁）并等待获取行 r2 的排他锁（X 锁）。事务 T2 在行 r2 上有共享锁（S 锁）并等待获取行 r1 的排他锁（X 锁）。这将导致一个锁循环，其中，T1 和 T2 都等待对方释放已锁定的资源。

（2）工作线程。排队等待可用工作线程的任务可能导致死锁。如果排队等待的任务拥有阻塞所有工作线程的资源，则将导致死锁。例如，会话 S1 启动事务并获取行 r1 的共享锁（S 锁）后，进入睡眠状态。在所有可用工作线程上运行的活动会话正尝试获取行 r1 的排他锁（X 锁）。因为会话 S1 无法获取工作线程，所以，无法提交事务并释放行 r1 的锁，这将导致死锁。

（3）内存资源。当并发请求等待获得内存，而当前的可用内存无法满足其需要时，可能发生死锁。例如，两个并发查询（Q1 和 Q2）作为用户定义函数执行，分别获取 10MB 和 20MB 的内存。如果每个查询需要 30MB，而可用总内存为 20MB，则 Q1 和 Q2 必须等待对方释放内存，这将导致死锁。

（4）并行查询执行的相关资源。通常与交换端口关联的处理协调器、发生器或使用者线程至少包含一个不属于并行查询的进程时，可能会相互阻塞，从而导致死锁。此外，当并行查询启动执行时，Oracle 将根据当前的工作负荷确定并行度或工作线程数。如果系统工作负荷发生意外更改，例如，当新查询开始在服务器中运行或系统用完工作线程时，则可能发生死锁。

3. 减少死锁的策略

复杂的系统中不可能百分之百地避免死锁，从实际出发，为了减少死锁，可以采用以下策略：

（1）在所有事务中以相同的次序使用资源。

（2）使事务尽可能简短并且在一个批处理中。

（3）为死锁超时参数设置一个合理范围，如 3～30 分钟；超时，则自动放弃本次操作，避免进程挂起。

（4）避免在事务内和用户进行交互，减少资源的锁定时间。

15.3　死锁的发生过程

死锁的锁等待的一个特例，通常发生在两个或者多个会话之间。下面通过案例来理解死锁的发生过程。

打开第一个 SQL Plus 窗口，修改表 tablenumber 中 id 字段为 200 的记录，命令如下：

```
UPDATE tablenumber SET id=600 WHERE  id=200;
```

按 Enter 键，语句执行结果如图 15-14 所示。

打开第二个 SQL Plus 窗口，修改表 tablenumber 中 id 字段为 300 的记录，命令如下：

```
UPDATE tablenumber SET id=800 WHERE  id=300;
```

按 Enter 键，语句执行结果如图 15-15 所示。

图 15-14　修改表中字段信息

图 15-15　在第二个 SQL Plus 窗口中修改字段信息

目前，第一个会话锁定了 id 字段为 200 的记录，第二个会话锁定了 id 字段为 300 的记录。
第一个会话修改第二个会话已经修改的记录，命令如下：

```
UPDATE tablenumber SET id=600 WHERE  id=300;
```

按 Enter 键，语句执行结果如图 15-16 所示，此时第一个会
话出现了锁等待，因为它修改的记录被第二个会话锁定。

此时会出现死锁的情况。Oracle 会自动检测死锁的情况，并
释放一个冲突锁，并把消息传给对方事务。此时第一个会话窗
口中提示检测到死锁，信息如下：

图 15-16　修改数据记录

```
错误报告：
SQL 错误：ORA-00068：等待资源时检测到死锁
```

此时 Oracle 自动做出处理，重新回到锁等待的情况。

15.4　就业面试技巧与解析

15.4.1　面试技巧与解析（一）

面试官：事务和锁有什么关系？

应聘者：Oracle 中可以使用多种机制来确保数据的完整性，如约束、触发器及本章介绍的事务和锁等。事务和锁的关系非常紧密。事务包含一系列操作，这些操作要么全部成功，要么全部失败，通过事务机制管理多个事务，保证事务的一致性，事务中使用锁保护指定的资源，防止其他用户修改另外一个还没有完成的事务中的数据。

15.4.2　面试技巧与解析（二）

面试官：事务和锁应用上的区别是什么？

应聘者：事务将一段语句作为一个单元来处理，这些操作要么全部成功，要么全部失败。事务包含 4个特性：原子性、一致性、隔离性和持久性。事务的方式分为显示事务和隐式事务。以"COMMIT"或"ROLLBACK"语句结束。锁是另一个和事务紧密联系的概念，对于多用户系统，使用锁来保护指定的资源。在事务中使用锁，防止其他用户修改另外一个事务中还没有完成的事务中的数据。SQL Server 中有多种类型的锁，允许事务锁定不同的资源。

第 4 篇

高级应用

Oracle 数据库创建完成后，对于数据库的后期管理与维护也是数据库管理人员必备的技能。本篇介绍 Oracle 数据库的高级应用，包括数据库的安全管理、控制文件和日志的管理、数据的备份与还原、数据库性能的优化及 Oracle 的其他高级技术等。通过本篇的学习，读者对数据库的后期管理与维护能力会有极大的提高。

- 第 16 章 Oracle 数据库安全管理
- 第 17 章 Oracle 控制文件和日志的管理
- 第 18 章 Oracle 数据的备份与还原
- 第 19 章 Oracle 数据库的性能优化
- 第 20 章 Oracle 的其他高级技术

第 16 章

Oracle 数据库安全管理

 学习指引

　　Oracle 是一个多用户管理数据库，可以为不同用户指定允许的权限，从而提高数据库的安全性。本章介绍 Oracle 数据库的安全管理，主要内容包括数据库安全策略概述、用户账户管理、用户权限管理、数据库角色管理和概要文件的管理等。

 重点导读

- 了解什么是管理账户。
- 掌握账户管理的方法。
- 掌握权限管理的方法。
- 了解什么是数据库角色。
- 掌握角色管理的用法。
- 掌握概要文件管理的方法。
- 掌握资源限制与口令管理的方法。

16.1　数据库安全策略概述

　　安全性是评估一个数据库的重要指标，Oracle 数据库从 3 个层次采取安全控制策略。

　　（1）系统安全性：在系统级别上控制数据库的存取和使用机制，包括有效的用户名与口令、是否可以连接数据库、用户可以进行哪些系统操作等。

　　（2）数据安全性：在数据库模式对象级别上控制数据库的存取和使用机制。用户要对某个模式对象进行操作，必须有操作的权限。

　　（3）网络安全性：Oracle 通过分发 Wallet、数字证书、SSL 安全套接字和数据密钥等办法来保证数据库的网络传输安全性。

　　数据库的安全可以从以下几个方面进行管理：

（1）用户账户管理：用户身份认证方式管理。Oracle 提供多种级别的数据库用户身份认证方式，包括系统、数据库、网络 3 种类型的身份认证方式。

（2）权限和角色管理：通过管理权限和角色，限制用户对数据库的访问和操作。

（3）数据口令加密管理：通过数据加密来保证网络传输的安全性。

（4）表空间设置和配额管理：通过设置用户的存储表空间、临时表空间及用户在表空间上使用的配额，可以有效控制用户对数据库存储空间的使用。

（5）用户资源限制管理：通过概要文件设置，可以限制用户对数据库资源的使用。

16.2　用户账户管理

用户是数据库的使用者和管理者，Oracle 通过设置用户及安全属性来控制用户对数据库的访问。Oracle 的用户分两类，一类是创建数据库时系统预定义的用户，另一类是根据应用由 DBA 创建的用户。

16.2.1　预定义用户

在 Oracle 创建时创建的用户，称为预定义用户，根据作用不同，预定义用户分为 3 类：管理员用户、示例方案用户、内置用户。

1. 管理员用户

管理员用户包括 SYS、SYSTEM、SYSMAN、DBSNMP 等，这些用户都不能删除。

（1）SYS 是数据库中拥有最高权限的管理员，可以启动、关闭、修改数据库，拥有数据字典。

（2）SYSTEM 是一个辅助的数据库管理员，不能启动和关闭数据库，但是可以进行一些管理工作，如创建和删除用户。

（3）SYSMAN 是 OEM 的管理员，可以对 OEM 进行配置和管理。

（4）DBSNMP 用户是 OEM 代理，用来监视数据库的。

2. 示例方案用户

在安装 Oracle 或使用 ODBC 创建数据库时，如果选择了"示例方案"，会创建一些用户，在这些用户对应的 schema 中，又产生一些数据库应用案例，这些用户包括 BI、HR、OE、PM、IX、SH 等。默认情况下，这些用户均为锁定状态，口令过期。

3. 内置用户

有一些 Oracle 特性或 Oracle 组件需要自己单独的模式，因此，为它们创建了一些内置用户，如 APEX_PUBLIC_USER、DIP 等。默认情况下，这些用户均为锁定状态，口令过期。

此外还有两个特殊的用户——SCOTT 和 PUBLIC。SCOTT 是一个用于测试网络连接的用户，PUBLIC 实际是一个用户组，数据库中任何用户都属于该用户组，如果要为数据库中的全部用户授予某种权限，只需要对 PUBLIC 授权即可。

16.2.2　用户的安全属性

在创建用户时，必须使用安全属性对用户进行限制，用户的安全属性主要包括用户名、用户身份认证、默认表空间、临时表空间、表空间配额、概要文件等。

（1）用户名：在同一个数据库中，用户名是唯一的，并且不能与角色名相同。

（2）用户身份认证：Oracle 采用多种方式进行身份认证，如数据库认证、操作系统认证、网络认证等。

（3）默认表空间：用户创建数据库对象时，如果没有显式指明存储在哪个表空间中，系统会自动将该数据库对象存储在当前用户的默认表空间，在 Oracle 11g 中，如果没有为用户指定默认表空间，则系统将数据库的默认表空间作为用户的默认表空间。

（4）临时表空间：临时表空间分配与默认表空间相似，如果不显式指定，系统会将数据库的临时表空间作为用户的临时表空间。

（5）表空间配额：表空间配额限制用户在永久表空间中可以使用的存储空间的大小，默认新建用户在表空间都没有配额，可以为每个用户在表空间上指定配额，也可授予用户 UMLIMITED TABLESPACE 系统权限，使用户在表空间的配额上不受限制。不需要分配临时表空间的配额。

（6）概要文件：每个用户必须具有一个概要文件，从会话级和调用级两个层次限制用户对数据库系统资源的使用，同时设置用户的口令管理策略。如果没有为用户指定概要文件，Oracle 将自动为用户指定 DEFAULT 概要文件。

（7）设置用户的默认角色：为创建的用户设置默认角色。

（8）账户状态：创建用户时，可以设定用户的初始状态，包括口令是否过期和账户是否锁定等。

16.2.3　用户的登录方式

在 Oracle 中，用户登录数据库的主要方式有如下 3 种：

（1）密码验证方式：把验证密码放在 Oracle 数据库中，这是最常用的验证方式，同时安全性也比较高。

（2）外部验证方式：这种验证的密码通常与数据库所在的操作系统的密码一致。

（3）全局验证方式：这种验证方式也不是把密码放在 Oracle 数据库中，也是不常用的验证方式。

16.2.4　新建普通用户

在 Oracle 数据库中，创建用户时需要特别注意的是：用户的密码必须以字母开头。用户可以使用 CREATE USER 语句创建用户。语法规则如下：

```
CREATE USER username IDENTIFIED BY password
OR EXTERNALLY AS certificate_DN
OR GLOBALLY AS directory_DN
[DEFAULT TABLESPACE tablespace]
[TEMPORARY TABLESPACE tablespace| tablespace_group_name]
[QUOTA size|UNLIMITED ON tablespace]
[PROFILE profile]
[PASSWORD EXPIRE]
[ACCOUNT LOCK|UNLOCK]
```

参数介绍如下：

（1）username：表示创建的用户的名称。

（2）IDENTIFIED BY password：表示以口令作为验证方式。

（3）EXTERNALLY AS certificate_DN：表示以外部验证方式。

（4）GLOBALLY AS directory_DN：表示以全局验证方式。

（5）DEFAULT TABLESPACE：表示设置默认表空间，如果忽略该语句，那么创建的用户就存在数据库的默认表空间中，如果数据库没有设置默认表空间，那么创建的用户就放在 SYSTEM 表空间中。

（6）TEMPORARY TABLESPACE：设置临时表空间或者临时表空间组，可以把临时表空间存放在临时表空间组中，如果忽略该语句，那么就会把临时的文件存放到当前数据库中默认的临时表空间中，如果没有默认的临时表空间，那么就会把临时文件放到 SYSTEM 的临时表空间中。

（7）QUOTA：表示设置当前用户使用表空间的最大值，在创建用户时可以有多个 QUOTA 来设置用户在不同表空间中能够使用的表空间大小。如果设置成 UNLIMITED，表示对表空间的使用没有限制。

（8）PROFILE：设置当前用户使用的概要文件的名称，如果忽略了该语句，那么该用户就使用当前数据库中默认的概要文件。

（9）PASSWORD EXPIRE：用于设置当前用户密码立即处于过期状态，用户如果想再登录数据库，必须更改密码。

（10）ACCOUNT：用于设置锁定状态，如果设置成 LOCK，那么用户不能访问数据库，如果设置成 UNLOCK，那么用户可以访问数据库。

【例 16-1】以口令验证的方式，使用 CREATE USER 创建一个用户，用户名是 USER01，密码是 mypass，并且设置成密码立即过期的方式，SQL 代码如下：

```
CREATE USER USER01
IDENTIFIED BY mypass
PASSWORD EXPIRE;
```

按 Enter 键，语句执行结果如图 16-1 所示，提示用户已经创建。

【例 16-2】以外部验证的方式，使用 CREATE USER 创建一个用户，用户名是 USER02，实现代码如下：

```
CREATE USER USER02
IDENTIFIED EXTERNALLY;
```

按 Enter 键，语句执行结果如图 16-2 所示，提示用户已经创建。

图 16-1　以口令验证的方式创建用户

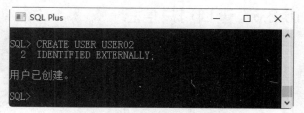

图 16-2　以外部验证的方式创建用户

16.2.5　修改用户信息

在 Oracle 数据库中，可以使用 ALTER USER 语句修改用户信息。具体语法规则如下：

```
ALTER USER username IDENTIFIED
{BY password[REPLACE old_password]
| EXTERNALLY [AS certificate_DN]
| GLOBALLY [AS directory_DN]}
[DEFAULT TABLESPACE tablespace]
[TEMPORARY TABLESPACE tablespace| tablespace_group_name]
[QUOTA size|UNLIMITED ON tablespace]
[PROFILE profile]
[PASSWORD EXPIRE]
[ACCOUNT LOCK|UNLOCK]
```

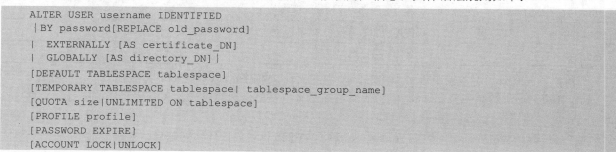

上面的各个参数的含义和创建用户的参数含义一样，这里就不再重复讲述。

【例 16-3】修改 USER01 的密码为 newpassword，实现代码如下：

图 16-3　修改用户 USER01 的密码

```
ALTER USER USER01 IDENTIFIED BY newpassword;
```

按 Enter 键，语句执行结果如图 16-3 所示，提示用户已更改。

【例 16-4】修改 USER01 的临时表空间为 mytemp，实现代码如下：

```
ALTER USER USER01
TEMPORARY TABLESPACE my_temp;
```

按 Enter 键，语句执行结果如图 16-4 所示，提示用户已更改。

【例 16-5】设置 USER01 的密码为立即过期，实现代码如下：

```
ALTER USER USER01
PASSWORD EXPIRE;
```

按 Enter 键，语句执行结果如图 16-5 所示，提示用户已更改。

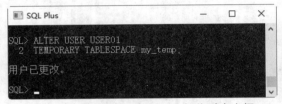

图 16-4　修改用户 USER01 的临时表空间

图 16-5　设置用户 USER01 的密码为立即过期

16.2.6　查询用户信息

在 Oracle 中，包含用户信息的数据字典如表 16-1 所示。

表 16-1　包含用户信息的数据字典

视图名称	说明
DBA_USERS	包含数据库的所有用户的详细信息（15 项）
ALL_USERS	包含数据库所有用户的用户名、用户 ID 和用户创建时间（3 项）
USER_USERS	包含当前用户的详细信息（10 项）
DBA_TS_QUOTAS	包含所有用户的表空间配额信息
USER_TS_QUOTAS	包含当前用户的表空间配额信息
V$SESSION	包含用户会话信息
V$SESSTAT	包含用户会话统计信息

例如，想要查看当前数据中各个用户的属性，可以通过数据字典 dba_users 来查询。

【例 16-6】通过数据字典 dba_users 查询当前数据库中各个用户的属性。SQL 代码如下：

```
SQL> select * from ALL_USERS;
```

按 Enter 键，语句执行结果如图 16-6 所示，在其中可以查看用户的全部信息，主要包括 15 项，分别是

USERNAME 、 USER_ID 、 PASSWORD 、 ACCOUNT_STATUS 、 LOCK_DATE 、 EXPIRY_DATE 、 DEFAULT_TABLESPACE 、 TEMPORARY_TABLESPACE 、 CREATED 、 PROFILE 、 INITIAL_RSRC_ CONSUMER_GROUP、EXTERNAL_NAME、PASSWORD_VER、AUTHENTI、LAST_LOGIN。

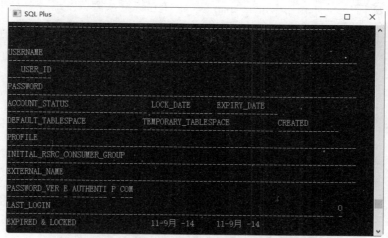

图 16-6　查询当前数据库中各个用户的属性

16.2.7　删除用户账户

在 Oracle 数据库中，可以使用 DROP USER 语句删除用户账户，具体的语法规则如下：

```
DROP USER username [CASCADE];
```

参数介绍如下：

- username：用户的名称。
- CASCADE：关键字，是可选参数，如果要删除的用户中没有任何数据库对象，可以省略 CASCADE 关键字。

【例 16-7】使用 DROP USER 删除账户 USER01，SQL 语句如下：

```
DROP USER USER01 CASCADE;
```

按 Enter 键，语句执行结果如图 16-7 所示，提示用户已删除。

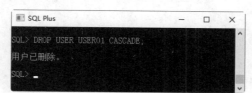

图 16-7　使用 DROP USER 删除账户 USER01

16.3　用户权限管理

在 Oracle 数据库中，用户权限主要分为系统权限与对象权限两类。系统权限是指在数据库中执行某些操作的权限，或针对某一类对象进行操作的权限；对象权限主要是针对数据库对象执行某些操作的权限，如对表的增、删、查、改等。

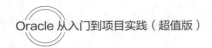

16.3.1　系统权限概述

在 Oracle 中，一共有 200 多项系统权限，用户可通过数据字典 system_privilege_map 获得所有的系统权限。

【例 16-8】通过数据字典 system_privilege_map 获得所有的系统权限，SQL 语句如下：

```
select * from system_privilege_map;
```

按 Enter 键，语句执行结果如图 16-8 所示。

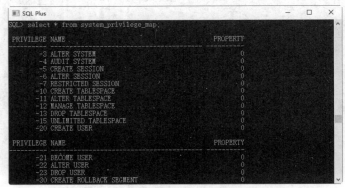

图 16-8　获得所有系统权限

输入的部分代码如下：

```
PRIVILEGE    NAME                           PROPERTY
----------   ----------------------------   ----------
      -3     ALTER SYSTEM                         0
      -4     AUDIT SYSTEM                         0
      -5     CREATE SESSION                       0
      -6     ALTER SESSION                        0
      -7     RESTRICTED SESSION                   0
     -10     CREATE TABLESPACE                    0
     -11     ALTER TABLESPACE                     0
     -12     MANAGE TABLESPACE                    0
     -13     DROP TABLESPACE                      0
     -15     UNLIMITED TABLESPACE                 0
     -20     CREATE USER                          0
......
......
    -392     EXEMPT DDL REDACTION POLICY          0
    -393     SELECT ANY MEASURE FOLDER            0
    -394     ALTER ANY MEASURE FOLDER             0
    -395     SELECT ANY CUBE BUILD PROCESS        0
    -396     ALTER ANY CUBE BUILD PROCESS         0
    -397     READ ANY TABLE                       0
已选择 237 行.
```

16.3.2　系统权限授予

在 Oracle 中，必须是拥有 GRANT 权限的用户才可以执行 GRANT 语句。授予系统权限的语法如下：

```
GRANT system_privilege
|ALL PRIVILEGES TO {user IDENTIFIED BY password|role|}
[WITH ADMIN OPTION]
```

参数介绍如下：

（1）system_privilege：表示创建的系统权限名称。

（2）ALL PRIVILEGES：表示可以设置除 SELECT ANY DICTIONARY 权限以外的所有系统权限。

（3）{user IDENTIFIED BY password|role|}：表示设置权限的对象，role 代表的是设置角色的权限。

（4）WITH ADMIN OPTION：表示当前给予授权的用户还可以给其他用户进行系统授权的赋予。

【例 16-9】使用 GRANT 语句为用户 USER01 赋予一个系统权限 create session，实现代码如下：

```
GRANT create session to USER01;
```

按 Enter 键，语句执行结果如图 16-9 所示，提示用户授予成功。

【例 16-10】使用 GRANT 语句为用户 USER02 赋予一个系统权限 create table，并且该用户也有授予 create table 的权限，实现代码如下：

```
GRANT create table to USER02 WITH ADMIT OPTION;
```

按 Enter 键，语句执行结果如图 16-10 所示，提示用户授予成功。

图 16-9　为用户授权

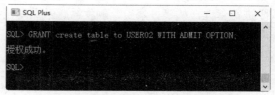

图 16-10　使用 GRANT 语句为用户授权

在授予用户系统权限时，需要注意：

- 只有 DBA 用户才有 alter database 权限。
- 应用开发者一般需要拥有 create table、create view、create index 等系统权限。
- 普通用户一般只需具有 create session 权限。
- 在授权用户时，如果带有 with admin option 子句，用户可以将获得的权限再授予其他用户。

16.3.3　系统权限收回

收回权限就是取消已经赋于用户的某些权限，收回用户不必要的权限可以在一定程度上保证系统的安全性。Oracle 中使用 REVOKE 语句取消用户的某些权限。

只有数据库管理员才能收回系统权限，而且撤销系统权限的前提是当前的用户已经存在要撤销的系统权限。收回系统权限的语法规则如下：

```
REVOKE system_privilege
FROM user|role
```

【例 16-11】使用 REVOKE 语句收回用户 USER01 的系统权限 session，实现代码如下：

```
REVOKE create session FROM USER01;
```

按 Enter 键，语句执行结果如图 16-11 所示，提示撤销成功。

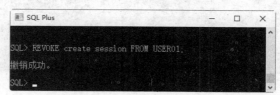

图 16-11　使用 REVOKE 语句收回用户的系统权限

收回用户系统权限需要注意以下 3 点：

- 多个管理员授予同一个用户相同的权限，其中一个管理员收回其授予用户的系统权限，该用户将不再具有该系统权限。
- 为了收回用户系统权限的传递性（授权时使用了 with admin option），必须先收回该系统权限，再重新授予用户该权限。
- 如果一个用户的权限具有传递性，并且给其他用户授权，那么该用户系统权限被收回后，其他用户的系统权限并不会受影响。

16.3.4　对象权限概述

对象权限是指对某个特定模式对象的操作权限。数据库模式对象所有者拥有该对象的所有对象权限，对象权限的管理实际上是对象所有者对其他用户操作该对象的权限管理。

在 Oracle 数据库中，不同类型的对象具有不同的对象权限，而有的对象并没有对象权限，只能通过系统权限进行管理，如簇、索引、触发器、数据库链接等。

16.3.5　对象权限授予

在 Oracle 数据库中，用户可以直接访问同名 Schema 下的数据库对象，如果需要访问其他 Schema 下的数据库对象，就需要具有相应的对象权限。授予对象权限的语法规则如下：

```
GRANT object_privilege|ALL
ON schema.object
TO user|role
[WITH ADMIN OPTION]
[WITH THE GRANT ANY OBJECT]
```

参数介绍如下：

（1）object_privilege：表示创建的对象权限名称；如果选择 ALL，则代表授予用户所有的对象权限，这个权限在使用的时候一定要注意。

（2）schema.object 表示为用户授予的对象权限使用的对象。

（3）user|role 中的 user 代表用户，role 代表角色。

（4）WITH ADMIN OPTION 表示当前给予授权的用户还可以给其他用户进行系统授权的赋予。

（5）WITH GRANT ANY OBJECT 表示当前给予授权的用户还可以给其他用户进行对象授权的赋予。

【例 16-12】使用 GRANT 语句为用户 USER01 赋予表对象 T_EMPLOYEE 更新的权限，实现代码如下：

```
GRANT UPDATE ON T_EMPLOYEE TO USER01;
```

按 Enter 键，语句执行结果如图 16-12 所示，提示授权成功。

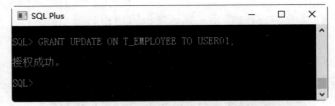

图 16-12　使用语句为用户赋予表对象更新权限

16.3.6　对象权限收回

使用 REVOKE 语句不仅可以收回系统权限，还可以收回对象权限。具体的语法规则如下：

```
REVOKE object_privilege|ALL
ON schema.object
FROM user|role
[CASCADE CONTRAINTS]
```

[CASCADE CONTRAINTS]选项表示该用户授予其他用户的权限也一并收回。

【例 16-13】使用 REVOKE 语句收回用户 USER01 在 T_EMPLOYEE 对象上的更新权限，实现代码如下：

```
REVOKE UPDATE ON T_EMPLOYEE FROM USER01;
```

按 Enter 键，语句执行结果如图 16-13 所示，提示撤销成功。

提示：收回系统权限和收回对象权限有不同的地方。如果撤销用户的系统权限，那么该用户授予其他用户的系统权限仍然存在；如果撤销用户的对象权限，那么该用户授予其他用户的对象权限也被收回。

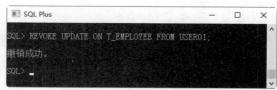

图 16-13　撤销用户更新权限

16.3.7　查看用户权限

在 Oracle 中，用户的权限存放在数据库的数据字典中，表 16-2 为包含用户权限信息的数据字典。

表 16-2　包含用户权限信息的数据字典

视 图 名 称	说　　明
DBA_SYS_PRIVS	包含所有用户和角色获得的系统权限信息
ALL_SYS_PRIVS	包含当前用户可见的全部用户和角色获得的系统权限信息
USER_SYS_PRIVS	当前用户获得的系统权限信息
DBA_TAB_PRIVS	包含所有用户和角色获得的对象权限信息
ALL_TAB_PRIVS	包含当前用户可见的全部用户和角色获得的对象权限信息
USER_TAB_PRIVS	当前用户获得的对象权限信息
DBA_COL_PRIVS	包含数据库中所有列对象的权限信息
ALL_COL_PRIVS	包含当前用户可见的所有列对象的权限信息
USER_COL_PRIVS	当前用户拥有的或授予其他用户的所有列对象的权限信息
SESSION_PRIVS	当前会话可以使用的所有权限信息

用户的系统权限存放在数据字典 DBA_SYS_PRIVS 中，用户的对象权限存放在数据字典 DBA_TAB_PRIVS 中。数据库管理员可以通过用户名查看用户的权限。

【例 16-14】查看 ANONYMOUS 用户的系统权限，实现代码如下：

```
SELECT * FROM DBA_SYS_PRIVS WHERE GRANTEE='ANONYMOUS';
```

按 Enter 键，语句执行结果如图 16-14 所示，从中可以查看 ANONYMOUS 用户的系统权限。

【例 16-15】查看 ANONYMOUS 用户的对象权限，实现代码如下：

```
SELECT PRIVILEGE FROM DBA_TAB_PRIVS WHERE GRANTEE='ANONYMOUS';
```

按 Enter 键，语句执行结果如图 16-15 所示，从中可以查看 ANONYMOUS 用户的对象权限。

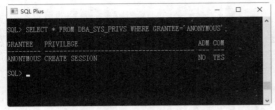

图 16-14　查看 ANONYMOUS 用户的系统权限

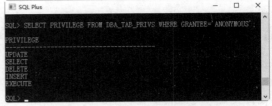

图 16-15　查看 ANONYMOUS 用户的对象权限

如果想查看系统中所有用户的名称等信息，可以使用下列命令之一进行查询：

```
SELECT * FROM DBA_USERS;
SELECT * FROM ALL_USERS;
SELECT * FROM USER_USERS
```

16.4　数据库角色管理

角色相当于 Windows 操作系统中的用户组，可以集中管理数据库或服务器的权限，本节就来介绍数据库角色的管理，包括创建角色、设置角色等。

16.4.1　角色概述

假如直接给每一个用户赋予权限，这将是一个巨大又麻烦的工作，同时也不方便 DBA 进行管理，于是就引用了角色这个概念。使用角色具有以下优点：

（1）权限管理更方便。将角色赋予多个用户，实现不同用户相同的授权。如果要修改这些用户的权限，只需修改角色即可。

（2）角色的权限可以激活和关闭。使得 DBA 可以方便地选择是否赋予用户某个角色。

（3）提高性能，使用角色减少了数据字典中授权记录的数量，通过关闭角色使得在语句执行过程中减少了权限的确认。

用户和角色是不同的，用户是数据库的使用者，角色是权限的授予对象，给用户授予角色，相当于给用户授予一组权限。数据库中的角色可以授予多个用户，一个用户也可以被授予多个角色。图 16-16 所示为用户、角色与权限的关系示意图。

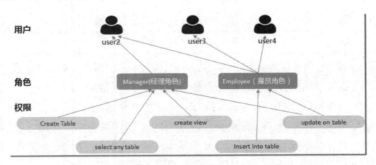

图 16-16　用户、角色与权限的关系示意图

角色是数据库中管理员定义的权限集合，可以方便地对不同用户授予权限。例如，创建一个具有插入权限的角色，那么被赋予这个角色的用户，都具备了插入的权限。

16.4.2　创建角色

　　实际的数据库管理过程中，通过创建角色，可以分组管理用户的权限。下面介绍角色的创建过程。创建角色的具体语法如下：

```
CREATE ROLE role
[NOT IDENTIDIED| IDENTIFIED BY[ password]| IDENTIFIED BY
EXETERNALLY| IDENTIFIED BY GLOBALLY]
```

参数介绍如下：

（1）NOT IDENTIDIED 表示创建角色的验证方式为不需要验证。

（2）IDENTIFIED BY[password] 表示创建角色的验证方式为口令验证。

（3）IDENTIFIED BY EXETERNALLY 表示创建角色的验证方式为外部验证。

（4）IDENTIFIED BY GLOBALLY] 表示创建角色的验证方式为全局验证。

【例 16-16】创建角色 MYROLE，实现代码如下：

```
CREATE ROLE MYROLE;
```

按 Enter 键，语句执行结果如图 16-17 所示，提示用户角色已创建。

角色创建完成后，即可对角色赋予权限，具体语法格式如下：

```
GRANT system_privilege
|ALL PRIVILEGES TO role
[WITH ADMIN OPTION]
```

【例 16-17】赋予 MYROLE 角色 CREATE SESSION 权限，实现代码如下：

```
GRANT CREATE SESSION TO MYROLE;
```

按 Enter 键，语句执行结果如图 16-18 所示，提示授权成功。

图 16-17　创建角色 MYROLE

图 16-18　给角色授予权限

　　注意：给角色授予权限时，数据库管理员必须拥有 GRANT_ANY_ PRIVILEGES 权限才可以给角色赋予任何权限。

16.4.3　设置角色

　　角色创建完成后还不能直接使用，还需要把角色赋予用户才能使角色生效。将角色赋予用户的具体语法如下：

```
GRANT role TO user
```

【例 16-18】将角色 MYROLE 赋予 USER01，实现代码如下：

```
GRANT MYROLE TO USER01;
```

按 Enter 键，语句执行结果如图 16-19 所示，提示授权成功。

图 16-19　将角色 MYROLE 赋予 USER01

一个用户可以同时被赋予多个角色，被赋予的多个角色是否生效可以自行设置，设置的方法如下：

```
SET ROLE role
SET ROLE ALL
SET ROLE ALL EXCEPT role
SET ROLE NONE
```

代码介绍如下：

（1）**SET ROLE role** 表示指定的角色生效。

（2）**SET ROLE ALL** 表示设置用户的所有角色都生效。

（3）**SET ROLE ALL EXCEPT role** 表示设置 EXCEPT 后的角色不失效。

（4）**SET ROLE NONE** 表示设置用户的角色都失效。

【例 16-19】设置角色 MYROLE 在当前用户上生效，SQL 代码如下：

```
SET ROLE MYROLE;
```

按 Enter 键，语句执行结果如图 16-20 所示。

也可以通过以下代码实现：

```
SET ROLE ALL EXCEPT MYROLE;
```

按 Enter 键，语句执行结果如图 16-21 所示。

图 16-20　设置角色 MYROLE 在当前用户上生效

图 16-21　设置角色在当前用户上生效

16.4.4　修改角色

角色创建完成后，还可以修改其内容。具体的语法规则如下：

```
ALTER ROLE role
[NOT IDENTIDIED| IDENTIFIED BY[ password]| IDENTIFIED BY
EXETERNALLY| IDENTIFIED BY GLOBALLY]
```

上面的代码只能修改角色本身，如果想修改已经赋予角色的权限或者角色，则要使用 GRANT 或者 REVOKE 来完成。

16.4.5　查看角色

用户可以查询数据库中已经存在的角色，也可以查询指定用户的角色的相关信息。在 Oracle 中，包含角色信息的数据字典如表 16-3 所示。

表 16-3　包含角色信息的数据字典

视 图 名 称	说 明
DBA_ROLE_PRIVS	包含数据库中所有用户拥有的角色信息
USER_ROLE_PRIVS	包含当前用户拥有的角色信息
ROLE_ROLE_PRIVS	角色拥有的角色信息
ROLE_SYS_PRIVS	角色拥有的系统权限信息
ROLE_TAB_PRIVS	角色拥有的对象权限信息
DBA_ROLES	当前数据库中所有角色及其描述信息
SESSION_ROLES	当前会话所具有的角色信息

【例 16-20】查询 SYSTEM 用户的角色，实现代码如下：

```
SELECT GRANTED_ROLE,DEFAULT_ROLE FROM DBA_ROLE_PRIVS
WHERE GRANTEE='SYSTEM';
```

按 Enter 键，语句执行结果如图 16-22 所示。

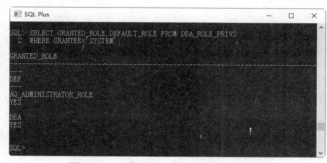

图 16-22　查询 SYSTEM 用户的角色

输出的结果如下：

```
GRANTED_ROLE          DEF
------------          -----------
AQ_ADMINISTRATOR_ROLE  YES
DBA                    YES
```

16.4.6　删除角色

对于不再需要的角色，可以删除。在删除角色的同
时，所有拥有该角色的用户也将自动撤销该角色所授予
的权限。删除角色的语法格式如下：

```
DROP ROLE rolename
```

【例 16-21】使用 DROP ROLE 删除角色 MYROLE，
语句如下：

```
DROP ROLE MYROLE;
```

按 Enter 键，语句执行结果如图 16-23 所示。

图 16-23　使用 DROP ROLE 删除角色 MYROLE

16.5 概要文件的管理

Oracle 数据库中的概要文件为 PROFILE，它为数据库的管理带来了极大的便利，本节将讲述概要文件的相关操作。

16.5.1 概要文件概述

概要文件（PROFILE）是 Oracle 数据库中的重要文件，主要用于存放数据库中的系统资源或者数据库使用限制的内容。默认情况下，如果用户没有创建概要文件，则使用系统的默认概要文件，名称为 DEFAULT。

概要文件会给数据库管理员带来很大的便利，数据库管理员可以先对数据库中的用户分组，根据每一组的权限不同，建立不同的概要文件，这样便于管理用户。

值得注意的是，概要文件只能用于用户，不能在角色中使用。

16.5.2 创建概要文件

数据库中默认的概要文件为 PROFILE，根据实际的需要，可以创建概要文件。创建概要文件的语法格式如下：

```
CREATE PROFILE profile
LIMIT
{resource_parameters|password_parameters}
```

resource_parameters 表示资源参数，主要包括如下：

（1）CPU_PER_SESSION：表示一个会话占用 CPU 的总量。

（2）CPU_PER_CALL：表示允许一个调用占用 CPU 的最大值。

（3）CONNECT_TIME：代表运行一个持续的会话的最大值。

password_parameters 表示口令参数，主要包括如下：

（1）PASSWORD_LIFE_TIME：指的是多少天后口令失效。

（2）PASSWORD_REUSE_TIME：指密码保留的时间。

（3）PASSWORD_GRACE_TIME：指设置密码失效后锁定。

【例 16-22】创建一个概要文件 MYPROFILE，设置密码保留天数为 80 天。实现代码如下：

```
CREATE PROFILE MYPROFILE
LIMIT
PASSWORD_REUSE_TIME 80;
```

按 Enter 键，语句执行结果如图 16-24 所示，提示用户文件已被创建。

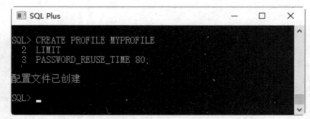

图 16-24 创建概要文件 MYPROFILE

16.5.3　修改概要文件

使用 ALTER PROFILE 语句可以修改已经存在的概要文件，语法格式如下：

```
ALTER PROFILE profile
LIMIT
{resource_parameters|password_parameters}
```

【例 16-23】修改概要文件 MYPROFILE，设置 CONNECT_TIME 为 2000。实现代码如下：

```
ALTER PROFILE MYPROFILE
LIMIT
CONNECT_TIME 2000;
```

按 Enter 键，语句执行结果如图 16-25 所示，提示用户文件已被更改。

图 16-25　修改概要文件

16.5.4　查询概要文件

使用数据字典可以查询概要文件信息，在 Oracle 中，包含概要信息的数据字典如表 16-4 所示。

表 16-4　包含概要信息的数据字典

视 图 名 称	说　明
DBA_USERS	包含数据库中所有用户属性信息，包括使用的概要文件（Profile）
DBA_PROFILES	包含数据库中所有的概要文件及其资源设置、口令管理设置等信息
USER_PASSWORD_LIMITS	包含当前用户的概要文件的口令限制参数设置信息
USER_RESOURCE_LIMITS	包含当前用户的概要文件的资源限制参数设置信息
RESOURCE_COST	每个会话使用资源的统计信息

【例 16-24】查看当前数据库中概要文件及其资源设置、口令管理设置等信息，SQL 代码如下：

```
SELECT * FROM DBA_PROFILES;
```

按 Enter 键，语句执行结果如图 16-26 所示，从中可以查看当前数据库中概要文件及其资源设置、口令
管理设置等信息。

输出的部分内容如下：

```
PROFILE      RESOURCE_NAME        RESOURCE      LIMIT         COM
-------      -----------------    -----------   -----------   -------
DEFAULT      COMPOSITE_LIMIT      KERNEL        UNLIMITED     NO
DEFAULT      SESSIONS_PER_USER    KERNEL        UNLIMITED     NO
DEFAULT      CPU_PER_SESSION      KERNEL        UNLIMITED     NO
......
......

MYPROFILE    PASSWORD_GRACE_TIME  PASSWORD      DEFAULT       NO
已选择 48 行.
```

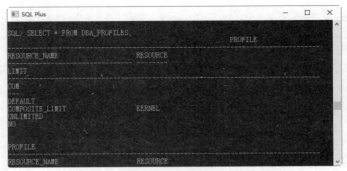

图 16-26　查看当前数据库中的概要文件

16.5.5　删除概要文件

对于不需要的概要文件，可以删除。具体的语法格式如下：

```
DROP PROFILE profile [CASCADE]
```

如果删除的概要文件已经被用户使用过，那么删除概要文件时要加上 CASCADE 关键词，这样用户所使用的概要文件也被撤销；如果概要文件没有被使用过，可以省略该关键词。

【例 16-25】使用 DROP PROFILE 删除概要文件，语句如下：

```
DROP PROFILE MYPROFILE CASCADE;
```

按 Enter 键，语句执行结果如图 16-27 所示，提示用户文件已删除。

注意：在 Oracle 中，默认的概要文件 PROFILE 是不能被删除的。

图 16-27　删除概要文件

16.6　资源限制与口令管理

在数据库中，对用户的资源限制与用户口令管理是通过数据库概要文件（PROFILE）实现的，每个数据库用户必须具有一个概要文件，通常 DBA 将用户分为几种类型，为每种类型的用户单独创建一个概要文件。概要文件不是一个具体的文件，而是存储在 SYS 模式的几个表中的信息的集合。

16.6.1　资源限制管理

概要文件通过一系列资源管理参数，从会话级和调用级两个级别对用户使用资源进行限制。会话资源限制是对用户在一个会话过程中所能使用的资源进行限制，调用资源限制是对一条 SQL 语句在执行过程中所能使用的资源总量进行限制。

资源限制的参数如下：

（1）CPU 使用时间：在一个会话或调用过程中使用 CPU 的总量。

（2）逻辑读：在一个会话或一个调用过程中读取物理磁盘和逻辑内存数据块的总量。

（3）每个用户的并发会话数。

（4）用户连接数据库的最长时间。

下面是 scott 用户的资源限制信息。

【例 16-26】查询 scott 用户的资源限制信息，SQL 语句如下：

```
SELECT * FROM user_resource_limits;
```

按 Enter 键，语句执行结果如图 16-28 所示，在其中可以查看 scott 用户的资源限制信息。

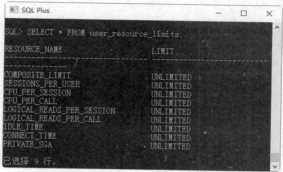

图 16-28　查询 scott 用户的资源限制信息

16.6.2　数据库口令管理

Oracle 概要文件用于数据库口令管理的主要参数如下：

（1）FAILED_LOGIN_ATTEMPTS：限制用户失败次数，一旦达到失败次数，账户锁定。

（2）PASSWORD_LOCK_TIME：用户登录失败后，账户锁定的时间长度。

（3）PASSWORD_LIFE_TIME：用户口令的有效天数，达到设定天数后，口令过期，需要重新设置新的口令。

下面是 scott 用户的口令管理参数设置信息。

【例 16-27】查询 scott 用户的口令管理参数设置信息，SQL 语句如下：

```
SELECT * FROM user_password_limits;
```

按 Enter 键，语句执行结果如图 16-29 所示，在其中可以查看 scott 用户的口令管理参数设置信息。

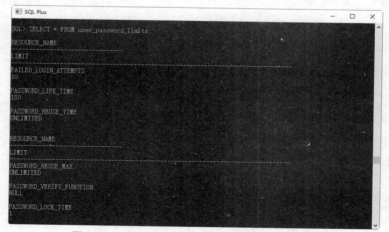

图 16-29　查询 scott 用户的口令管理设置信息

输出的具体内容如下：

```
RESOURCE_NAME                          LIMIT
--------------------------             --------------------
FAILED_LOGIN_ATTEMPTS                  10
PASSWORD_LIFE_TIME                     180
PASSWORD_REUSE_TIME                    UNLIMITED
PASSWORD_REUSE_MAX                     UNLIMITED
PASSWORD_VERIFY_FUNCTION               NULL
PASSWORD_LOCK_TIME                     1
PASSWORD_GRACE_TIME                    7
```

16.7　锁定与解锁用户

当用户被锁定后，就不能登录数据库了，但是用户的所有数据库对象仍然可以继续使用，当用户解锁后，用户就可以正常连接到数据库。在 Oracle 中，当账户不再使用时，就可以将其锁定。通常，对于不用的账户，可以进行锁定，而不是删除。

下面介绍一个具体示例，使用 SYS 账户锁定与解锁 scott 用户。首先显示当前用户，SQL 语句如下：

```
SQL> show user;
```

按 Enter 键，语句执行结果如图 16-30 所示，当前用户为 SYS，说明是管理员用户，可以执行锁定与解锁操作。

执行锁定账户操作，SQL 语句如下：

```
SQL> ALTER USER SCOTT ACCOUNT LOCK;
```

按 Enter 键，语句执行结果如图 16-31 所示，提示用户已更改。

图 16-30　显示当前用户

图 16-31　锁定账户

验证是否锁定成功，SQL 语句如下：

```
SQL> conn scott/123456
```

按 Enter 键，语句执行结果如图 16-32 所示，给出一定的错误警告，这就说明当前用户已经被锁定。

解锁被锁定的 Scott 账户，首先使用 sys 账户登录数据库，SQL 语句如下：

```
SQL> conn sys as sysdba
输入口令：
已连接.
```

按 Enter 键，语句执行结果如图 16-33 所示。

接着输入用于解锁 Scott 账户的语句，SQL 语句如下：

```
ALTER USER SCOTT ACCOUNT UNLOCK;
```

按 Enter 键，语句执行结果如图 16-34 所示，提示用户已更改。

图 16-32　验证是否锁定成功

图 16-33　使用 sys 账户登录数据库

最后可以使用解锁后的 SCOTT 账户登录到数据库，SQL 语句如下：

```
conn scott/123456;
```

按 Enter 键，语句执行结果如图 16-35 所示，提示用户已连接，说明账户解锁成功。

图 16-34　解锁被锁定的 Scott 账户

图 16-35　使用解锁后的 SCOTT 账户登录到数据库

16.8　就业面试技巧与解析

16.8.1　面试技巧与解析（一）

面试官：角色如何继承？

应聘者：一个角色可以继承其他角色的权限集合。例如，角色 MYROLE 语句具备了对表 fruits 的增加删除权限。此时创建一个新的角色 MYROLE01，该角色继承角色 MYROLE 的权限，实现的语句如下：

```
GRANT MYROLE TO MYROLE01;
```

16.8.2　面试技巧与解析（二）

面试官：如何查询已经存在的概要文件？

应聘者：概要文件被保存在数据字典 DBA_PROFILES 中，如果想查询概要文件，可以使用如下语句：

```
SELECT * FROM DBA_PROFILES;
```

第 17 章

Oracle 控制文件和日志的管理

 学习指引

    Oracle 的控制文件主要用来存放数据库的名字、数据库的位置等信息，日志主要记录 Oracle 数据库的日常操作，控制文件和日志文件存储 Oracle 数据库中的重要信息。本章介绍 Oracle 控制文件和日志的管理，主要内容包括控制文件的管理、日志文件的管理等。

 重点导读

- 了解什么是控制文件。
- 了解什么是 Oracle 日志。
- 掌握控制文件的管理方法。
- 掌握日志文件的管理方法。

17.1　了解控制文件

    在创建数据库时，控制文件被自动创建，如果数据库的信息发生变化，控制文件也会随之改变。控制文件不能手动修改，只能由 Oracle 数据库本身来修改。控制文件在数据库启动和关闭时都要使用，如果没有控制文件，数据库将无法工作。

 ### 17.1.1　什么是控制文件

    控制文件是一个很小的二进制文件（10MB 左右），含有数据库结构信息，包括数据文件和日志文件信息。控制文件在数据库创建时被自动创建，并在数据库发生物理变数时更新。控制文件被不断更新，在任何时候都要保证控制文件可用，否则，数据库将无法启动或者使用。

    控制文件在每个数据库中都存在，但是一个控制文件只能属于一个数据库，这就像工作证，每个员工都有工作证，但是一个工作证只能属于一个员工。

    控制文件中主要包含以下信息：

- 数据库名称和数据库唯一标识符（DBID）。
- 创建数据库的时间戳。
- 有关数据库文件、联机重做日志、归档日志的信息。
- 表空间信息。
- RMAN 备份信息。

17.1.2　控制文件的作用

控制文件中包含数据文件、重做日志文件等打开数据库所需要的信息，控制文件跟踪数据库的结构变化。例如，当管理员添加、重命名、删除数据文件或重做日志文件时，数据库将更新控制文件，记录相应的修改。

另外，控制文件中还包含数据库打开时需要使用的元数据。例如，控制文件中包含包括检查点在内等用于恢复数据库所需的信息。在实例恢复过程中，检查点能指示出 redo stream 需要的起始 SCN。每次提交更改之前检查点确保 SCN 已保存到磁盘上的数据文件中。至少每隔 3s，检查点进程会在控制文件中记录有关重做日志中的检查点的位置。

在数据库使用期间，Oracle 数据库不断读取和写入控制文件，并且只要数据库处于打开状态，控制文件就必须是可用的，以便可以写入。例如，恢复数据库涉及控制文件中读取数据库中包含的所有数据文件名称。其他的操作，如添加数据文件，会更新存储在控制文件中的信息。

17.1.3　控制文件的结构

与数据库相关的信息存储在控制文件中的不同部分，每个部分分别是有关数据库的某个方面的一组记录。例如，控制文件中有一个部分追踪数据文件，并包含一个记录集合，每个数据文件有一条记录，每个部分存储在多个逻辑控制文件块中，同一部分可以跨越多个块。

控制文件中包含两种类型的记录，下面分别进行介绍。

（1）循环重用记录：这些记录包含可以被覆盖的非关键信息。当所有可用的记录槽用完时，数据库需要扩展控制文件或覆盖最旧的记录，以便为新记录腾出空间。循环重用记录可以删除，并且不会影响数据库运行，如 RMAN 备份记录、归档日志历史信息等信息。

（2）非循环重用记录：这些记录包含不经常更改且不能被覆盖的关键信息，包括表空间、数据文件、联机重做日志文件、重做线程，Oracle 数据库绝不会重用这些记录，除非从表空间中删除相应的对象。

17.2　管理控制文件

控制文件包含了如此多的重要信息，需要保护并及时备份控制文件，以便它被损坏或者磁盘介质损坏时，能够及时恢复。本节就来介绍管理控制文件的方法。

17.2.1　查看控制文件的信息

查看目前系统的控制文件信息，主要是查看相关的数据字典视图，Oracle 数据库中用于查看控制文件信息的数据字典如表 17-1 所示。

表 17-1　包含控制文件信息的数据字典

视 图 名 称	说　　明
v$controlfile	包含所有控制文件的名称和状态信息
v$controlfile_record_section	包含控制文件中各个记录文档段的信息
v$parameter	包含了系统所有初始化参数，可以查询到 control_files 的信息

【例 17-1】在数据字典中查看控制文件的结构信息。实现代码如下：

```
desc v$controlfile
```

按 Enter 键，语句执行结果如图 17-1 所示，从运算结果中可以看出，控制文件的数据字典就是一组表和视图结构，用于存放数据库所用的有关信息，对用户来说是一组只读的表。

通过数据字典 v$controlfile，可以查看控制文件的存放位置和状态。

【例 17-2】在数据字典中查看控制文件的存放位置和状态。实现代码如下：

```
SELECT name,status FROM v$controlfile;
```

按 Enter 键，语句执行结果如图 17-2 所示。

通过数据字典 v$controlfile，可以查看控制文件的存放位置和状态。

【例 17-3】在数据字典中查看控制文件的存放位置和状态。实现代码如下：

```
SELECT name,status FROM v$controlfile;
```

按 Enter 键，语句执行结果如图 17-2 所示。

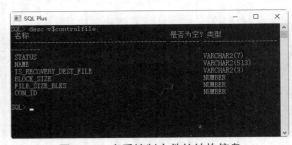

图 17-1　查看控制文件的结构信息

图 17-2　查看控制文件的存放位置和状态

【例 17-4】查看控制文件中各个记录文档段的信息。SQL 代码如下：

```
SELECT *FROM v$controlfile_record_section;
```

按 Enter 键，语句执行结果如图 17-3 所示。

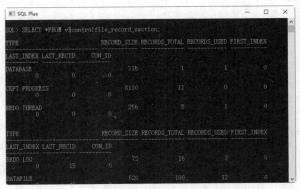

图 17-3　查看控制文件中各个记录文档段的信息

17.2.2　控制文件的多路复用

为了提高数据库的安全性，至少要为数据库建立两个控制文件，而且这两个文件最好分别放在不同的磁盘中，这样可以避免产生由于某个磁盘故障而无法启动数据库的危险，该管理策略称为多路复用控制文件。

当多路复用控制文件某个磁盘发生故障导致其包含的控制文件损坏时，数据库将被关闭或者发生异常，此时可以用另一磁盘中保存的控制文件来恢复被损坏的控制位文件，然后重启数据库，达到保护控制文件的目的。

1. 使用 init.ora 多路复用控制文件

控制文件虽然由数据库直接创建，但是在数据库初始化之前，用户可以修改这个初始化文件 init.ora，要修改 init.ora，需要先找到它的存放位置，这个文件的位置在安装目录的 admin\orcl\pflie 下，如图 17-4 所示。

图 17-4　init.ora 的位置

在修改 init.ora 文件之前，先通过复制把控制文件复制到不同的位置，然后用记事本打开 init.ora 文件，找到 control_files 参数后即可进行修改，如果 17-5 所示。修改时需要注意，每个控制文件之间用逗号分隔，并且每一个控制文件都是用双括号括起来的。在修改控制文件的路径之前，需要把控制文件复制一份进行保存，以免数据库无法启动。

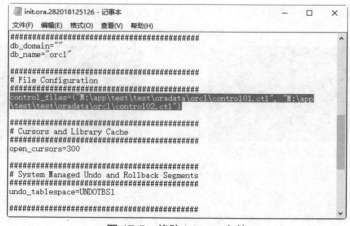

图 17-5　修改 init.ora 文件

2. 使用 SPFILE 多路复用控制文件

除了通过修改 init.ora 初始化参数的方式可以实现多路复用控制文件外，还可以通过 SPFILE 方式实现多路复用，它们的原理和修改参数是一样的。

【例 17-5】使用 SPFILE 多路复用控制文件。

首先，修改 control_files 参数，在确保数据库是打开状态时，使用以下命令修改 control_files 参数，SQL 语句如下：

```
alter system set control_files = ' M:\app\test\test\oradata\orcl\CONTROL01.CTL ',' M:\app\test\test\oradata\orcl\CONTROL02.CTL ',' M:\app\test\test\oradata\orcl\CONTROL03.CTL ',' M:\app\test\test\oradata\orcl\CONTROL04.CTL '
    scope=spfile;
```

按 Enter 键，语句执行结果如图 17-6 所示。上面的代码中，前 3 个控制文件已经创建好，第 4 个文件是用户将要手动添加的，但是目前还没有创建该文件，创建该文件前需要关闭数据库，然后将第 1 个复制过去即可。

下面关闭数据库，因为在数据库打开时，数据库中的文件是无法操作的。关闭数据库的 SQL 命令如下：

```
shutdown immediate;
```

按 Enter 键，语句执行结果如图 17-7 所示，提示用户数据库已关闭。

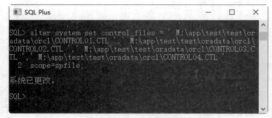

图 17-6　修改 control_files 参数　　　　　　　　　　图 17-7　关闭数据库

接着在 DOS 窗口下使用复制命令在指定位置增加一个控制文件，具体命令如下：

```
host copy M:\app\test\test\oradata\orcl\CONTROL01.CTL M:\app\test\test\oradata\orcl\CONTROL04.CTL
```

按 Enter 键，语句执行结果如图 17-8 所示，提示已复制 1 个文件。

文件复制完成后，使用 startup 命令重新启动数据库。

```
startup
```

按 Enter 键，语句执行结果如图 17-9 所示，提示用户 Oracle 例程已经启动。

图 17-8　使用复制命令增加一个控制文件　　　　　　图 17-9　重新启动数据库

最后使用 v$parameter 重新查询现存的控制文件，命令如下：

```
show parameter control_files;
```

按 Enter 键，语句执行结果如图 17-10 所示。

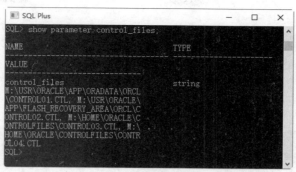

图 17-10　重新查询现存的控制文件

提示：为了解决控制文件一致性问题，可以在关闭数据库后，再复制控制文件，这样在 startup nomount 修改控制文件并重启数据库时，就可以看到数据库已经增加控制文件了。

17.2.3　手动创建控制文件

虽然有多种保护控制的方法，但是仍然不能完全保证控制不出现丢失和损坏的情况。特别是以下两种情况出现时：

（1）需要永久地修改数据库的参数设置。

（2）当控制文件全部损坏，无法修复时。

当数据库所有的控制文件都丢失或者损坏，唯一补救方法就是手动创建一个新的控制文件。创建的语法如下：

```
create controlfile
reuse database db_name
logfile
group 1 redofiles_list1
group 2 redofiles_list2
group 3 redofiles_list3
...
datafile
datafile1
datafile2
datafile3
...
maxlogfiles max_value1
maxlogmembers max_value2
maxinstances max_value3
maxdatafiles max_value4
noresetlogs|resetlogs
archivelog|noarchivelog;
```

主要参数介绍如下：

- db_name：数据名称，通常是 orcl。
- redofiles_list：重做日志组中的重做日志文件列表。
- datafile1：数据文件路径。
- max_value1：最大的重做日志文件数，这是一个永久性参数，一旦设置就不能修改，如果想要修改，只有重建控制文件。

下面介绍手动创建控制文件的方法。

【例 17-6】 手动创建控制文件。

首先，查询当前数据库的数据文件，SQL 命令如下：

```
SELECT name FROM v$datafile;
```

按 Enter 键，语句执行结果如图 17-11 所示。

图 17-11　查询当前数据库的数据文件

接着查询当前数据库的日志文件，SQL 命令如下：

```
SELECT member FROM v$logfile;
```

按 Enter 键，语句执行结果如图 17-12 所示。

图 17-12　查询当前数据库的日志文件

在创建控制文件之前，需要先关闭数据库。SQL 命令如下：

```
shutdown immediate;
```

按 Enter 键，语句执行结果如图 17-13 所示。

提示：为了保证数据库的安全，关闭数据库后，应该把数据库的日志文件、数据库文件、参数文件等备份到其他硬盘上。备份原来的控制文件，还需要启动一个数据库实例，启动实例的 SQL 语句如下：

```
startup nomount;
```

按 Enter 键，语句执行结果如图 17-14 所示，参数 nomount 表示只启动实例。

图 17-13　关闭数据库

图 17-14　启动数据库实例

最后，创建新的控制文件，SQL 语句如下：

```
create controlfile
reuse database "orcl"
logfile
group 1 '/usr/oracle/app/oradata/orcl/redo01.log',
group 2 '/usr/oracle/app/oradata/orcl/redo02.log',
group 3 '/usr/oracle/app/oradata/orcl/redo03.log'
datafile
'/usr/oracle/app/oradata/orcl/system01.dbf',
'/usr/oracle/app/oradata/orcl/sysaux01.dbf',
'/usr/oracle/app/oradata/orcl/undotbs01.dbf',
'/usr/oracle/app/oradata/orcl/users01.dbf',
'/usr/oracle/app/oradata/orcl/CTRR_DATA.dbf'
maxlogfiles 50
maxlogmembers 4
maxinstances 6
maxdatafiles 200
noresetlogs
noarchivelog;
```

按 Enter 键，语句执行结果如图 17-15 所示。参数 noresetlogs 表示在创建控制时不需要重做日志文件和重命名数据库，否则，可以使用 resetlogs 参数。

图 17-15　创建新的控制文件

执行创建命令之后，新的控制文件还是被存放在原来的文件下，可以尝试备份，然后将之前的控制文件删掉，会发现原来的文件下名字一样的控制文件又出现了，编辑 SPFILE 文件中的初始化参数 CONTROL_FILES，使其指向新建的控制文件，SQL 命令如下：

```
alter system set control_files = '/usr/oracle/app/oradata/orcl/control01.ctl','/usr/oracle/app/flash_recovery_area/orcl/control02.ctl'
scope=spfile;
```

按 Enter 键，语句执行结果如图 17-16 所示。

重启数据库后，查询 v$controlfile 数据字典，检查控制文件是否全部正确加载，SQL 命令如下：

```
SELECT name FROM v$controlfile;
```

至此，控制文件创建成功。

注意：如果数据库加载不了，可以重新启动数据库服务。

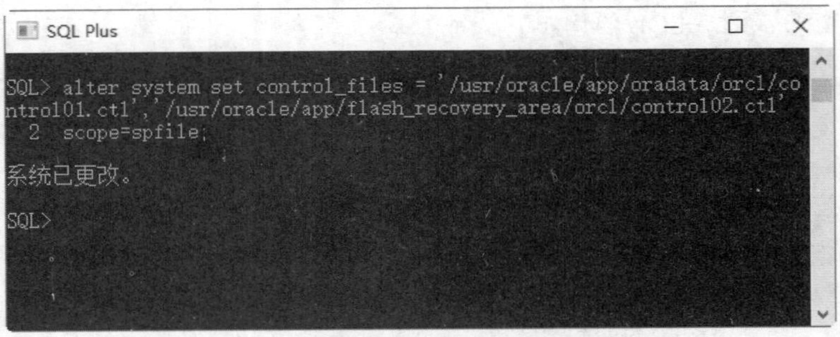

SQL Plus

```
SQL> alter system set control_files = '/usr/oracle/app/oradata/orcl/co
ntrol101.ctl', '/usr/oracle/app/flash_recovery_area/orcl/control102.ctl'
  2  scope=spfile;

系统已更改。

SQL>
```

图 17-16　编辑 SPFILE 文件中的初始化参数

17.2.4　删除控制文件

删除控制文件的方法如下：首先修改数据库的参数文件中的 control_files 参数，把 control_files 中要删除的那个控制文件去掉，然后关闭数据库，把要删除的控制文件删除，再启动数据库就可以了。

17.3　了解日志文件

日志文件在 Oracle 数据库中分为重做日志文件和归档日志文件两种，下面分别对它们进行介绍。

1. 什么是日志文件

Oracle 日志文件相当于数据库的日记，记录着每一个对数据库的更改，当发生数据库记忆丢失的情况时（如数据文件意外删除、数据表意外删除、数据文件块损坏等），Oracle 只要规规矩矩地按照日志文件记载一步一步把曾经执行过的操作再重做一遍，数据库还可以回到应用的状态。

2. 日志模式的分类

虽然归档日志文件可以保存重做日志文件中即将被覆盖的记录，但它并不是总起作用的，这要看 Oracle 数据库所设置的日志模式，通常 Oracle 有两种日志模式，如下：

- 第一种是非归档日志模式（NOARCHIVELOG），在非归档日志模式下，原日志文件的内容会被新的日志内容所覆盖。
- 第二种是归档日志模式（ARCHIVELOG），在归档日志模式下，Oracle 会首先对原日志文件进行归档存储，且在归档未完成之前不允许覆盖原有日志。

3. 日志文件的分类

Oracle 日志文件分为重做日志文件和归档日志文件，二者的关系如下：归档日志文件可以看成重做日志文件的备份累积。

（1）重做日志文件

重做日志文件用于记载事务操作所引起的数据变化，当执行 DDL 或 DML 操作时，由 LGWR 进程将缓冲区中与该事物相关的重做记录全部写入重做日志文件。当丢失或损坏数据库中的数据时，Oracle 会根据重做日志文件中的记录恢复丢失的数据。

重做日志文件由重做记录组成，重做记录又称为重做条目，它由一组变更向量组成。每个变更向量都记录了数据库中某个数据块所做的修改。例如，用户执行了一条 UPDATE 语句对某个表的一条记录进行修改，同时生成一个条重做记录。这条重做记录可能由多个变更向量组成，在这些变更向量中记录了所有被这条语句修改过的数据块中的信息，被修改的数据块包括表中存储这条记录的数据块，以及回滚段中存储的相应回滚条目的数据块。如果由于某种原因导致这条 UPDATE 语句执行失败，这时事务就可以通过与这条 UPDATE 语句对应的重做记录找到被修改之前的结果，然后将其复制到各个数据块中，从而完成数据恢复。

　　利用重做记录，不仅能够恢复对数据文件所做的修改操作，还能够恢复对回退段所做的修改操作。因此，重做日志文件不仅可以保护数据，还能够保护回退段数据。在进行数据库恢复时，Oracle 会读取每个变更向量，然后将其中记录的修改信息重新应用到相应的数据块上。

　　（2）归档日志文件

　　在归档模式（ARCHIVELOG）下，重做日志文件被覆盖之前，Oracle 能够将已经写满的重做日志文件通过复制保存到指定的位置，保存下来的所有重做日志文件被称为"归档重做日志"，这个过程就是"归档过程"。只有数据库处于归档模式时，才会对重做日志文件执行归档操作。另外，归档日志文件中不仅包含了被覆盖的日志文件，还包含重做日志文件使用的顺序号。

　　在非归档模式下，日志文件只能用于保护实例故障，而不能保护介质故障，当数据库处于非归档模式时，如果进行日志切换，生成的新内容将直接覆盖原来的日志记录。使用非归档模式具有如下一些特点：

- 当检查点完成之后，后台进程 LGWR 可以覆盖原来的重做日志文件。
- 如果数据库备份后的重做日志内容已经被覆盖，那么当出现数据库文件损坏时，只能恢复到最近一次的某个完整备份点，而且这个备份点的时间人工无法控制，甚至可能会有数据丢失。

Oracle 数据库具体应用归档模式还是非归档模式，由数据库对应的应用系统来决定。如果任何由于磁盘物理损坏而造成的数据丢失都是不允许的，那么就只能使用归档模式；如果只是强调应系统的运行效率，而将数据的丢失考虑次之，可以采取非归档模式，但数据库管理员必须经常定时对数据库进行完整的备份。

　　在归档模式下，Oracle 的性能会受到一定的影响，所以，Oracle 默认情况采用的是非归档模式。获取当前 Oracle 的归档模式可以从 v$database 数据字典中查看。

　　【例 17-7】查看 v$database 数据字典中的描述内容。实现代码如下：

```
desc v$database;
```

按 Enter 键，语句执行结果如图 17-17 所示。

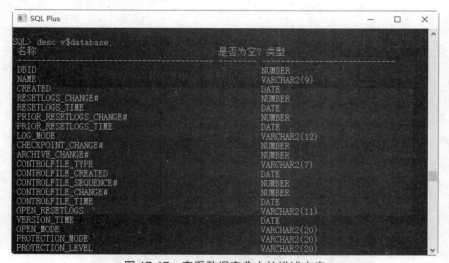

图 17-17　查看数据字典中的描述内容

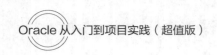

如果需要查看当前数据库的模式，可以通过查看当前数据库的 log_mode 的值。

【例 17-8】查看当前数据库的模式。实现代码如下：

```
SELECT NAME,LOG_MODE FROM V$DATABASE;
```

按 Enter 键，语句执行结果如图 17-18 所示。从运算结果中可以看出，当前模式为非归档模式。如果结果为 ARCHIVELOG，则表示当前模式为归档模式。

图 17-18　查看当前数据库的模式

17.4　管理日志文件

在 Oracle 数据库中，日志文件全部存放在日志文件组中。本节将讲述日志文件的管理方法。

17.4.1　查看日志文件信息

对于数据库管理员而言，经常查看日志文件是其一项必要的工作内容，用以了解数据库的运行情况。要了解 Oracle 数据库的日志文件信息，可以查询表 17-2 中 3 个常用数据字典视图。

表 17-2　包含日志信息的数据字典和动态性能视图

视 图 名 称	说　明
v$LOG	显示控制文件中的日志文件信息
v$LOGFILE	日志组和日志成员信息
v$LOG_HISTORY	日志历史信息

【例 17-9】在 SQL*Plus 环境中，使用 desc 命令显示 V$LOG 数据字典视图的结构。SQL 代码如下：

```
desc v$log;
```

按 Enter 键，语句执行结果如图 17-19 所示。

图 17-19　显示 V$LOG 数据字典视图的结构

在上面的运行结果中，用户需要对以下内容进行了解：

- GROUP#：日志文件组编号。
- SEQUENCE#：日志序列号。
- STATUS：日志组的状态，有三种，分别是 CURRENT、INACTIVE、ACTIVE。
- FIRST_CHANGE#：重做日志组上一次写入时的系统变更码（SCN），也称作检查点号。在使用日志文件对数据库进行恢复时，将会用到 SCN。

17.4.2　查看归档日志信息

查看归档日志信息主要有两种方法：一种是使用数据字典和动态性能视图；另一种是使用 ARCHIVE LOG LIST 命令。

1. 使用数据字典和动态性能视图

常用的各种包含归档信息的数据字典和动态性能视图如表 17-3 所示。

表 17-3　包含归档信息的数据字典和动态性能视图

视 图 名 称	说　　明
v$database	用于查询数据库是否处于归档模式
v$archived_log	包含控制文件中所有已经归档的日志信息
v$archive_dest	包含所有归档目标信息
v$archive_processes	包含已启动的 ARCN 进行状态信息
v$backup_redolog	包含所有已经备份的归档日志信息

下面通过查询 V$ARCHIVE_DEST 动态性能视图来显示归档目标信息。

【例 17-10】使用 V$ARCHIVE_DEST 动态性能视图查看归档目标信息，SQL 代码如下：

```
SELECT DEST_NAME FROM V$ARCHIVE_DEST;
```

按 Enter 键，语句执行结果如图 17-20 所示。

2. 使用 ARCHIVE LOG LIST 命令

在 SQL*Plus 环境中，使用 ARCHIVE LOG LIST 命令也可以显示当前数据库的归档信息，SQL 命令如下：

```
archive log list;
```

按 Enter 键，语句执行结果如图 17-21 所示。

图 17-20　查看归档目标信息

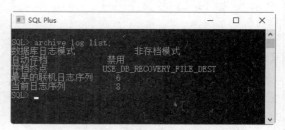

图 17-21　显示当前数据库的归档信息

17.4.3　新建日志文件组

通过日志文件组，数据库管理员可以轻松管理日志文件。创建日志文件组的语法如下：

```
ALTER DATABASE [database_name]
ADD LOGFILE GROUP n
Filename SIZE m;
```

参数介绍如下：

- database_name：为要修改的数据库名，如果省略，表示为当前数据库。
- n：为创建日志工作组的组号，组号在日志组中必须是唯一的。
- filename：表示日志文件组的存在位置。
- m：表示日志文件组的大小，默认情况下大小为 50MB。

【例 17-11】新建日志文件组。SQL 代码如下：

```
ALTER DATABASE
ADD LOGFILE GROUP 5
('M:\app\test\oradata\orcl\mylogn.log') SIZE 20M;
```

按 Enter 键，语句执行结果如图 17-22 所示。提示用户
数据库已更改，可见数据库中已经创建了新的日志文件组。

图 17-22　新建日志文件组

17.4.4　添加日志文件到组

添加日志文件到日志文件组的语法规则如下：

```
ALTER DATABASE [database_name]
ADD LOGFILE MEMMER
Filename TO GROUP n;
```

其中，参数 database_name 为要修改的数据库名，如果省略，表示为当前数据库；参数 filename 表示日志文件的存在位置；参数 n 为日志文件填入的组号。

【例 17-12】添加日志文件到日志文件组。SQL 代码如下：

```
ALTER DATABASE
ADD LOGFILE MEMBER
'M:\app\test\oradata\orcl\mylog.log'
TO GROUP 5;
```

按 Enter 键，语句执行结果如图 17-23 所示。提示用户
数据库已更改，此时创建的日志文件添加到日志文件组 5 中，
添加的日志文件名称为 mylog.log。

图 17-23　添加日志文件到日志文件组

17.4.5　查询日志文件组

查找日志文件组主要是通过 V$LOG 来查询，下面通过案例来讲解具体的方法。

【例 17-13】查询 V$LOG 中的组号（GROUP#）、成员数（MEMBERS）和状体（STATUS）的信息。
SQL 代码如下：

```
SELECT GROUP#, MEMBERS,STATUS FROM V$LOG;
```

按 Enter 键，语句执行结果如图 17-24 所示。

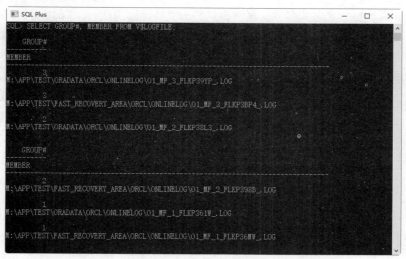

图 17-24　查询 V$LOG 中的组号、成员数和状态的信息

17.4.6　查询日志文件

查询日志文件主要是通过 V$LOGFILE 来查询，下面通过案例来讲解具体的方法。

【例 17-14】查询 V$LOGFILE 中的组号（GROUP#），成员（MEMBER）的信息。实现代码如下：

```
SELECT GROUP#, MEMBER FROM V$LOGFILE;
```

按 Enter 键，语句执行结果如图 17-25 所示。

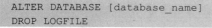

图 17-25　查询 V$LOGFILE 中的组号、成员信息

输出的内容如下：

```
GROUP#    MEMBER
-------   -------
3         M:\APP\TEST\ORADATA\ORCL\ONLINELOG\O1_MF_3_FLKP39YP_ .LOG
3         M:\APP\TEST\FAST_RECOVERY_AREA\ORCL\ONLINELOG\O1_MF_3_FLKP3BP4_ .LOG
2         M:\APP\TEST\ORADATA\ORCL\ONLINELOG\O1_MF_2_FLKP38L3_ .LOG
2         M:\APP\TEST\FAST_RECOVERY_AREA\ORCL\ONLINELOG\O1_MF_2_FLKP398B_ .LOG
1         M:\APP\TEST\ORADATA\ORCL\ONLINELOG\O1_MF_1_FLKP361W_ .LOG
1         M:\APP\TEST\FAST_RECOVERY_AREA\ORCL\ONLINELOG\O1_MF_1_FLKP36MW_ .LOG
```

17.4.7　删除日志文件组

使用 ALTER DATABASE 语句可以删除日志文件组，具体的语法规则如下：

```
ALTER DATABASE [database_name]
DROP LOGFILE
```

```
GROUP n;
```

其中，参数 n 为日志文件组的组号。

【例 17-15】删除日志文件组 5。实现代码如下：

```
ALTER DATABASE
DROP LOGFILE
GROUP 5;
```

按 Enter 键，语句执行结果如图 17-26 所示。此时，日志
文件组 5 被成功删除掉。

图 17-26　删除日志文件组 5

17.4.8　删除日志文件

删除日志文件的方法与删除文件组的语法类似，语法格式如下：

```
ALTER DATABASE [database_name]
DROP LOGFILE MEMBER
filename;
```

其中，参数 filename 表示日志文件的名称，当然也包日志文件
的路径。

【例 17-16】删除日志文件 mylog.log。实现代码如下：

```
ALTER DATABASE
DROP LOGFILE MEMBER
'M:\app\test\oradata\orcl\mylog.log';
```

按 Enter 键，语句执行结果如图 17-27 所示。此时，日志
文件 mylog.log 被成功删除。

图 17-27　删除日志文件 mylog.log

17.5　就业面试技巧与解析

17.5.1　面试技巧与解析（一）

面试官：如何提高日志的切换频率？

应聘者：通过参数 ARCHIVE_LAG_TARGET 可以控制日志切换的时间间隔，以秒（s）为单位。通过
减少时间间隔，从而实现提高日志的切换频率。例如以下代码：

```
SQL> ALTER SYSTEM SET ARCHIVE_LAG_TARGET=50 SCOPE=both;
```

通过上面的命令，可以实现日志每 50s 切换一次。

17.5.2　面试技巧与解析（二）

面试官：联机日志文件的状态有哪些？

应聘者：在 Oracle 日志文件中，最容易模糊的就是日志文件的 3 个状态，它们的含义如下。

- current：表示 LGWR 正在写的日志文件。
- active：表示 LGWR 正在写的日志文件，实例恢复时需要这种文件。
- inactive：表示 LGWR 正在写的日志文件，实例恢复时也不会用到这种文件。

第18章

Oracle 数据的备份与还原

 学习指引

　　保证数据安全最重要的一个措施就是定期对数据进行备份。如果数据库中的数据丢失或者出现错误，可以使用备份的数据进行还原。本章介绍 Oracle 数据的备份与还原，主要内容包括数据的冷备份、数据的热备份、数据的还原、数据表的导入与导出等。

 重点导读

- 了解什么是数据备份。
- 掌握数据备份的方法。
- 掌握数据还原的方法。
- 掌握数据表的导出方法。
- 掌握数据表的导入方法。

18.1　数据的备份与还原

　　数据库管理员的一项重要工作就是对数据进行备份，当数据库系统发生意外而导致数据丢失后，就可以使用备份来还原数据，这样就可以尽可能地减少损失。

18.1.1　数据冷备份

　　冷备份发生在数据库已经正常关闭的情况下，当正常关闭时会提供给用户一个完整的数据库。这样就可以把数据复制到另外一个位置，这是一种物理备份的方法，对 Oracle 信息而言，冷备份是最快和最安全的方法。

　　冷备份具有如下优点：

- 冷备份是非常快速的备份方法（只需复制文件）。

- 容易归档（简单复制即可）。
- 容易恢复到某个时间点上（只需将文件再复制回去）。
- 能与归档方法相结合，做数据库"最佳状态"的恢复。
- 低度维护，高度安全。

但是，冷备份也有不足之处，分别如下：

- 单独使用时，只能提供到"某一时间点上"的恢复。
- 在实施备份的全过程中，数据库必须做备份而不能做其他工作。也就是说，在冷备份过程中，数据库必须是关闭状态。
- 若磁盘空间有限，只能复制到磁带等其他外部存储设备上，速度会很慢。
- 不能按表或按用户恢复。

如果可能的话（主要看效率），应将信息备份到磁盘上，然后启动数据库（使用户可以工作）并将备份的信息复制到磁带上（复制的同时，数据库也可以工作）。

冷备份中必须复制的文件包括以下几个：

- 所有数据文件。
- 所有控制文件。
- 所有联机 REDO LOG 文件。
- Init.ora 文件（可选）。

注意：使用冷备份必须在数据库关闭的情况下进行，当数据库处于打开状态时，执行数据库文件系统备份是无效的。

【例 18-1】冷备份当前数据库。

首先正常关闭数据库，使用以下 3 行命令之一即可：

```
shutdown immediate
shutdown transactional
shutdown normal
```

按 Enter 键，语句执行结果如图 18-1 所示，提示用户数据库已关闭。

图 18-1　关闭数据库

接着通过操作系统命令或者手动复制文件到指定位置，此时需要较大的介质存储空间。最后，重启 Oracle 数据库，SQL 命令如下：

```
sql>startup
```

18.1.2　数据热备份

热备份是在数据库运行的情况下，采用 archivelog mode 方式备份数据库的方法。热备份要求数据库在 Archivelog 方式下操作，并需要大量的存储空间。一旦数据库运行在 archivelog 状态下，就可以做备份了。

热备份的命令文件由以下 3 部分组成：

（1）备份数据文件和表空间，包括以下内容：

- 设置表空间为备份状态。
- 备份表空间的数据文件。
- 回复表空间为正常状态。

（2）备份归档日志文件，包括以下内容：

- 临时停止归档进程。
- 记录需要备份的日志文件。
- 重新启动 archive 进程。
- 备份归档的日志文件。

（3）用 alter database bachup controlfile 命令来备份控制文件。

热备份具有如下优点：

- 可在表空间或数据库文件级备份，备份的时间短。
- 备份时数据库仍可使用。
- 可达到秒级恢复（恢复到某一时间点上）。
- 可对几乎所有数据库实体做恢复。
- 恢复是快速的，在大多数情况下，数据库在工作时就可以恢复。

热备份具有如下不足之处：

- 不能出错，否则后果严重。
- 若热备份不成功，所得结果不可用于时间点的恢复。
- 因难于维护，所以，要特别仔细小心，不允许"以失败告终"。

下面介绍数据热备份的方法。热备份也称为联机备份，需要在数据库的归档模式下进行备份。

【例 18-2】查看数据库中日志的状态。

```
archive log list;
```

按 Enter 键，语句执行结果如图 18-2 所示，从运算结果中可以看出，目前数据库的日志模式是不归档模式，同时自动模式也是已禁用的。

【例 18-3】设置数据库日志模式为归档模式，首先修改系统的日志方式为归档模式，SQL 语句如下：

```
alter system set log_archive_start=true scope=spfile;
```

按 Enter 键，语句执行结果如图 18-3 所示，提示用户系统已更改。

图 18-2　查看数据库中日志的状态　　　　图 18-3　修改系统的日志方式为归档模式

接着关闭数据库，SQL 语句如下：

```
shutdown immediate;
```

按 Enter 键，语句执行结果如图 18-4 所示，提示用户数据库已关闭。

下面启动 mount 实例，但是不启动数据库，SQL 语句如下：

```
startup mount;
```

按 Enter 键，语句执行结果如图 18-5 所示，提示用户 Oracle 实例已启动。

图 18-4　关闭数据库

图 18-5　启动 mount 实例

最后更改数据库为归档模式，SQL 语句如下：

```
alter database achivelog;
```

按 Enter 键，语句执行结果如图 18-6 所示，提示用户数据库已更改。

设置完成后，再次查询当前数据库的归档模式，命令如下：

```
archive log list;
```

按 Enter 键，语句执行结果如图 18-7 所示，从运算结果中可以看出，当前日志模式已经修改为归档模式，并且自动存档已经启动。

图 18-6　更改数据库为归档模式

图 18-7　查询当前数据库的归档模式

把数据库设置成归档模式后，就可以进行数据库的备份与恢复操作。

【例 18-4】备份表空间 TEMP。

首先将数据库的状态设置为打开状态，改变数据库的状态为 open，SQL 命令如下：

```
alter database open;
```

按 Enter 键，语句执行结果如图 18-8 所示。

接着备份表空间 TEMP，开始命令如下：

```
alter tablespace TEMP begin backup;
```

下面打开数据库中的 oradata 文件夹，把文件复制到磁盘中的另外一个文件夹或其他磁盘上。

图 18-8　改变数据库的状态为 open

最后，结束备份命令如下：

```
alter tablespace TEMP end backup;
```

至此，就完成了数据的热备份。

18.1.3　数据的还原

当数据丢失或意外破坏时，可以通过还原已经备份的数据尽量减少数据的丢失，下面介绍数据还原的方法。

【例 18-5】恢复表空间 TEMP 中的数据文件。

首先，对当前的日志进行归档，SQL 命令如下：

```
alter system archive log current;
```

按 Enter 键，语句执行结果如图 18-9 所示，提示用户系统已更改。

接着，切换日志文件，一般情况下，一个数据库中包含 3 个日志文件，所以，需要使用 3 次下面的语句来切换日志文件：

```
alter system switch logfile;
```

按 Enter 键，语句执行结果如图 18-10 所示，提示用户系统已更改。

图 18-9　对当前的日志进行归档

图 18-10　切换日志文件

下面把数据库设置成 OPEN 状态，命令如下：

```
alter database open;
```

按 Enter 键，语句执行结果如图 18-11 所示。

最后，恢复表空间 TEMP 的数据文件，SQL 命令如下：

```
recover datafile 2;
```

这里的编号 2 是数据文件的编号。

数据恢复完成后，设置数据文件为联机状态，SQL 命令如下：

图 18-11　设置数据库成 OPEN 状态

```
alter database datafile 2 online;
```

至此，数据文件的恢复完成。

注意：在恢复数据库中的数据时，把数据库文件设置成脱机状态后，就需要把之前备份好的数据复制到原来的数据文件存放的位置，否则，会提示错误。

18.2　数据表的导出和导入

将数据导出也是保护数据安全的一种方法，Oracle 数据库中的数据表可以导出，同样这些导出文件也可以导入到 Oracle 数据库中。

18.2.1　使用 EXP 工具导出数据

使用 EXP 工具可以导出数据，在 DOS 窗口下输入以下语句，然后根据提示即可导出数据。

```
C:\> EXP username/password
```

其中，username 登录数据库的用户名；password 为用户密码。注意这里的用户不能为 SYS。

【例 18-6】导出数据表 books，代码如下：

```
C:\> EXP system/ Manager123 file=f: \mytest.dmp tables=books;
```

这里指出了导出文件的名称和路径，然后指出导出表的名称。如果要导出多个表，可以在各个表之间用逗号隔开。

导出表空间和导出表不同，导出表空间的用户必须是数据库的管理员角色。导出表空间的命令如下：

```
C:\> EXP username/password  FILE=filename.dmp  TABLESPACES=tablespaces_name
```

其中，参数 username/password 表示具有数据库管理员权限的用户名和密码；filename.dmp 表示存放备份的表空间的数据文件；tablespaces_name 表示要备份的表空间名称。

【例 18-7】导出表空间 TEMP，代码如下：

```
C:\> EXP system/ Manager123 file=f: \mytest01.dmp  TABLESPACES=TEMP
```

18.2.2　使用 EXPDP 导出数据

EXPDP 是从 Oracle 10g 开始提供的导入导出工具，采用的是数据泵技术，该技术是在数据库之间或者数据库与操作系统之间传输数据的工具。

数据泵技术的主要特性如下：

（1）支持并行处理导入、导出任务。

（2）支持暂停和重启动导入、导出任务。

（3）支持通过联机的方式导出或导入远端数据库中的对象。

（4）支持在导入时实现导入过程中自动修改对象属主、数据文件或数据所在表空间。

（5）导入/导出时提供了非常细粒度的对象控制，甚至可以详细制定是否包含或不包含某个对象。

下面开始讲述使用 EXPDP 导出数据的过程。

1. 创建目录对象

使用 EXPDP 工具之前，必须创建目录对象，具体的语法规则如下：

```
SQL> CREATE DIRECTORY directory_name AS 'file_name';
```

其中，参数 directory_name 为创建目录的名称；file_name 表示存放数据的文件夹名。

【例 18-8】创建目录对象 MYDIR，代码如下：

```
SQL> CREATE DIRECTORY MYDIR AS 'DIRMP';
```

按 Enter 键，语句执行结果如图 18-12 所示，提示用户目录已创建。

2. 给使用目录的用户赋权限

新创建的目录对象不是所有用户都可以使用，只有拥有该目录权限的用户才可以使用。假设备份数据库的用户是 SCOTT，那么赋予权限的具体语法如下：

```
SQL> GRANT READ,WRITE ON DIRECTORY directory_name TO SCOTT;
```

其中，参数 directory_name 表示目录的名称。

【例 18-9】将目录对象 MYDIR 权限赋予 SCOTT，代码如下：

```
SQL> GRANT READ,WRITE ON DIRECTORY MYDIR TO SCOTT;
```

按 Enter 键，语句执行结果如图 18-13 所示，提示用户授权成功。

图 18-12　创建目录对象 MYDIR

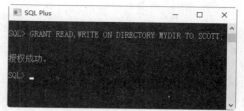

图 18-13　将目录对象 MYDIR 权限赋予 SCOTT

3. 导出指定的表

创建完目录后，即可使用 EXPDP 工具导出数据，操作也是在 DOS 的命令窗口中完成。指定备份表的语法格式如下：

```
C:\> EXP username/password DIRECTORY= directory_name DUMPFILE= file_name TABLE=table_name;
```

其中，参数 directory_name 表示存放导出数据的目录名称；file_name 表示导出数据存放的文件名；table_name 表示准备导出的表名，如果导出多个表，可以用逗号隔开即可。

【例 18-10】导出数据表 BOOKS，代码如下：

```
C:\> EXP scott/tiger  DIRECTORY= MYDIR DUMPFILE=mytemp.dmp TABLE=BOOKS;
```

18.2.3　使用 IMP 导入数据

逻辑导入数据和导出数据是逆过程，使用 EMP 导出的数据，可以使用 IMP 导入数据。

【例 18-11】使用 EXP 导出 fruits 表，命令如下：

```
C:\> EXP scott/tiger file=f: \mytest2.dmp tables=fruits;
```

【例 18-12】使用 IMP 导入 fruits 表，命令如下：

```
C:\> IMP  scott/tiger file= mytest2.dmp  tables=fruits;
```

18.2.4　使用 IMPDP 导入数据

使用 EXPDP 导出数据后，可以使用 IMPDP 将数据导入。

【例 18-13】使用 IMPDP 导入 BOOKS 表，命令如下：

```
C:\>IMPDP scott/tiger  DIRECTORY= MYDIR DUMPFILE=mytemp.dmp TABLE=BOOKS;
```

如果数据库中 BOOKS 表已经存在，此时会报错，解决方式是在上述代码后加上 ignore=y。

18.3　就业面试技巧与解析

18.3.1　面试技巧与解析（一）

面试官：如何把数据导出到磁盘上？

应聘者：Oracle 的导出工具 EXP 支持把数据直接备份到磁带上，这样可以减少把数据备份到本地磁盘，然后在备份到磁带上的中间环节。命令如下：

```
EXP system/ Manager123 file=/dev/rmt0 tables=books;
```

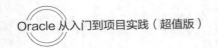

其中，参数 file 指定的就是磁带的设备名。

18.3.2 面试技巧与解析（二）

面试官：如果判断数据导出是否成功？

应聘者：在做数据导出操作时，无论是否成功，都会有提示信息。常见的信息的含义如下：

（1）导出成功，没有任何错误，将会提示如下信息：

```
Export terminated successfully without warnings
```

（2）导出完成，但是某些对象有问题，将会提示如下信息：

```
Export terminated successfully with warnings
```

（3）导出失败，将会提示如下信息：

```
Export terminated unsuccessfully
```

第 19 章

Oracle 数据库的性能优化

 学习指引

    Oracle 性能优化就是通过合理安排资源，调整系统参数，使 Oracle 运行更快、更节省资源。Oracle 性能优化包括查询速度优化、更新速度优化、Oracle 服务器优化等。本章为读者讲解以下几个内容：性能优化的介绍、查询优化、数据库结构优化、Oracle 服务器优化。

 重点导读

- 了解什么是优化。
- 掌握优化内存的方法。
- 掌握优化查询的方法。
- 掌握优化数据库结构的方法。
- 掌握优化 Oracle 服务器的方法。

19.1　性能优化的原则

    优化 Oracle 数据库是数据库管理员和数据库开发人员的必备技能。对 Oracle 优化，一方面是找出系统的瓶颈，提高 Oracle 数据库整体的性能；另一方面需要合理的结构设计和参数调整，以提高用户操作响应的速度；同时还要尽可能节省系统资源，以便系统可以提供更大负荷的服务。

    Oracle 数据库优化是多方面的，优化的原则如下：减少系统的瓶颈，减少资源的占用，提高系统的反应速度。例如，通过优化文件系统，提高磁盘 I/O 的读/写速度；通过优化操作系统调度策略，提高 Oracle 在高负荷情况下的负载能力；优化表结构、索引、查询语句等，使查询响应更快。

19.2　优化 Oracle 内存

从内存中直接读取数据的速度远远大于从磁盘中读取数据的速度，影响内存读取速度的因素有两个：

内存的大小和内存的分配、使用和管理方法。由于 Oracle 提供了自动内存管理机制，所以，用户只需要手动分配内存即可。Oracle 中的内存主要包括两部分：系统全局区和进程全局区，它们既可以在数据库启动时进行加载，也可以在数据库使用中进行设置。

19.2.1　优化系统全局区

系统全局区，简称为 SGA，是 System Global Area 的缩写。SGA 是共享的内存机构，主要存储的是数据库的公用信息，因此，SGA 也被称为共享全局区。SGA 主要包括共享池、缓冲区、大型池、Java 池和日志缓冲区等。

【例 19-1】查看当前数据库的 SGA 状态，SQL 命令如下：

```
SQL> show parameter sga;
```

按 Enter 键，语句执行结果如图 19-1 所示。

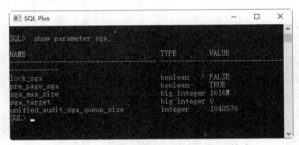

图 19-1　查看当前数据库的 SGA 状态

其中，需要注意的结果有两个：sga_max_size 和 sga_target。sga_max_size 是为 SGA 分配的最大内存，sga_target 指定的是数据库可管理的最大内存。如果 sga_target 值为 0，表示关闭共享内存区。

在 Oracle 中，管理员还可以通过视图 v$sgastat 来查看 SGA 的具体分配情况。SQL 命令如下：

```
SQL> SELECT * FROM v$sgastat;
```

按 Enter 键，语句执行结果如图 19-2 所示。

图 19-2　通过视图 v$sgastat 查看 SGA 的分配情况

如果用户对 SGA 内存大小不满意，可以通过命令来修改 SGA 内存的大小。

【例 19-2】修改 SGA 内存大小，SQL 命令如下：

```
SQL> alter system set sga_max_size=2000m scope=spfile;
```

按 Enter 键，语句执行结果如图 19-3 所示，提示用户系统已更改。其中，scope=spfile 表示设置作用到数据库启动文件中，一旦数据库重启，该参数将立即重启。

修改参数 sga_target 为 2000M，SQL 命令如下：

```
SQL> alter system set sga_target =2000m  scope=spfile;
```

按 Enter 键，语句执行结果如图 19-4 所示，提示用户系统已更改，这样，数据库重启后，SGA 的大小已经被成功修改了。

图 19-3　修改 SGA 内存大小

图 19-4　修改参数 sga_target 的大小

19.2.2　优化进程全局区

进程全局区简称为 PGA。每个客户端连接到 Oracle 服务器都由服务器分配一定的内存来保持连接，并在该内存中实现用户私有操作。所有用户连接的内存集合就是 Oracle 数据库的 PGA。

【例 19-3】查看 PGA 的状态，命令如下：

```
show parameter pga;
```

按 Enter 键，语句执行结果如图 19-5 所示，参数 pga_aggregate_target 可以指定 PGA 内存的最大值。当 pga_aggregate_target 值大于 0 时，Oracle 将自动管理 pga 内存。

【例 19-4】修改 PGA 的大小，命令如下：

```
SQL>alter system set pga_aggregate_target=500M scope=both;
```

按 Enter 键，语句执行结果如图 19-6 所示，提示用户系统已更改。代码中 scope=both 表示同时修改当前环境与启动文件 spfile。

图 19-5　查看 PGA 的状态

图 19-6　修改 PGA 的大小

19.3　优化查询操作

查询操作是数据库中最频繁的操作，提高查询速度可以有效地提高 Oracle 数据库的性能，这也是优化查询操作的目的。

19.3.1　优化子查询

Oracle 支持子查询，使用子查询可以进行 SELECT 语句的嵌套查询，即一个 SELECT 查询的结果作为另一个 SELECT 语句的条件。子查询可以一次性完成很多逻辑上需要多个步骤才能完成的 SQL 操作。子查

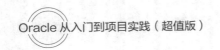

询虽然可以使查询语句很灵活，但执行效率不高。

执行子查询时，Oracle 需要为内层查询语句的查询结果建立一个临时表。然后外层查询语句从临时表中查询记录。查询完毕后，再撤销这些临时表。因此，子查询的速度会受到一定的影响。如果查询的数据量比较大，这种影响就会随之增大。

在 Oracle 中，可以使用连接（JOIN）查询来替代子查询。连接查询不需要建立临时表，其速度比子查询要快，如果查询中使用索引的话，性能会更好。连接之所以更有效率，是因为 Oracle 不需要在内存中创建临时表来完成查询工作。

19.3.2　使用索引查询

索引可以提高查询的速度。但并不是使用带有索引的字段查询时，索引都会起作用。使用索引有几种特殊情况，在这些情况下，有可能使用带有索引的字段查询时，索引并没有起作用，下面重点介绍这几种特殊情况。

1. 使用 LIKE 关键字的查询语句

在使用 LIKE 关键字进行查询的查询语句中，如果匹配字符串的第一个字符为 "%"，那么索引不会起作用。只有 "%" 不在第一个位置，索引才会起作用。

2. 使用多列索引的查询语句

Oracle 可以为多个字段创建索引。一个索引可以包括 16 个字段。对于多列索引，只有查询条件中使用了这些字段中第 1 个字段时，索引才会被使用。

3. 使用 OR 关键字的查询语句

查询语句的查询条件中只有 OR 关键字，且 OR 前后的两个条件中的列都是索引时，查询中才使用索引。否则，查询将不使用索引。

19.3.3　索引对查询速度的影响

Oracle 中提高性能的一个最有效的方式就是对数据表设计合理的索引。索引提供了高效访问数据的方法，并且加快查询的速度，因此，索引对查询的速度有着至关重要的影响。使用索引可以快速定位表中的某条记录，从而提高数据库查询的速度，提高数据库的性能。

如果查询时没有使用索引，查询语句将扫描表中的所有记录。在数据量大的情况下，这样查询的速度会很慢。如果使用索引进行查询，查询语句可以根据索引快速定位到待查询记录，从而减少查询的记录数，达到提高查询速度的目的。

19.4　优化数据库结构

一个好的数据库设计方案对于数据库的性能常常会起到事半功倍的效果。合理的数据库结构不仅可以使数据库占用更小的磁盘空间，而且能够使查询速度更快。数据库结构的设计，需要考虑数据冗余、查询和更新的速度、字段的数据类型是否合理等多方面的因素。

19.4.1　分解多个表

如果一个表中的字段很多，有些字段的使用频率很低，可以将这些字段分离出来形成新表。因为当一个表的数据量很大时，会由于使用频率低的字段的存在而变慢。

【例 19-5】假设会员信息表中存储会员的登录认证信息，该表中有很多字段，如 id、姓名、密码、地址、电话、个人描述字段。

在多个字段中，地址、电话、个人描述等字段并不常用，可以将这些不常用字段分解到另外一个表中，将这个表取名为 members_detail，表中有 member_id、address、telephone、description 等字段。其中，member_id 是会员编号，address 字段存储地址信息，telephone 字段存储电话信息，description 字段存储会员个人描述信息。这样就把会员表分成两个表，分别为 members 表和 members_detail 表。

创建 members 的 SQL 语句如下：

```
CREATE TABLE members (
    Id  number(11) NOT NULL,
    username varchar2(255) DEFAULT NULL ,
    password varchar2(255) DEFAULT NULL ,
    last_login_time date DEFAULT NULL ,
    last_login_ip varchar2(255) DEFAULT NULL ,
    PRIMARY KEY (id)
) ;
```

按 Enter 键，语句执行结果如图 19-7 所示。

创建 members_detail 的 SQL 语句如下：

```
CREATE TABLE members_detail (
    member_id number (11) DEFAULT 0,
    address varchar2(255) DEFAULT NULL ,
    telephone varchar2(16) DEFAULT NULL ,
    description  varchar2(255)
) ;
```

按 Enter 键，语句执行结果如图 19-8 所示。

图 19-7　创建数据表 members　　　　　　图 19-8　创建数据表 members_detail

查询表 members 的结构，SQL 语句如下：

```
SQL> desc members;
```

按 Enter 键，语句执行结果如图 19-9 所示。

查询表 members_detail 的结构，SQL 语句如下：

```
SQL> DESC members_detail;
```

按 Enter 键，语句执行结果如图 19-10 所示。

图 19-9　查询表 members 的结构　　　　图 19-10　查询表 members_detail 的结构

如果需要查询会员的详细信息，可以用会员的 id 来查询，如果需要将会员的基本信息和详细信息同时显示，可以将 members 表和 members_detail 表进行联合查询，查询语句如下：

```
SELECT * FROM members LEFT JOIN members_detail ON members.id=members_detail.member_id;
```

通过这种分解，可以提高表的查询效率，对于字段很多且有些字段使用不频繁的表，可以通过这种分解的方式来优化数据库的性能。

19.4.2　增加中间表

对于需要经常联合查询的表，可以建立中间表以提高查询效率。通过建立中间表，把需要经常联合查询的数据插入到中间表中，然后将原来的联合查询改为对中间表的查询，以此来提高查询效率。

首先，分析经常联合查询表中的字段。然后，使用这些字段建立一个中间表，并将原来联合查询的表的数据插入到中间表中。最后，可以使用中间表来进行查询。

【例 19-6】创建会员信息表和会员组信息表，并增加中间表，SQL 语句如下：

```
CREATE TABLE vip(
    id number(11) NOT NULL,
    username varchar2(255) DEFAULT NULL,
    password varchar2(255) DEFAULT NULL,
    groupId number (11) DEFAULT 0,
    PRIMARY KEY (Id)
) ;
```

按 Enter 键，语句执行结果如图 19-11 所示。

```
CREATE TABLE vip_group (
    Id number(11) NOT NULL,
    name varchar2(255) DEFAULT NULL,
    remark varchar2(255) DEFAULT NULL,
    PRIMARY KEY (Id)
) ;
```

按 Enter 键，语句执行结果如图 19-12 所示。

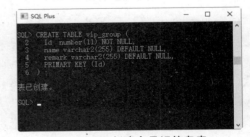

图 19-11　创建会员信息表

图 19-12　创建会员组信息表

查询会员信息表的表结构，SQL 语句如下：

```
SQL> DESC vip;
名称                空值            类型
-----             ------         ----------
ID                NOT NULL       NUMBER(11)
USERNAME                         VARCHAR2(255)
PASSWORD                         VARCHAR2(255)
GROUPID                          NUMBER(11)
```

按 Enter 键，语句执行结果如图 19-13 所示。

查询会员组信息表的表结构，SQL 语句如下：

```
SQL> DESC vip_group;
```

按 Enter 键，语句执行结果如图 19-14 所示。

图 19-13　查询会员信息表的表结构

图 19-14　查询会员组信息表的表结构

已知现在有一个模块需要经常查询带有会员组名称、会员组备注（remark）、会员用户名信息的会员信息，根据这种情况可以创建一个 temp_vip 表。temp_vip 表中存储用户名（user_name）、会员组名称（group_name）和会员组备注（group_remark）信息。创建表 temp_vip 的语句如下：

```
CREATE TABLE temp_vip (
    id number (11) NOT NULL,
    user_name varchar2(255) DEFAULT NULL,
    group_name varchar2(255) DEFAULT NULL,
    group_remark varchar2(255) DEFAULT NULL,
    PRIMARY KEY (Id)
);
```

按 Enter 键，语句执行结果如图 19-15 所示。

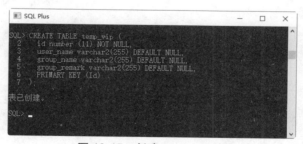

图 19-15　创建 temp_vip 表

接下来，从会员信息表和会员组表中查询相关信息并存储到临时表中，SQL 语句如下：

```
SQL> INSERT INTO temp_vip(user_name, group_name, group_remark)
    SELECT v.username,g.name,g.remark
    FROM vip v ,vip_group g
    WHERE v.groupId =g.Id;
```

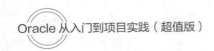

以后，可以直接从 temp_vip 表中查询会员名、会员组名称和会员组备注，而不用每次都进行联合查询，这样可以提高数据库的查询速度。

19.4.3 增加冗余字段

设计数据库表时应尽量遵循范式理论的规约，尽可能减少冗余字段，让数据库设计看起来精致、优雅。但是，合理地加入冗余字段可以提高查询速度。

表的规范化程度越高，表与表之间的关系就越多，需要连接查询的情况也就越多。例如，员工的信息存储在 staff 表中，部门信息存储在 department 表中。通过 staff 表中的 department_id 字段与 department 表建立关联关系。如果要查询一个员工所在部门的名称，必须从 staff 表中查找员工所在部门的编号（department_id），然后根据这个编号去 department 表查找部门的名称。如果经常需要进行这个操作，连接查询会浪费很多时间。可以在 staff 表中增加一个冗余字段 department_name，该字段用来存储员工所在部门的名称，这样就不用每次都进行连接操作了。

不过，冗余字段会导致一些问题。例如，冗余字段的值在一个表中被修改了，就要想办法在其他表中更新该字段，否则，就会使原本一致的数据变得不一致。

总之，分解表、增加中间表和增加冗余字段都浪费了一定的磁盘空间，从数据库性能来看，为了提高查询速度而增加少量的冗余大部分时候是可以接受的，是否通过增加冗余来提高数据库性能，这要根据实际需求综合分析。

19.4.4 优化插入记录的速度

插入记录时，影响插入速度的主要是索引、唯一性校验、一次插入记录条数等，根据这些情况，可以分别进行优化。常见的优化方法如下：

1．禁用索引

对于非空表，插入记录时，Oracle 会根据表的索引对插入的记录建立索引。如果插入大量数据，建立索引会降低插入记录的速度。为了解决这种情况，可以在插入记录之前禁用索引，数据插入完毕后再开启索引。禁用索引的语句如下：

```
ALTER index index_name unusable;
```

其中，index _name 是禁用索引的名称。

重新开启索引的语句如下：

```
ALTER index index_name usable;
```

2．禁用唯一性检查

插入数据时，Oracle 会对插入的记录进行唯一性校验，这种唯一性校验也会降低插入记录的速度，为了降低这种情况对查询速度的影响，可以在插入记录之前禁用唯一性检查，等到记录插入完毕后再开启唯一性检查。禁用唯一性检查的语句如下：

```
ALTER TABLE table_name
DISABLE CONSTRAINT constraint_name;
```

其中，table_name 是表的名称，constraint_name 是唯一性约束的名称。

开启唯一性检查的语句如下：

```
ALTER TABLE table_name
```

```
ENABLE CONSTRAINT constraint_name;
```

3．使用批量插入

插入多条记录时，可以使用一条 INSERT 语句插入一条记录；也可以使用一条 INSERT 语句插入多条记录。插入一条记录的 INSERT 语句情形如下：

```
INSERT INTO fruits VALUES('x1', '101', 'mongo2', '5.6');
INSERT INTO fruits VALUES('x2', '101', 'mongo3', '5.6')
INSERT INTO fruits VALUES('x3', '101', 'mongo4', '5.6')
```

使用一条 INSERT 语句插入多条记录的情形如下：

```
INSERT INTO fruits VALUES
SELECT 'x1', '101', 'mongo2', '5.6' from dual
Union all
SELECT 'x2', '101', 'mongo3', '5.6' from dual
Union all
SELECT 'x3', '101', 'mongo4', '5.6' from dual;
```

第 2 种情形的插入速度要比第 1 种情形快。

19.5　优化 Oracle 服务器

优化 Oracle 服务器主要从两个方面进行，一方面是对硬件进行优化；另一方面是对 Oracle 服务的参数进行优化。

19.5.1　优化服务器硬件

服务器的硬件性能直接决定着 Oracle 数据库的性能。硬件的性能瓶颈，直接决定 Oracle 数据库的运行速度和效率。针对性能瓶颈，提高硬件配置，可以提高 Oracle 数据库的查询、更新速度。优化服务器硬件的方法有以下几种：

（1）配置较大的内存。足够大的内存，是提高 Oracle 数据库性能的方法之一。内存的速度比磁盘 I/O 快得多，可以通过增加系统的缓冲区容量，使数据在内存停留的时间更长，以减少磁盘 I/O。

（2）配置高速磁盘系统，以减少读盘的等待时间，提高响应速度。

（3）合理分布磁盘 I/O，把磁盘 I/O 分散在多个设备上，以减少资源竞争，提高并行操作能力。

（4）配置多处理器，Oracle 是多线程的数据库，多处理器可同时执行多个线程。

19.5.2　优化 Oracle 的参数

通过优化 Oracle 的参数可以提高资源利用率，从而达到提高 Oracle 服务器性能的目的。通常需要设置的参数如下：

1．DB_BLOCK_BUFFERS

该参数决定了数据库缓冲区的大小，这部分内存的作用主要是在内存中缓存从数据库中读取的数据块，数据库缓冲区越大，为用户已经在内存中的共享数据提供的内存就越大，这样可以减少所需要的磁盘物理读写次数。

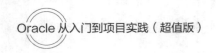

2. shared_pool_size

参数 shared_pool_size 的作用是缓存已经被解析过的 SQL 语句，使其能被重用使用，而不用再解析。SQL 语句的解析非常消耗 CPU 的资源，如果一条 SQL 语句已经存在，则进行的仅是软解析，这将大大提高数据库的运行效率。当然，这部分内存也并非越大越好，如果分配的内存太大，Oracle 数据库为了维护共享结构，将付出更大的管理开销。

建议设置该参数的大小为 150～500MB。如果系统内存为 1GB，该值可设为 150～200MB；如果系统内存为 2GB，该值设为 250～300MB；每增加 1GB 内存，该值增加 100MB；但该值最大不应超过 500MB。

3. Sort_area_size

该参数是当查询需要排序时，Oracle 将使用这部分内存进行排序，当内存不足时，使用临时表空间进行排序。这个参数是针对会话（session）设置的，不是针对整个数据库。即如果应用有 170 个数据库连接，假设这些连接都进行排序操作，则 Oracle 会分配 8×170 等于 1360MB 内存做排序，而这些内存是在 Oracle 的 SGA 区之外分配的，即如果 SGA 区分配了 1.6GB 内存，Oracle 还需要额外的 1.3GB 内存进行排序。

建议该值设置不超过 3MB，当物理内存为 1GB 时，该值宜设为 1MB 或更低（如 512KB）；当物理内存为 2GB 时可设为 2MB；但不论物理内存多大，该值都不应超过 3MB。

4. sort_area_retained_size

这个参数的含义是当排序完成后至少为 Session 继续保留的排序内存的最小值，该值最大可设为等于 Sort_area_size。这样设置的好处是可以提高系统性能，因为下次再做排序操作时不需要再临时申请内存，缺点是如果 Sort_ara_size 设得过大并且 Session 数很多时，将导致系统内存不足。建议该值设为 Sort_area_size 的 10%～20%，或者不设置（默认为 0）。

5. Log_buffer

Log_buffer 是重做日志缓冲区，对数据库的任何修改都按顺序被记录在该缓冲中，然后由进程将它写入磁盘。当用户提交后，有 1/3 重做日志缓冲区未被写入磁盘，有大于 1MB 重做日志缓冲区未被写入磁盘。建议不论物理内存多大，该值统一设为 1MB。

6. SESSION_CACHED_CURSOR

该参数指定要高速缓存的会话游标的数量。对同一 SQL 语句进行多次语法分析后，它的会话游标将被移到该会话的游标高速缓存中。这样可以缩短语法分析的时间，因为游标被高速缓存，无须被重新打开。设置该参数有助于提高系统的运行效率，建议无论在任何平台都应被设为 50。

7. re_page_sga

该参数表示将把所有 SGA 装载到内存中，以便使该实例迅速达到最佳性能状态。这将增加例程启动和用户登录的时间，但在内存充足的系统上能减少缺页故障的出现。建议在 2GB 以上（含 2GB）内存的系统都将该值设为 true。

8. ML_LOCKS

该参数表示所有用户获取的表锁的最大数量。对每个表执行 DML 操作均需要一个 DML 锁。例如，如果 3 个用户修改 2 个表，就要求该值为 6。该值过小可能会引起死锁问题。建议该参数不应该低于 600。

9. DB_FILE_MULTIBLOCK_READ_ COUNT

该参数主要与全表扫描有关，用于指定 Oracle 一次按顺序能够读取的数据块数，对系统性能会产生较大的影响，建议设置为 8。

10. OPEN_CURSORS

该参数指定一个会话一次可以打开的游标的最大数量，并且限制游标高速缓存的大小，以避免用户再次执行语句时重新进行语法分析。应将该值设置得足够高，这样才能防止应用程序耗尽打开的游标。此值建议设置为 250～300。

合理配置这些参数可以提高 Oracle 服务器的性能。配置完参数以后，需要重新启动 Oracle 服务才会生效。

19.6　就业面试技巧与解析

19.6.1　面试技巧与解析（一）

面试官：为什么查询语句中的索引没有起作用？

应聘者：在一些情况下，查询语句中使用了带有索引的字段。但索引并没有起作用。例如，在 WHERE 条件的 LIKE 关键字匹配的字符串以 "%" 开头，这种情况下索引不会起作用。又如，WHERE 条件中使用 OR 关键字连接查询条件，如果有 1 个字段没有使用索引，那么其他的索引也不会起作用。如果使用多列索引，但没有使用多列索引中的第 1 个字段，那么多列索引也不会起作用。

19.6.2　面试技巧与解析（二）

面试官：是不是索引建立得越多越好？

应聘者：合理的索引可以提高查询的速度，但不是索引越多越好。在执行插入语句时，Oracle 要为新插入的记录建立索引。所以，过多的索引会导致插入操作变慢。原则上是只有查询用的字段才建立索引。

第 20 章
Oracle 的其他高级技术

 学习指引

Oracle 数据库和其他数据库有很多不同地方，特别是一些高级技术，包括快照、面向对象和索引技术。本章将介绍 Oracle 的其他高级技术，主要包括快照、面向对象、对象类型的使用方法、索引技术等。

 重点导读

- 掌握 Oracle 中快照的使用方法。
- 掌握 Oracle 面向对象的原理。
- 掌握 Oracle 数据库中对象类型的使用方法。
- 掌握 Oracle 中索引技术的使用方法。

20.1　快照

Oracle 数据库的快照是一个表，包含对一个本地或远程数据库上一个或多个表或视图的查询的结果。也就是说，快照根本的原理就是将本地或远程数据库上的一个查询结果保存在一个表中。

下面通过一个案例来学习快照的相关操作，主要是实现将服务器 A 上的数据库复制到服务器 B 上，具体操作步骤如下：

步骤 1：在服务器 B 的 Oracle 终端上建立 database link，数据库服务器 A 的 SID 为 mytest。语句如下：

```
create database link TEST_DBLINK.US.ORACLE.COM
connect to AMICOS identified by AMICOS
using 'mytest';
```

步骤 2：在服务器 A 的数据库对应的表中建立快照日志，语句如下：

```
Create snapshot log on A_Table;
```

步骤 3：建立数据库快照，名称为 Mytest_SnapShot，语句如下：

```
Create snapshot  Mytest_SnapShot
REFRESH COMPLETE START WITH SYSDATE NEXT SYSDATE+1/24
AS SELECT * FROM A_Table@MYTEST_DBLINK
```

这里的 REFRESH 是刷新命令。刷新的方式包括 COMPLETE、FAST 和 FORCE 3 种。其中，COMPLETE 为完全刷新；FAST 为快速刷新；FORCE 为自动判断刷新。

START WITH 是说明开始执行的时间。

Next 是下次执行的时间。

AS 之后跟的是构成快照的查询方法。

步骤 4：更改快照的语句如下：

```
ALTER SNAPSHOT Mytest_SnapShot
REFRESH COMPLETE START WITH SYSDATE NEXT SYSDATE+1/2;
```

步骤 5：手动刷新快照，在命令界面执行，命令如下：

```
EXEC DBMS_SNAPSHOT.REFRESH(' Mytest _SnapShot ','C');
```

其中，Mytest_SnapShot 为需要刷新的快照名称，C 为刷新方式。这里刷新的方式有两种，其中，F 是 FAST 的缩写，表示快速刷新；C 是 COMPLETE 的缩写，表示完全刷新。

步骤 6：查看快照最后刷新的日期，语句如下：

```
SELECT NAME,LAST_REFRESH
FROM ALL_SNAPSHOT_REFRESH_TIMES;
```

如果需要做快照的表建立快照日志，语句如下：

```
CREATE snapshot log on t1 with rowid;
```

其中，ROWID 为建立日志的参数。

采用 FAST 的方式建立快照，使用 rowid 作为参考参数，语句如下：

```
create snapshot fb_test_b refresh fast with rowid start with sysdate next sysdate+1/1440  as
select * from fb_test_b@my_dblink;
```

20.2　面向对象

Oracle 数据库在关系数据库模型的基础上，添加了一系列面向对象的特性，所以，也被称面向对象数据库。Oracle 的对象体系遵从面向对象思想的基本特征，许多概念同 C++、Java 中类似，具有继承、重载、多态等特征，但又有自己的特点。

Oracle 为什么要引入对象模型？主要是为了部件可重用和简化复杂的应用程序。在 PL/SQL 语言中，面向对象的程序设计是基于对象类型的。

对象类型的定义包括对象类型头（或称为对象规范，Specification）和对象类型体（Body）。对象类型头包括对象类型的属性、函数和过程的声明，而对象类型体则是对象类型具体的实现，即函数和过程的实现。所以，如果对象类型中只有属性，不含函数和过程，那么，只要声明对象类型头即可。

对象类型体定义语法如下：

```
CREATE OR REPLACE TYPE type_name AS OBJECT(
    --属性的声明
    propertyname1  TYPE1,
    propertyname2  TYPE2,
    ...
    properynamen  TYPEn,
```

```
    --函数的声明
    member function funcname1(param1 TYPE1, ...) return TYPE11,
    static function funcname2(param1 TYPE2, ...) return TYPE22,
    ...

    --过程的声明
    member procedure procname1(param1 TYPE1,...),
    static procedure procname2(param1TYPE2, ...),
    ...
);
```

对象类型体定义语法如下：

```
CREATE OR REPLACE TYPE BODY type_name --No'AS OBJECT'
AS--NO'BEGIN'
member function funcname1 return TYPE11
IS
//变量定义
BEGIN
//处理过程
    return var1;
    END funcname1;
    static function funcname2 return TYPE22
    IS
     //变量定义
    BEGIN
     //处理过程
     return var2;
    END funcname2;
    ...
    member procedure procname1(param1 TYPE1,...)
    IS
     //变量定义
    BEGIN
     //处理过程
    END procname1;
    static procedure procname2(param1 TYPE2,...)
    IS
     //变量定义
    BEGIN
     //处理过程
    END procname2;
    ...
END;
```

Oracle 定义对象的说明如下：

（1）方法有成员方法和静态方法，过程也有成员过程和静态过程。成员方法和成员过程通过关键字 member 标识，静态方法和静态过程通过关键字 static 标识。

（2）静态方法或静态过程能直接被对象类型调用，但不能被对象实例调用（区别于 Java）。成员方法或成员过程只能被对象类型的实例调用，不能直接被对象类型调用。

（3）在静态方法或过程中不能访问对象类型的属性。

下面定义一个 NAME_TYPE 对象类型，语句如下：

```
--对象类型头声明
CREATE OR REPLACE TYPE NAME_TYPE AS OBJECT(
    firstname varchar2(100),
    lastname varchar2(100),
    static function buildname(fname varchar2, lname varchar2) return varchar2,
    member function getname return varchar2,
    member procedure changefirstname(cfname varchar2),
    static procedure writename(clname varchar2)
);

--对象类型体定义
CREATE OR REPLACE TYPE BODY NAME_TYPE
AS
    static function buildname(fname varchar2, lname varchar2) return varchar2
    IS
    name varchar2(200);
    BEGIN
      name := fname||''||lname;
      return name;
    END buildname;

    member function getname return varchar2
    IS
    name varchar2(200);
    BEGIN
    name := firstname||''||lastname;
    return name;
    END getname;

member procedure changefirstname(cfname varchar2)
    IS
    BEGIN
      firstname:=cfname;
    END changefirstname;

    static procedure writename(clname varchar2)
    IS
    BEGIN
    dbms_output.put_line(clname);
    END writename;
END;
```

20.3　对象类型的使用方法

对象类型可以在定义表时作为字段的类型，也可以在函数和过程中作为变量类型使用。

下面定义实体定义表 person，并以 NAME_TYPE 作为 name 的类型。语句如下：

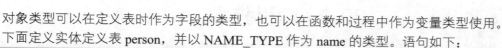

```
CREATE TABLE person
(
    id      NUMBER(10) not null,
    name    NAME_TYPE,
    age     NUMBER(5),
```

```
    sex   VARCHAR2(2),
    description VARCHAR2(200),
    constraint PK_PERSON_GID primary key (id)
);
```

下面对数据表 person 的数据进行查询、新增、修改和删除操作，语句如下：

```
declare
    v_name NAME_TYPE;
    v_sex VARCHAR2(2);
    i_age number(3);
begin
    --查询语句
    SELECT name, sex, age INTO v_name, v_sex, i_age FROM t_person WHERE id = 1;
    dbms_output.put_line('NAME: '||v_name.firstname||' '||v_name.lastname);

    --新增语句
INSERT INTO person VALUES(3, NAME_TYPE('王', '菲菲'), 23, '1', ' ');

    --修改语句，因为要访问对象类型的属性，所以，对象属性前必须用表的别名
    UPDATE person t SET t.name.firstname = '章' WHERE t.id = 1;
    UPDATE person SET name = NAME_TYPE('XX', 'SANFENG') WHERE id = 2;

    --删除语句，因为要访问对象类型的属性，所以，对象属性前必须用表的别名
    DELETE FROM person t WHERE t.name.firstname = '王';
    COMMIT;
end;
```

在建立对象类型时，Oracle 会自动为对象类型生成相应的构造方法，方法名和对象类型名相同，该构造方法的参数列表是该对象类型的所有属性，并且构造方法用于初始化对象实例。实例化语法如下：

```
type_name(param1,...)
```

（1）向 person 表中插入数据，脚本如下：

```
INSERT INTO person VALUES(2, NAME_TYPE('张', '小明'), 22, '1', 'GOOD PERSON');
COMMIT;
```

注：向使用自定义对象类型的表插入数据，只能用构造方法。

（2）在过程中使用，脚本如下：

```
declare
    v_name NAME_TYPE := NAME_TYPE('王','雷');
begin
    dbms_output.put_line(v_name.firstname);
    dbms_output.put_line(v_name.lastname);
end;
```

20.4　索引技术

索引是关系数据库中用于存放每一条记录的一种对象，主要目的是加快数据的读取速度和完整性检查。
建立索引使用 CREATE INDEX 语句，语法格式如下：

```
CREATE [UNIQUE] | [BITMAP] INDEX index_name  --unique表示唯一索引
ON table_name([column1 [ASC|DESC],column2    --bitmap，创建位图索引
[ASC|DESC],…] | [express])
```

```
[TABLESPACE tablespace_name]
[PCTFREE n1]                      --指定索引在数据块中空闲空间
[STORAGE (INITIAL n2)]
[NOLOGGING]                       --表示创建和重建索引时允许对表做 DML 操作，默认情况下不应该使用
[NOLINE]
[NOSORT];                         --表示创建索引时不进行排序，默认不使用，如果数据已经是按照该索引顺序排列的可以使用
```

其中，index_name 为索引名称，table_name 为需要创建索引的数据表，column 为数据表中的列，一个索引最多有 16 列，long 列和 long raw 列不能建索引列，DESC 表示降序排列， ASC 为升序排序，ASC 为默认值。tablespace_name 为表空间的名称。

索引分为 B 树索引、位图索引和函数索引。

1. B 树索引

下面在 student 表的 sid 字段上建立一个 B 树索引，名称为 index_sid，语句如下：

```
CRAETE index index_sid on student('sid');
```

2. 位图索引

创建位图索引时，Oracle 会扫描整张表，并为索引列的每个取值建立一个位图来标识该行是否包含该位图的索引列的取值。

下面在 student 表的 sid 字段上建立一个位图索引，名称为 index_sd，语句如下：

```
CRAETE bitmap index index_sd on student('sid');
```

3. 函数索引

当经常要访问一些函数或者表达式时，可以将其存储在索引中，这样下次访问时，该值已经计算出来了，可以加快查询速度。函数索引既可以使用 B 树索引，也可以使用位图索引；当函数结果不确定时，采用 B 树索引；当结果是固定的某几个值时，使用位图索引。

例如：

```
CREATE index fbi  on student (upper(name));
SELECT * FROM student WHERE upper(name) ='WISH';
```

重命名索引的语法格式如下：

```
alter index index_old rename to index_new;
```

其中，index_old 为需要重命名的索引名称；index_new 为索引的新名称。

删除索引的语法格式如下：

```
drop index index_name;
```

其中，index_name 为需要删除索引的名称。

例如：

```
sql> drop index pk_dept;
```

当表结构被删除时，与其相关的所有索引也随之被删除。

重建索引的方式有两种：

（1）删除原来的索引，然后重新建立新的索引。

（2）使用 alter 语句重建索引，语法格式如下：

```
alter index index_sno rebuild;
```

索引建立原则如下：

（1）如果有两个或者以上索引，其中有一个唯一性索引，而其他是非唯一，这种情况下 Oracle 将使用

唯一性索引而完全忽略非唯一性索引。

（2）至少要包含组合索引的第 1 列（即如果索引建立在多个列上，只有它的第一个列被 WHERE 子句引用时，优化器才会使用该索引）。

（3）小的数据表不要建立索引。

（4）对于基数大的列适合建立 B 树索引，对于基数小的列适合建立位图索引。

（5）列中有很多空值，但经常查询该列上非空记录时应该建立索引。

（6）限制表中索引的数量。创建索引耗费时间，并且随数据量的增大而增大；索引会占用物理空间；当对表中的数据进行增加、删除和修改操作时，索引也要动态维护，降低了数据的维护速度。

20.5　就业面试技巧与解析

21.5.1　面试技巧与解析（一）

面试官：为什么我们要在众多的面试者中选择你？

应聘者：根据我对贵公司的了解，以及我在这份工作上所累积的专业、经验及人脉，相信正是贵公司所找寻的人才。我在工作态度上，也有圆融、成熟的一面，相信可以和主管、同事都能合作愉快。

21.5.2　面试技巧与解析（二）

面试官：为什么索引没有被使用？

应聘者：索引没有被使用的原因很多，常见的原因如下：

（1）统计信息不准确。

（2）索引的选择度不高，使用索引比使用全表扫描效率更低。

（3）对索引列进行了函数、算术运算或其他表达式等操作，或出现隐式类型转换，导致无法使用索引。

第 5 篇

项目实践

在本篇中，将贯通前面所学的各项知识和技能来学会 Oracle 数据库在公司人事管理系统、学生错题管理系统和大型电子商务网站系统中的应用技能。通过对本篇的学习，读者将具备使用 Oracle 数据库创建与设计数据库系统的能力，并为日后进行大型数据库创建与管理积累经验。

- 第 21 章　项目开发与规划
- 第 22 章　Oracle 在人力资源行业开发中的应用
- 第 23 章　学生错题管理系统
- 第 24 章　大型电子商务网站系统

第21章

项目开发与规划

 学习指引

一个项目从无到有，要经历策划、分析、开发、测试和维护等阶段，具体来讲，包括设计软件的功能和实现的算法和方法、软件的总体结构设计和模块设计、编程和调试、程序联调和测试及编写、提交程序等一系列操作，我们将这样的一个阶段过程称为项目的生命周期。

重点导读

- 了解项目的开发流程。
- 熟悉项目开发团队的建设方法。
- 掌握项目的实际运作方法。
- 掌握项目规划中常见问题的接近方法。

21.1　项目开发流程

每一个项目的开发都不是一帆风顺的。为了避免软件开发过程中的混乱，也为了提高软件的质量，需要按照项目开发的流程操作。下面从项目整体划分，阐述在项目开发过程中各阶段的主要任务。

21.1.1　策划阶段

项目策划草案和风险管理策划往往作为一个项目开始的第 1 步。当确定项目开发之后，需要制订项目开发计划、人员组织结构定义及配备、过程控制计划等。

1. 项目策划草案

项目策划草案应包括产品简介、产品目标及功能说明、开发所需的资源、开发时间等。

2. 风险管理计划

风险管理计划就是把有可能出错或现在还不能确定的东西列出来，并制定相应的解决方案。风险发现得越早对项目越有利。

3. 软件开发计划

软件开发计划的目的是收集控制项目时所需的所有信息，项目经理根据项目策划来安排资源需求，并根据时间表跟踪项目进度。项目团队成员则根据项目策划，了解自己的工作任务、工作时间及所要依赖的其他活动。

除此之外，软件开发计划还应包括项目的应收标准及应收任务（包括确定需要制订的测试用例）。

4. 人员组织结构定义及配备

常见的人员组织结构有垂直方案、水平方案和混合方案 3 种。垂直方案中每个成员会充当多重角色，而水平方案中每个成员会充当 1～2 个角色，混合方案则包括经验丰富的人员与新手的相互融合。具体方案应根据公司人员的实际技能情况选择。

5. 过程控制计划

过程控制计划的目的是收集项目计划正常执行所需的所有信息，用来指导项目进度的监控、计划的调整，以确保项目能按时完成。

21.1.2　需求分析阶段

需求分析是指理解用户的需求，就软件的功能与客户达成一致，估计软件风险和评估项目代价，最终形成开发计划的一个复杂过程。需求分析阶段主要完成以下任务。

1. 需求获取

需求获取是指开发人员与用户多次沟通并达成协议，对项目所要实现的功能进行的详细说明。需求获取过程是进行需求分析过程的基础和前提，其目的在于产生正确的用户需求说明书，从而保证需求分析过程产生正确的软件需求规格说明书。

如果需求获取工作做得不好，会导致需求的频繁变更，影响项目的开发周期，严重的可导致整个项目的失败。开发人员应首先制订访谈计划，然后准备提问单，进行用户访谈，获取需求，并记录访谈内容以形成用户需求说明书。

2. 需求分析

需求分析过程主要是对所获取的需求信息进行分析，及时排除错误和弥补不足，确保需求文档正确地反映用户的真实意图，最终将用户的需求转化为软件需求，形成软件需求规格说明书。同时，针对软件需求规格说明书中的界面需求及功能需求，制作界面原型。

所形成的界面原型，有 3 种表示方法：图纸（以书面形式）、位图（以图片形式）和可执行文件（交互式）。在进行设计之前，应当对开发人员进行培训，以使开发人员能更好地理解用户的业务流程和产品的需求。

21.1.3　设计阶段

设计阶段的主要任务就是将软件项目分解成各个细小的模块，这个模块是指能实现某个功能的数据和程序说明、可执行程序的程序单元等。具体可以是一个函数、过程、子程序、一段带有程序说明的独立程序和数据，也可以是可组合、可分解和可更换的功能单元等。

21.1.4　开发阶段

软件开发阶段是指具体实现项目目标的一个阶段。项目开发阶段可分为以下两个阶段。

1. 软件概要设计

设计人员在软件需求规格说明书的指导下，需完成以下任务：

（1）通过软件需求规格说明书，对软件功能需求进行体系结构设计，确定软件结构及组成部分，编写《体系结构设计报告》。

（2）进行内部接口和数据结构设计，编写《数据库设计报告》。

（3）编写《软件概要设计说明书》。

2. 软件详细设计

软件详细设计阶段的任务如下：

（1）通过《软件概要设计说明书》，了解软件的结构。

（2）确定软件部分各组成单元，进行详细的模块接口设计。

（3）进行模块内部数据结构设计。

（4）进行模块内部算法设计，例如，可采用流程图、伪代码等方式详细描述每一步的具体加工要求及种种实现细节，编写《软件详细设计说明书》。

21.1.5　编码阶段

编码阶段的主要任务有两个，分别如下：

1. 编写代码

开发人员通过《软件详细设计说明书》，对软件结构及模块内部数据结构和算法进行代码编写，并保证编译通过。

2. 单元测试

代码编写完成可对代码进行单元测试、集成测试，记录、发现并修改软件中的问题。

21.1.6　系统测试阶段

系统测试的目的在于发现软件的问题，通过与系统定义的需求做比较，发现软件与系统定义不符合或与其矛盾的地方。系统测试过程一般包括制订系统测试计划，进行测试方案设计、测试用例开发，进行测试，最后对测试活动和结果进行评估。

1. 测试的时间安排

测试中各阶段的实施时间如下：

（1）系统测试计划在项目计划阶段完成。

（2）测试方案设计、测试用例开发和项目开发活动同时开展。

（3）编码结束之后对软件进行系统测试。

（4）完成测试后要对整个测试活动和软件产品质量进行评估。

2. 测试注意事项

测试应注意以下几个方面：

（1）系统测试人员应根据《软件需求规格说明书》设计系统测试方案，编写《系统测试用例》，进行系统测试，反馈缺陷问题报告，完成系统测试报告。如需要进行相应的回归测试，则开展回归测试的相关活动。

（2）系统测试是反复迭代的过程，软件经过缺陷更正、功能改动、需求增加后，均需反复进行系统测试，包括专门针对软件版本的功能改动或增加部分而撰写的文档等，以此回归测试来验证修改后的系统或产品的功能是否符合规格说明。

（3）测试人员对问题记录并通知开发组。

21.1.7 系统验收阶段

系统验收阶段是指从系统测试完毕到客户验收签字的阶段。在该阶段，双方相互配合确认软件已达到合同的要求，并要求客户在《客户验收报告》上签字。

21.1.8 系统维护阶段

系统维护是指在已完成对项目的研制（分析、设计、编码和测试）工作并交付使用以后，对项目产品所开展的一些项目工程的活动。即根据软件运行的情况，对软件进行适当的修改，以适应新的要求，以及纠正运行中发现的错误等。同时，还需要编写软件问题报告和软件修改报告。

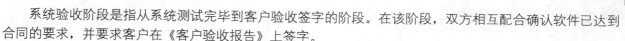

21.2 项目开发团队

应根据实际项目来组建项目团队，一般应控制在 5～7 人，尽量做到少而精。组建项目团队时首先需要定岗，就是确定项目需要完成什么目标，完成这些目标需要哪些职能岗位，然后选择合适的人员组成。

21.2.1 项目团队组成

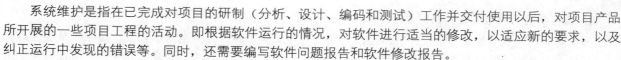

项目团队主要有以下几个角色：

1. 项目经理

项目经理要具有领导才能，主要负责团队的管理，对出现的问题能正确而迅速地做出决定，能充分利用各种渠道和方法来解决问题，能跟踪任务，有很好的日程观念，能在压力下工作。

2. 系统分析师

系统分析师主要负责系统分析、了解用户需求、写出《软件需求规格说明书》、建立用户界面原型等。担任系统分析师的人员应该善于协调，并且具有良好的沟通技巧。在担任此角色的人员中，必须有具备业务和技术领域知识的人才。

3. 设计员

设计员主要负责系统的概要设计、详细设计和数据库设计。要求熟悉分析与设计技术，熟悉系统的架构。

4. 程序员

程序员负责按项目的要求进行编码和单元测试，要求有良好的编程和测试技术。

5. 测试人员

测试人员负责进行测试，描述测试结果，提出问题解决方案。测试人员应了解要测试的系统，具备诊断和解决问题的技能。

6. 其他人员

一个成功的项目团队是一个高效、协作的团队。除具有一些软件开发人员外，还需要一些其他人员，如美工、文档管理人员等。

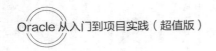

21.2.2　项目团队要求

一个高效的软件开发团队是需要建立在合理的开发流程及团队成员密切合作的基础之上的。每一个成员共同迎接挑战，有效地计划、协调和管理各自的工作以完成明确的目标。高效的开发团队具有以下几个特征：

1. 具有明确且有挑战性的共同目标

一个具有明确且有挑战性共同目标的团队，其工作效率会很高。因为通常情况下，技术人员往往会为完成了某个具有挑战性的任务而感到自豪，反过来，技术人员为了获得这种自豪的感觉，会更加积极地工作，从而带来团队开发的高效率。

2. 团队具有很强的凝聚力

在一个高效的软件开发团队中，成员的凝聚力表现为相互支持、相互交流和相互尊重，而不是相互推卸责任、保守、指责。例如，某个成员明明知道另外的模块中需要用到一段与自己已经编写完成且有些难度的程序代码，但他就是不愿拿出来给其他成员共享，也不愿与系统设计人员交流，这样就会为项目的顺利开展带来不良的影响。

3. 具有融洽的交流环境

在一个开发团队中，每个开发小组人员行使各自的职责，例如，系统设计人员做系统概要设计和详细设计，需求分析人员制定需求规格说明，项目经理配置项目开发环境并且制订项目计划等。但是由于种种原因，每个组员的工作不可能一次性做到位，如系统概要设计的文档可能有个别地方会词不达意，这样在做详细设计的时候就有可能造成误解。因此，高效的软件开发团队是具有融洽的交流环境的，而不是那种简单的命令执行式的。

4. 具有共同的工作规范和框架

高效软件开发团队具有工作的规范性及共同框架，对于项目管理具有规范的项目开发计划，对于分析设计具有规范和统一框架的文档及审评标准，对于代码具有程序规范条例，对于测试有规范且可推理的测试计划及测试报告，等等。

5. 采用合理的开发过程

软件项目的开发不同于一般商品的研发和生产，开发过程中面临着各种难以预测的风险，如客户需求的变化、人员的流失、技术的瓶颈、同行的竞争等。高效的软件开发团队往往会采用合理的开发过程去控制开发过程中的风险，提高软件的质量，降低开发的费用等。

21.3　项目的实际运作

软件开发一般是按照软件生命周期分阶段进行的，开发阶段的运作过程一般如下。

1. 可行性分析

做可行性分析，从而确定项目目标和范围，开发一个新项目或新版本时，首先是和用户一起确认需求，进行项目的范围规划。当用户对项目进度的要求和优先级高的时候，往往要缩小项目范围，对用户需求进行优先级排序，排除优先级低的需求。

另外，做项目范围规划的一个重要依据就是开发者的经验和对项目特征的清楚认识。项目范围规划初期需要进行一个宏观的估算，否则，很难判断清楚，或对用户承诺在现有资源情况下需要多长时间完成需求。

2. 确定项目进度

项目的目标和范围确定后，接下来开始确定项目的过程，如项目整个过程中采用何种生命周期模型、项目过程是否需要对组织及定义的标准过程进行裁剪等。项目过程定义是进行 WBS（Work Breakdown Structure，工作分解结构）分解前必须确定的一个环节。WBS 就是把一个项目按一定的原则分解成任务，任务再分解成一项项工作，再把一项项工作分配到每个人的日常活动中，直到分解不下去为止。

3. 项目风险分析

风险管理是项目管理的一个重要知识领域，整个项目管理的过程就是不断去分析、跟踪和减轻项目风险的过程。风险分析的一个重要内容就是分析风险的根源，然后根据根源去制定专门的应对措施。风险管理贯穿整个项目管理过程，需要定期对风险进行跟踪和重新评估，对于转变成了问题的风险还需要事先制订相关的应急计划。

4. 确定开发项目

确定项目开发过程中需要使用的方法、技术和使用的工具。一个项目中除了使用到常用的开发工具外，还会使用到需求管理、设计建模、配置管理、变更管理、IM 沟通（及时沟通）等诸多工具，使用到面向对象分析和设计，开发语言、数据库、测试等多种技术，在这里都需要分析和定义清楚，这将成为后续技能评估和培训的一个重要依据。

5. 项目开发阶段

根据开发计划进度进行开发，项目经理跟进开发进度，严格控制项目需求变动的情况。项目开发过程中不可避免地会出现需求变动的情况，在需求发生变更时，可根据实际情况实施严格的需求变更管理。

6. 项目测试验收

测试验收阶段主要是在项目投入使用前查找项目中的运行错误。在需求文档基础之上核实每个模块能否正常运行，核实需求是否被正确实施。根据测试计划，由项目经理安排测试人员，根据项目开展计划分

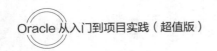

配进行项目的测试工作。通过测试，确保项目的质量。

7. 项目过程总结

测试验收完成后，应开展项目过程的总结，主要是对项目开发过程的工作成果进行总结，以及进行相关文件的归档、备份等。

21.4 项目规划常见问题及解决

项目的开发并不是一天两天就可以做好的。对于一个复杂的项目来说，其开发过程更是充满了曲折和艰辛，其问题也是层出不穷，接连不断。

21.4.1 如何满足客户需求

满足客户的需求也就是在项目开发流程中所提到的需求分析。如果一个项目经过大量的人力、物力、财力和时间的投入后，所开发出的软件没人要，这种遭遇是很让人痛心疾首的。

需求分析之所以重要，就是因为它具有决策性、方向性和策略性的作用，它在软件开发的过程中占据着举足轻重的地位。在一个大型软件系统的开发中，它的作用要远远大于程序设计。那么该如何做才能满足客户的需求呢？

1. 了解客户业务目标

只有在需求分析时更好地了解客户的业务目标，才能使产品更好地满足需求。充分了解客户业务目标将有助于程序开发人员设计出真正满足客户需要，并达到期望的优秀软件。

2. 撰写高质量的需求分析报告

需求分析报告是分析人员对从客户那里获得的所有信息进行整理，主要用以区分业务需求及规范、功能需求、质量目标、解决方法和其他信息，它使程序开发人员和客户之间针对要开发的产品内容达成了共识和协议。

需求分析报告应以一种客户认为易于翻阅和理解的方式组织编写，同时，程序分析师可能会采用多种图表作为文字性需求分析报告的补充说明，虽然这些图表很容易让客户理解，但是客户可能对此并不熟悉，因此，对需求分析报告中的图表进行详细的解释说明也是很有必要的。

3. 使用符合客户语言习惯的表达方式

在与客户进行需求交流时，要尽量站在客户的角度去使用术语，而客户却不需要懂得计算机行业的术语。

4. 要多尊重客户的意见

客户与程序开发人员，偶尔也会遇到一些难以沟通的问题。如果客户与开发人员之间产生了不能相互理解的问题，要尽量多听听客户方的意见，能满足客户的需求时，就要尽可能地满足客户的需求，如果实在是因为某些技术方面的原因而无法实现，应当合理地向客户说明。

5. 划分需求的优先级

绝大多数项目没有足够的时间或资源实现功能性上的每一个细节。如果需要对哪些特性是必要的、哪些是重要的等问题做出决定，那么最好询问一下客户所设定的需求优先级。程序开发人员不可猜测客户的观点，然后去决定需求的优先级。

21.4.2　如何控制项目进度

大量的软件错误通常只有到了项目后期，在进行系统测试时才会被发现，解决问题所花的时间也是很难预料的，经常导致项目进度无法控制。同时，在整个软件开发的过程中，项目管理人员由于缺乏对软件质量状况的了解和控制，也加大了项目管理的难度。

面对这种情况，较好的解决方法是尽早进行测试，当软件的第 1 个过程结束后，测试人员要马上基于它进行测试脚本的实现，按项目计划中的测试目的执行测试用例，对测试结果做出评估报告。这样，就可以通过各种测试指标实时监控项目质量状况，提高对整个项目的控制和管理能力。

21.4.3　如何控制项目预算

在整个项目开发的过程中，错误发现得越晚，单位错误修复成本就会越高，错误的延迟解决必然会导致整个项目成本的急剧增加。

解决这个问题的较好方法是采取多种测试手段，尽早发现潜在的问题。

第 22 章

Oracle 在人力资源行业开发中的应用

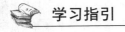 学习指引

　　管理在企业中占据举足轻重的地位，提高管理效率是每个企业都期待的事情。人事部门为企业培养、输送与提供着人才，在信息发达的今天，提高人事部门的管理效率更是重中之重的事情，一个好的人事管理系统，能够为企业节省大量的人力、物力和财力。本章以 Oracle 12c 数据库技术设计一个人事管理系统，通过本系统的讲述，使读者真正掌握 Oracle 12c 在实际项目中涉及的重要技术。

重点导读

- 了解公司人事管理系统系统的概述。
- 熟悉公司人事管理系统的功能。
- 掌握如何设计公司人事管理系统的表。
- 掌握如何设计公司人事管理系统的索引。
- 掌握如何设计公司人事管理系统的视图。
- 掌握如何设计公司人事管理系统的触发器。

22.1　系统概述

　　本章介绍的是一个人事管理系统，管理员可以通过该系统添加员工的信息，管理员工的薪资、考勤和职务变更等。

　　人事管理系统所要实现的功能具体包括员工信息添加、员工信息修改、员工信息删除、显示全部员工信息、按类别显示员工信息、按关键字查询员工信息、按关键字进行站内查询。

　　本站为一个简单的员工信息发布系统，该系统具有以下特点：实用，系统实现了一个完整的信息查询过程。简单易用，为使员工尽快掌握和使用整个系统，系统结构简单但功能齐全，简洁的页面设计使操作起来非常简便。代码规范，作为一个实例，文中的代码规范简洁、清晰易懂。

　　本系统主要用于管理员工信息、管理部门、管理加班、管理请假、管理薪资等。这些信息的录入、查

询、修改和删除等操作都是该系统重点解决的问题。

22.2　系统功能

人事管理系统分为 5 个管理部分，即员工管理、业绩管理、考勤管理、薪资管理和请假管理。本系统的功能模块如图 22-1 所示。

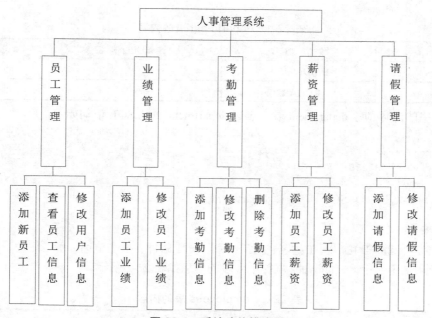

图 22-1　系统功能模块图

图 22-1 中模块的详细介绍如下。

（1）员工管理模块：实现新增员工，查看和修改员工信息功能。

（2）业绩管理模块：实现新增员工业绩，查看、修改和删除员工业绩信息功能。

（3）考勤管理模块：实现对员工的考勤情况进行新增、查看、修改和删除操作。

（4）薪资管理模块：实现对员工的薪资情况进行新增、查看、修改和删除操作。

（5）请假管理模块：实现对员工的请假情况进行新增、查看、修改和删除操作。

通过本节的介绍，读者对这个人事管理系统的主要功能有一定的了解，下一节将介绍本系统所需要的数据库和表。

22.3　数据库设计和实现

数据库设计是开发管理系统最重要的一个步骤。如果数据库设计得不够合理，将会为后续的开发工作带来很大的麻烦。本节为读者介绍人事管理系统的数据库开发过程。

数据库设计时要确定设计哪些表、表中包含哪些字段、字段的数据类型和长度。通过本章节的学习，读者可以对 Oracle 数据库的知识有一个全面的了解。

22.3.1　设计表

数据库中共有 9 张表，分别是 department、employees、admin、emType、leave、result、overwork、checkwork 和 salary。

1. department 表

department 表中存储部门 ID、部门名称，所以，department 表设计了两个字段。department 表每个字段的信息如表 22-1 所示。

表 22-1　department 表的内容

列　名	数 据 类 型	允许 NULL 值	说　　明
ID	NUMBER（9）	否	部门编号
depName	VARCHAR2(20)	否	部门名称

根据表 22-1 中的内容创建 department 表。创建 department 表的 SQL 语句如下：

```
CREATE TABLE department (
    ID NUMBER ( 9 ) PRIMARY KEY NOT NULL,
    depName VARCHAR2(20) NOT NULL
    );
```

创建完成后，可以使用 DESC 语句查看 department 表的基本结构。

2. employees 表

employees 表中存储员工 ID、员工姓名、员工性别、员工邮件、员工电话、员工职位、部门 ID，所以，employees 表设计了 7 个字段。employees 表每个字段的信息如表 22-2 所示。

表 22-2　employees 表的内容

列　名	数 据 类 型	允许 NULL 值	说　明
emID	NUMBER（9）	否	员工编号
emName	VARCHAR2(20)	否	员工姓名
emSex	NUMBER（1）	否	员工性别
emEmail	VARCHAR2(20)	否	员工邮件
emPhone	VARCHAR2(20)	否	员工电话
emPost	VARCHAR2(8)	否	员工职位
depID	NUMBER（9）	否	员工部门

根据表 22-2 中的内容创建 employees 表。创建 employees 表的 SQL 语句如下：

```
CREATE TABLE employees (
    emID  NUMBER ( 9 ) PRIMARY KEY,
    emName  VARCHAR2(20) NOT NULL,
    emSex  NUMBER ( 1 ) NOT NULL,
    emEmail  VARCHAR2(20) NOT NULL,
    emPhone  VARCHAR2(20) NOT NULL,
    emPost  VARCHAR2(8) NOT NULL,
    deptID  NUMBER ( 9 ) NOT NULL,
    CONSTRAINT fk_emp_dept1 FOREIGN KEY(deptId) REFERENCES department (ID)
    );
```

创建完成后，可以使用 DESC 语句查看 employees 表的基本结构。

3. admin 表

管理员信息表（admin）主要用来存放员工账号信息，如表 22-3 所示。

表 22-3　admin 管理员信息表的内容

列　　名	数 据 类 型	允许 NULL 值	说　　明
adminID	NUMBER（9）	否	管理员编号
adminName	VARCHAR2(20)	否	管理员名称
adminPassword	VARCHAR2(20)	否	管理员密码

根据表 22-3 中的内容创建 admin 表。创建 admin 表的 SQL 语句如下：

```
CREATE TABLE admin(
    adminID NUMBER(9) PRIMARY KEY NOT NULL,
    adminName VARCHAR2(20) NOT NULL,
    adminPassword VARCHAR2(20) NOT NULL
    );
```

创建完成后，可以使用 DESC 语句查看 admin 表的基本结构。

4. emType 表

员工类型信息表（emType）主要用来存放员工类型的信息，如表 22-4 所示。

表 22-4　emType 员工类型信息表的内容

列　　名	数 据 类 型	允许 NULL 值	说　　明
typeID	NUMBER（9）	否	员工类型编号
type	NUMBER（9）	否	员工类型
typeName	VARCHAR2(20)	否	员工类型名称

根据表 22-4 中的内容创建 emType 表。创建 emType 表的 SQL 语句如下：

```
CREATE TABLE emType (
    typeID  NUMBER(9) PRIMARY KEY NOT NULL,
    type  NUMBER(9) NOT NULL,
    typeName VARCHAR2(20) NOT NULL
    );
```

创建完成后，可以使用 DESC 语句查看 emType 表的基本结构。

5. leave 表

请假信息表（leave）主要用来员工的请假信息，如表 22-5 所示。

表 22-5　leave 请假信息表的内容

列　　名	数 据 类 型	允许 NULL 值	说　　明
leaveID	NUMBER（9）	否	请假编号
emID	NUMBER（9）	否	员工编号
leavetime	DATE	否	请假时间

列　　名	数 据 类 型	允许 NULL 值	说　　明
Backtime	DATE	是	返回时间
reason	VARCHAR2(50)	否	请假原因

根据表 22-5 的内容创建 leave 表。创建 leave 表的 SQL 语句如下：

```
CREATE TABLE leave (
    leaveID NUMBER(9) PRIMARY KEY NOT NULL,
    emID NUMBER(9) NOT NULL,
    leavetime VARCHAR2(500) NOT NULL,
    backtime DATE,
    reason VARCHAR2(50) NOT NULL,
    CONSTRAINT fk_emp_dept2 FOREIGN KEY(emID) REFERENCES employees (emID)
);
```

创建完成后，可以使用 DESC 语句查看 leave 表的基本结构。

6. result 表

业绩信息表（result）主要用来存放员工的业绩信息，如表 22-6 所示。

表 22-6　result 业绩信息表的内容

列　　名	数 据 类 型	允许 NULL 值	说　　明
resultID	NUMBER(9)	否	业绩编号
emID	NUMBER(9)	否	员工编号
resultScore	NUMBER(3)	否	业绩分数
startTime	DATE	否	业绩开始时间
overTime	DATE	是	业绩结束时间

根据表 22-6 的内容创建 result 表。创建 result 表的 SQL 语句如下：

```
CREATE TABLE result (
    resultID NUMBER(9) PRIMARY KEY NOT NULL,
    emID NUMBER(9) NOT NULL,
    resultScore NUMBER(3) NOT NULL,
    startTime DATE NOT NULL,
    overTime DATE NOT NULL,
    CONSTRAINT fk_emp_dept3 FOREIGN KEY(emID) REFERENCES employees (emID)
);
```

创建完成后，可以使用 DESC 语句查看 result 表的基本结构。

7. overwork 表

加班信息表（overwork）主要用来存放员工加班的信息，如表 22-7 所示。

表 22-7　overwork 加班信息表的内容

列　　名	数 据 类 型	允许 NULL 值	说　　明
overworkID	NUMBER(9)	否	加班编号
emID	NUMBER(9)	否	员工编号

列　名	数 据 类 型	允许 NULL 值	说　明
startworkTime	DATE	否	加班开始时间
overworkTime	DATE	是	加班结束时间
overworkReaso	VARCHAR2(50)	否	加班理由

根据表 22-7 的内容创建 overwork 表。创建 overwork 表的 SQL 语句如下：

```
CREATE TABLE overwork (
    overworkID NUMBER(9) PRIMARY KEY NOT NULL,
    emID NUMBER(9) NOT NULL,
    startworkTime  DATE NOT NULL,
    overworkTime  DATE NOT NULL,
    overworkReaso VARCHAR2(50) ,
    CONSTRAINT fk_emp_dept4 FOREIGN KEY(emID) REFERENCES employees (emID)
    );
```

创建完成后，可以使用 DESC 语句查看 overwork 表的基本结构。

8. checkwork 表

考勤信息表（checkwork）主要用来存放员工考勤的信息，如表 22-8 所示。

表 22-8　checkwork 考勤信息表的内容

列　名	数 据 类 型	允许 NULL 值	说　明
checkworkID	NUMBER(9)	否	考勤编号
emID	NUMBER(9)	否	员工编号
checkstartTime	DATE	否	考勤开始时间
checkoverTime	DATE	否	考勤结束时间
checTime	DATE	否	考勤日期
checktype	VARCHAR2(20)	否	考勤类型

根据表 22-8 的内容创建 checkwork 表。创建 checkwork 表的 SQL 语句如下：

```
CREATE TABLE checkwork (
    checkworkID NUMBER(9) PRIMARY KEY NOT NULL,
    emID NUMBER(9) NOT NULL,
    checkstartTime  DATE NOT NULL,
    checkoverTime  DATE NOT NULL,
    checkTime  DATE NOT NULL,
    checktype VARCHAR2(20) ,
    CONSTRAINT fk_emp_dept5 FOREIGN KEY(emID) REFERENCES employees (emID)
    );
```

创建完成后，可以使用 DESC 语句查看 checkwork 表的基本结构。

9. salary 表

薪资信息表（salary）主要用来存放员工的薪资待遇信息，如表 22-9 所示。

表 22-9　salary 薪资信息表的内容

列　　名	数 据 类 型	允许 NULL 值	说　　明
salary ID	NUMBER(9)	否	薪资编号
emID	NUMBER(9)	否	员工编号
basicSlary	NUMBER(5)	否	基本工资
overworkSlary	NUMBER(5)	否	加班工资
lateSlary	NUMBER(5)	否	迟到扣薪
checkSlary	NUMBER(5)	否	缺勤扣薪
salarystartTime	DATE	否	工资开始时间
salaryoverTime	DATE	否	工资结束时间
sumTime	DATE	否	统计日期

根据表 22-9 的内容创建 salary 表。创建 salary 表的 SQL 语句如下：

```
CREATE TABLE salary (
    salaryID NUMBER(9) PRIMARY KEY NOT NULL,
    emID NUMBER(9)NOT NULL,
    basicSlary NUMBER(9)NOT NULL,
    overworkSlary NUMBER(5)NOT NULL,
    overworkSlary NUMBER(5)NOT NULL,
    lateSlary  NUMBER(5)NOT NULL,
    checkSlary NUMBER(5)NOT NULL,
    salarystartTime  DATE NOT NULL,
    salaryoverTime  DATE NOT NULL,
    sumTime  DATE NOT NULL,
    CONSTRAINT fk_emp_dept6 FOREIGN KEY(emID) REFERENCES employees (emID)
    );
```

创建完成后，可以使用 DESC 语句查看 salary 表的基本结构。

22.3.2　设计索引

索引是创建在表上的，是对数据库中一列或者多列的值进行排序的一种结构。索引可以提高查询的速度。人事管理系统需要查询员工的信息，这就需要在某些特定字段上建立索引，以便提高查询速度。

1. 在 employees 表上建立索引

人事管理系统中需要按照 emName 字段、emPhone 字段和 depID 字段查询员工信息。在本书前面的章节中介绍了几种创建索引的方法。本节将使用 CREATE INDEX 语句创建索引。

下面使用 CREATE INDEX 语句在 emName 字段上创建名为 index_em_name 的索引。SQL 语句如下：

```
CREATE INDEX index_em_name ON employees (emName);
```

然后，使用 CREATE INDEX 语句在 emPhone 字段上创建名为 index_em_phone 的索引。SQL 语句如下：

```
CREATE INDEX index_em_phone ON employees (emPhone);
```

最后，使用 CREATE INDEX 语句在 depID 字段上创建名为 index_em_depID 的索引。SQL 语句如下：

```
CREATE INDEX index_em_ depID ON employees (depID);
```

2. 在 leave 表上建立索引

人事管理系统中需要通过请假时间查看当天请假员工的编号，因此，需要在这个字段上创建索引。创建索引的语句如下：

```
CREATE INDEX index_leave_time ON leave (leavetime);
```

代码执行完成后，读者可以使用 SHOW CREATE TABLE 语句查 leave 表的详细信息。

3. 在 salary 表上建立索引

人事管理系统需要通过查询 basicSlary 字段和 overworkSlary 字段查询优秀员工的信息，在这两个字段上创建索引。创建索引的语句如下：

```
CREATE INDEX index_ basic _slary  ON salary (basicSlary);
CREATE INDEX index_ overwork _slary  ON salary (overworkSlary);
```

代码执行完成后，读者可以通过 SHOW CREATE TABLE 语句查看 salary 表的结构。

22.3.3　设计视图

视图是由数据库中一个表或者多个表导出的虚拟表。其作用是方便员工对数据的操作。在这个人事管理系统中，也设计了一个视图的改善查询操作。

在人事管理系统中，如果直接查询 employees 表，会得到员工的相关信息，但是没有员工薪资情况，为了以后查询方面，可以建立一个视图 employees_view。这个视图显示员工编号、员工姓名、员工基本工资、加班工资、迟到扣薪、缺勤扣薪。创建视图 employees_view 的 SQL 代码如下：

```
CREATE VIEW employees_view
AS SELECT e.emID, e.emName, s.basicSlary , s.overworkSlary , s.lateSlary, s.checkSlary
FROM employees e, salary s
WHERE employees.emID =salary.emID;
```

SQL 语句中给每个表都取了别名，employees 表的别名为 e；salary 表的别名为 s，这个视图从这两个表中取出相应的字段。视图创建完成后，可以使用 SHOW CREATE VIEW 语句查看 employees _view 视图的详细信息。

下面创建一个视图 department_view，通过该视图，可以查询某个部门下员工的信息，包括员工姓名、员工性别、员工 E-mail、员工电话、员工职位。

创建视图 department_view 的 SQL 代码如下：

```
CREATE VIEW department_view
AS SELECT d.ID,d.depName,
e.emName,e. emSex , e. emEmail, e. emPhone, e.emPost
FROM department d, employees e
WHERE department.ID = employees.depID;
```

SQL 语句中给每个表都取了别名，department 表的别名为 d；employees 表的别名为 e，这个视图从这两个表中取出相应的字段。视图创建完成后，可以使用 SHOW CREATE VIEW 语句查看 department_view 视图的详细信息。

22.3.4　设计触发器

触发器是由 INSERT、UPDATE 和 DELETE 等事件来触发某种特定的操作。当满足触发器的触发条件时，数据库系统就会执行触发器中定义的程序语句，这样做可以保证某些操作之间的一致性。为了使人事

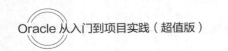

管理系统的数据更新更加快速和合理，可以在数据库中设计几个触发器。

1. 设计 UPDATE 触发器

在设计表时，employees 表和 result 表的 emID 字段的值是一样的。如果 employees 表中的 emID 字段的值更新了，那么 result 表中的 emID 字段的值也必须同时更新。这可以通过一个 UPDATE 触发器来实现。创建 UPDATE 触发器 UPDATE_EMID 的 SQL 代码如下：

```
CREATE TRIGGER UPDATE_EMID
AFTER UPDATE
ON employees
FOR EACH ROW
  BEGIN
    UPDATE result  SET emID=NEW. emID;
   END
```

其中，NEW. emID 表示 employees 表中更新的记录的 emID 值。

2. 设计 DELETE 触发器

如果从 employees 表中删除一个员工的信息，那么这个员工在 salary 表中的信息也必须同时删除。这也可以通过触发器来实现。在 employees 表上创建 DELETE_EMPLOYEES 触发器，只要执行 DELETE 操作，就会删除 salary 表中相应的记录。创建 DELETE_EMPLOYEES 触发器的 SQL 语句如下：

```
CREATE TRIGGER DELETE_EMPLOYEES
AFTER DELETE
ON employees
FOR EACH ROW
  BEGIN
    DELETE FROM salary WHERE emID= OLD. emID;
   END
```

其中，OLD. emID 表示新删除的记录的 emID 值。

因为本书主要介绍 Oracle 数据库的使用，所以，数据库设计部分是本章的主要的内容。在数据库设计方面，不仅涉及了表和字段的设计，还设计了索引、视图和触发器等内容。其中，为了提高表的查询速度，有意识在表中增加了冗余字段，这是数据库性能优化的内容。希望通过本章的学习，读者可以对 Oracle 数据库有一个全新的认识。

第 23 章

学生错题管理系统

学习指引

教育行业在信息化的大潮下也发生着巨大的变化，从学生信息管理、在线考试到在线教育，都在不断刷新着人们的学习习惯，一定程度上，传统的教育方式已经被颠覆。本章通过学生错题管理系统设计，深入学习 Java+Oracle 教育行业的项目开发技能。带领大家进行一个开发实战，在实战中学习运用这些开发技术。

重点导读

- 掌握学生错题管理系统运行及配置。
- 掌握学生错题管理系统分析方法。
- 掌握学生错题管理系统数据表的设计方法。

23.1　案例运行及配置

本节将系统学习案例开发及运行所需环境、案例系统配置和运行方法、项目开发及导入步骤等知识。

23.1.1　开发及运行环境

本系统软件开发环境如下：
（1）编程语言：Java。
（2）操作系统：Windows 7。
（3）JDK 版本：7.0。
（4）Web 服务器：Tomcat 7.0。
（5）数据库：Oracle 12c。
（6）开发工具：MyEclipse。

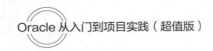

23.1.2　系统运行

首先大家要学会如何运行本系统，可对本程序的功能有所了解。下面简述案例运行的具体步骤。

步骤 1：安装 Tomcat 7.0 或更高版本（本例安装 Tomcat 8.0），假定安装在 E:\Program Files\Apache Software Foundation\Tomcat 8.0，该目录记为 TOMCAT_HOME。

步骤 2：部署程序文件。

（1）把素材中的 ch23/jiaoyu 文件夹复制到 TOMCAT_HOME\webapps\，如图 23-1 所示。

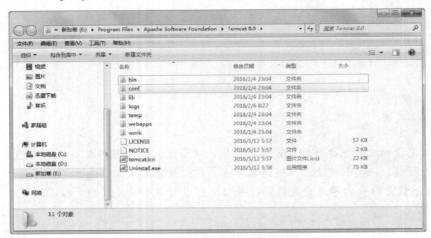

图 23-1　复制素材文件到本地硬盘

（2）运行 Tomcat，进入目录 TOMCAT_HOME\bin，运行 startup.bat，终端打印"Info: Server startup in xxx ms"，表明 Tomcat 启动成功，如图 23-2 所示。

图 23-2　正确运行 Tomcat

（3）安装 Oracle 数据库，版本为 Oracle Database 12c（也可安装其他版本，本项目以此版本为例，具体安装步骤请参照本章节后面的 Oracle 安装管理小节的内容）。

（4）安装 Oracle 数据库管理工具 PLSQL Developer 软件。

（5）运行 PLSQL Developer 软件，双击桌面上的"PLSQL Developer 快捷方式"图标，如图 23-3 所示。

（6）在 Oracle Logon 界面的 Username 文本框中选择 System 选项，在 Password 文本框中输入 orcl，在 Database 下拉列表框中选择 ORCL 选项（密码和数据库名在数据库安装时候设置），在 Connect as 下拉列表框中选择 SYSDBA 选项，完成设置后单击 OK 按钮，登录数据库，如图 23-4 所示。

图 23-3　启动 PLSQL Developer 软件

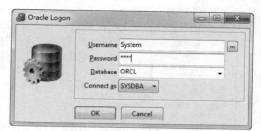

图 23-4　登录数据库

（7）数据库成功登录成功后，右击 Object 选项卡下的 Users 选项，在弹出的快捷菜单中选择 New 命令，如图 23-5 所示。

（8）在打开的 Create user 窗口的 Name 文本框中输入用户名 ilanni，在 Password 文本框中输入密码：1234，其他选择项设置如图 23-6 所示，单击 Apply 按钮，应用设置。

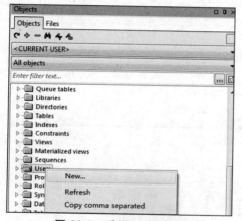

图 23-5　选择 New 命令

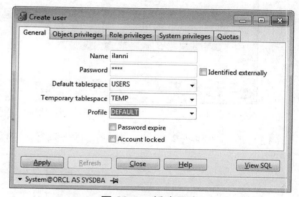

图 23-6　新建用户

（9）在 Role privileges 选项卡中进行如图 23-7 所示的设置，赋予新用户权限，赋予其角色权限：connect、resource、dba，这样用户才能登录操作数据库。

（10）使用新建用户登录数据库管理工具后，单击此工具项并在展开的菜单中选择 SQL Window 菜单项，如图 23-8 所示。

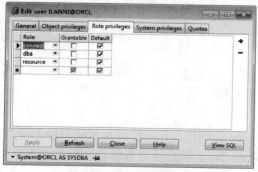

图 23-7　设置用户权限

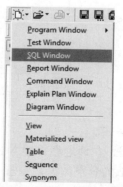

图 23-8　选择 SQL Window 菜单项

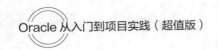
（11）在 SQL Window 窗口的 SQL 选项卡中把本例创建数据表与数据的 SQL 语句（素材 **ch23/dbsql** 下）粘贴进来，如图 23-9 所示。

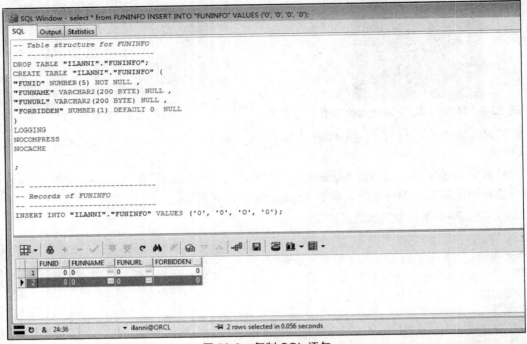

图 23-9　复制 SQL 语句

（12）单击"执行"按钮，完成数据表与数据的创建，如图 23-10 所示。

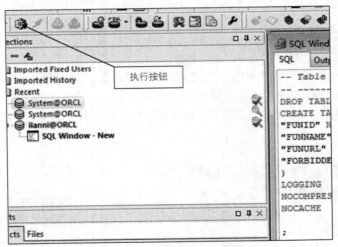

图 23-10　创建数据表与数据

步骤 3：运行项目。

打开浏览器，在地址栏中输入 http://localhost:8080/jiaoyu 访问地址。在登录提示框中输入用户名为 1001，密码为 1 的登录信息，单击"登录"按钮，便可进入"学生错题管理系统"主界面，如图 23-11 所示。

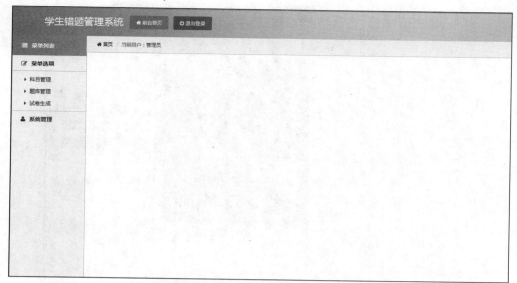

图 23-11　"学生错题管理系统"主界面

23.1.3　项目开发及导入步骤

在前面我们运行了项目,接下来的操作中将实现将项目导入到项目开发环境中,为项目的开发做准备。具体操作步骤如下:

(1)把素材中的"ch23"文件素材目录复制到本地硬盘中,本例使用"D:\ts\"。

(2)单击 Windows 窗口中的"开始"按钮,在展开的"所有程序"菜单项中依次展开并选择"MyEclipse Professional 2014"程序名称,如图 23-12 所示。

(3)双击"MyEclipse Professional 2014"程序名称,启动 MyEclipse 开发工具,如图 23-13 所示。

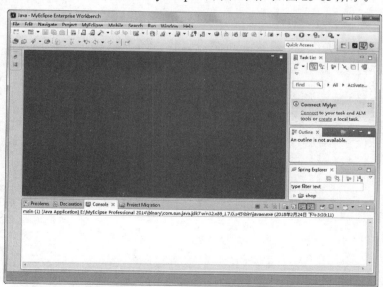

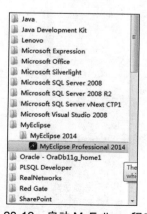

图 23-12　启动 MyEclipse 程序

图 23-13　MyEclipse 开发工具界面

(4)选择 File→Import 命令,如图 23-14 所示。

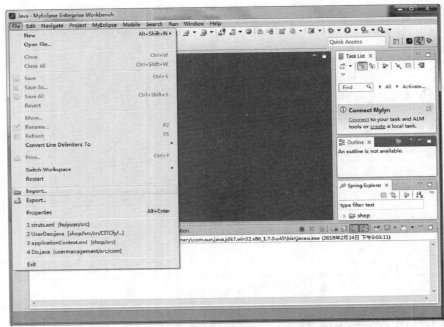

图 23-14　选择 Import 命令

（5）在打开的 Import 窗口中选择 Existing Projects into Workspace 选项并单击 Next 按钮，执行下一步操作，如图 23-15 所示。

（6）在 Import Projects 选项中单击 Select root directory 单选按钮右边的 Browse 按钮，在打开的"浏览文件夹"对话框中依次选择项目源码根目录，本例选择 D:\ts\ ch23\jiaoyu 目录，单击"确定"按钮，确认选择，如图 23-16 所示。

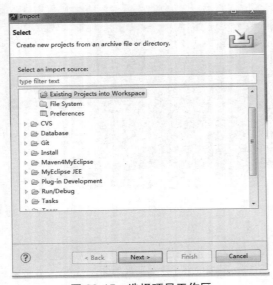

图 23-15　选择项目工作区

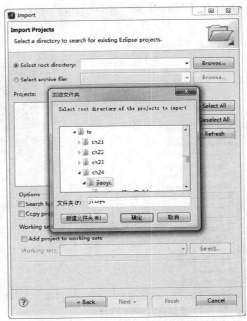

图 23-16　选择项目源码根目录

（7）完成项目源码根目录的选择后，单击 Finish 按钮，完成项目导入操作，如图 23-17 所示。

（8）在 MyEclipse 项目现有包资源管理器中，可发现和展开 schoolchildsystem 项目包资源管理器，如图 23-18 所示。

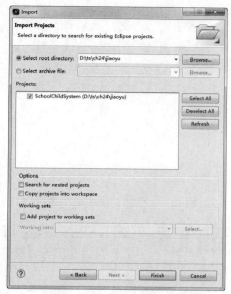

图 23-17　完成项目导入

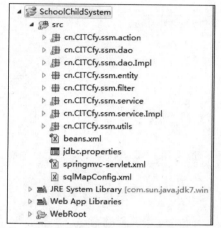

图 23-18　项目包资源管理器

（9）加载项目到 Web 服务器。在 MyEclipse 主界面中单击 Manage Deployments 按钮，进入 Manage Deployments 界面，如图 23-19 所示。

（10）单击 Manage Deployments 界面中 Server 选项右边的下三角按钮，在弹出的下拉列表中选择 MyEclipse Tomcat 7 选项。单击 Add 按钮，打开 New Deployment 界面，如图 23-20 所示。

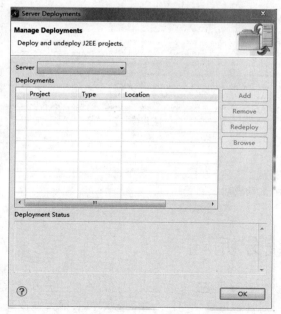

图 23-19　Manage Deployments 界面

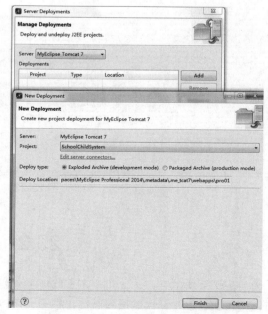

图 23-20　New Deployment 界面

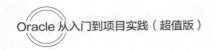

（11）在 New Deployment 界面的 Project 下拉列表框中选择 SchoolChildSystem 选项，单击 Finish 按钮，然后单击 OK 按钮，完成项目加载，如图 23-21 所示。

（12）在 MyEclipse 主界面中，单击 Run/Stop/Restart MyEclipse Servers 菜单，在展开的菜单中执行 MyEclipse Tomcat 7→Start 命令，启动 Tomcat，如图 23-22 所示。

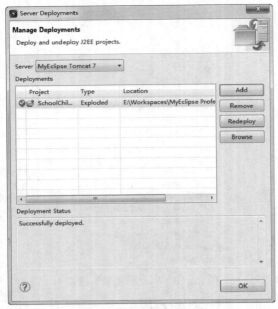

图 23-21　完成项目加载

图 23-22　启动 Tomcat

（13）Tomcat 启动成功，如图 23-23 所示。

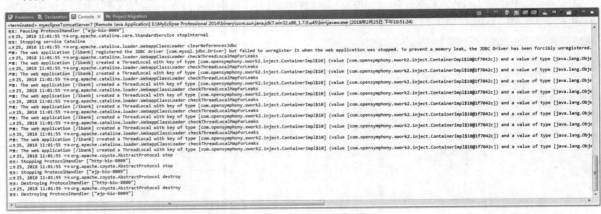

图 23-23　Tomcat 启动成功

23.2　系统分析

因为记忆丢失的特点，人们学习、接受并掌握新知识的过程要经过多次强化记忆，在发生一次错误的地方，下一次再发生错误的概率就高出很多，所以，有针对性地重复学习，对学习效率具有很大的提升。

学生错题管理系统，以对学生知识点、错题进行管理为目标，旨在让老师和学生方便地总结对科目各知识点的掌握情况，进行针对性学习。

23.2.1 系统总体设计

学生错题管理系统在基础功能上分为科目管理、用户管理、试题管理、错题重练管理，在高级需要上可以考虑自动获取错题、错题分析报表，方便教师进一步针对性教学和训练（本例仅实现基础需要部分）。图 23-24 所示为学生错题管理系统总体设计功能图。

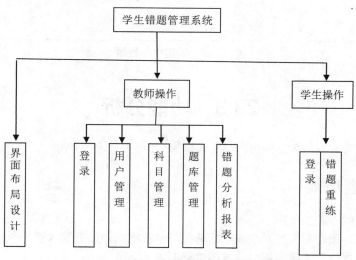

图 23-24 学生错题管理系统总体设计功能图

23.2.2 系统界面设计

在业务操作类型系统界面设计过程中，一般使用单色调，考虑使用习惯，不能对系统使用产生影响，要以行业特点为依据，以用户习惯为基础。基于以上考虑，学生错题管理系统设计界面如图 23-25 和图 23-26 所示。

图 23-25 登录界面

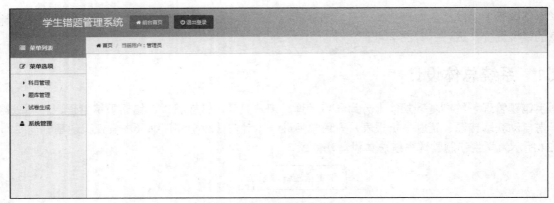

图 23-26　管理中心界面

23.3　功能分析

本节将对学生错题管理系统的功能进行分析和探讨。

23.3.1　系统主要功能

学生错题管理系统的主要功能如下：

（1）错题输入管理：错题来源是系统的运行基础、错题重练和分析的依据，形成题库。

（2）生成试题：根据输入的错题库生成重练试卷。

（3）用户管理：系统使用者管理。

23.3.2　系统文件结构图

为了方便对文件进行管理，对文件进行了分组管理，这样做的好处是方便管理和团队合作。在编写代码前，规划好系统文件组织结构，把窗体、公共类、数据模型、工具类或者图片资源放到不同的文件包中。本项目系统文件结构图如图 23-27 所示。

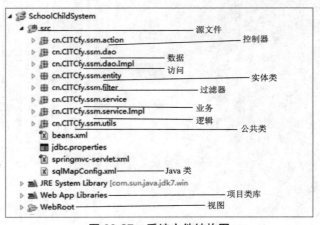

图 23-27　系统文件结构图

23.4　系统主要功能实现

本节将对学生错题管理系统功能的实现方法进行分析和探讨，引领大家学习如何使用 Java 进行教育行业项目开发。

23.4.1　数据表设计

学生错题管理系统是学校管理信息系统，数据库是其基础组成部分，系统的数据库是由基本功能需求制定的。

1. 数据库分析

根据管理系统的实际情况，本系统采用一个数据库，将其命名为 ORCL。整个数据库包含了系统几大模块的所有数据信息。ORCL 数据库共分 6 张表，如表 23-1 所示，使用 Oracle 数据库进行数据存储管理。

表 23-1　ORCL 数据库表名称

表　名　称	说　　明	备　　注
Userinfo	用户信息表	
SUB	科目表	
ROLES	角色表	信用卡、储蓄卡
RFCEN	关联表	
QUESTIONS	问题采集表	
FUNINFO	题目难度系数表	

2. 创建数据表

在已创建的数据库 ORCL 中创建 6 个数据表，这里列出用户信息创建表的过程，代码如下：

```
DROP TABLE "ILANNI"."USERINFO";
CREATE TABLE "ILANNI"."USERINFO" (
"ID" NUMBER(5) NOT NULL ,
"USERNAME" VARCHAR2(50 BYTE) NULL ,
"PWD" VARCHAR2(16 BYTE) NULL ,
"REALNAME" VARCHAR2(50 BYTE) NULL ,
"R_ID" NUMBER(5) NULL ,
"IMG" VARCHAR2(200 BYTE) NULL
)
```

为了避免重复创建，在创建表之前先使用 DROP 进行表删除。这里创建了与需求相关的 11 个字段，并创建一个自增的标识索引字段 ID。

由于篇幅所限，这里只给出数据表结构。

（1）用户信息表。用户信息表用于存储用户信息资料，表名为 USERINFO，结构如表 23-2 所示。

表 23-2　USERINFO 表

字 段 名 称	字 段 类 型	说　　　明	备　　注
ID	NUMBER(5)	唯一标示符	NOT NULL
USERNAME	VARCHAR2(50 BYTE)	用户名	NOT NULL
PWD	VARCHAR2(16 BYTE)	用户密码	NULL
REALNAME	VARCHAR2(50 BYTE)	真实姓名	NULL
R_ID	NUMBER(5)	角色 ID	NULL
IMG	VARCHAR2(200 BYTE)	用户头像	NULL

（2）科目表。科目表用于存储课程信息，表名为 SUB，结构如表 23-3 所示。

表 23-3　SUB 表

字 段 名 称	字 段 类 型	说　　　明	备　　注
S_ID	NUMBER(5)	唯一标示符	NOT NULL
SUBNAME	VARCHAR2(50 BYTE)	科目名称	NOT NULL
REMARK	VARCHAR2(200 BYTE)	备注	NULL

（3）用户角色表。用户角色表用来存储用户角色信息，表名为 Roles，结构如表 23-4 所示。

表 23-4　Roles 表

字 段 名 称	字 段 类 型	说　　　明	备　　注
R_ID	NUMBER(5)	唯一标示符	NOT NULL
ROLENAME	VARCHAR2(100 BYTE)	角色名称	NOT NULL
REMARK	VARCHAR2(200 BYTE)	备注	NULL

（4）关联表。关联表用来存储用户角色和题目难度系数关系，表名为 Rfcen，结构如表 23-5 所示。

表 23-5　Rfcen 表

字段名称	字段类型	说明	备注
RFID	NUMBER(5)	唯一标示符	NOT NULL
R_ID	NUMBER(5)	角色表主键	NOT NULL
FUNID	NUMBER(5)	难度系数表主键	NULL

（5）问题采集表。问题采集表用于存储问题信息，表名为 QUESTIONS，结构如表 23-6 所示。

表 23-6　QUESTIONS 表

字 段 名 称	字 段 类 型	说　　明	备　　注
T_ID	NUMBER(5)	唯一标示符	NOT NULL
TITLE	VARCHAR2(2000 BYTE)	标题	NOT NULL
S_ID	NUMBER(5)	所属科目	NOT NULL
T_CLASS	VARCHAR2(20 BYTE)	题型	NOT NULL
DEEP	VARCHAR2(20 BYTE)	难度	NOT NULL
ROOT	VARCHAR2(200 BYTE)	来源	NOT NULL
CET	VARCHAR2(4000 BYTE)	问题内容	NOT NULL
ANSWER	VARCHAR2(4000 BYTE)	问题答案	NOT NULL

（6）题目难度系数表。题目难度系数表用于存储题目与难度之间的关系，表名为 FUNINFO，结构如表 23-7 所示。

表 23-7　FUNINFO 表

字 段 名 称	字 段 类 型	说　　明	备　　注
FUNID	NUMBER(5)	唯一标示符	NOT NULL
FUNNAME	VARCHAR2(200 BYTE)	难度系数名	NOT NULL
FUNURL	VARCHAR2(200 BYTE)	题目链接	NOT NULL
FORBIDDEN	NUMBER(1)	是否允许修改	NOT NULL

23.4.2　实体类创建

实体类是用于对必须存储的信息和相关行为建模的类。实体对象（实体类的实例）用于保存和更新一些现象的有关信息，例如，事件、人员或者一些现实生活中的对象。实体类通常都是永久性的，它们所具有的属性和关系是长期需要的，有时甚至在系统的整个生存期都需要。根据面向对象编程的思想，应先创建数据实体类，这些实体类与数据表设计相对应，这些放在包 entity 中，如用户实体类 User，采用如下代码进行定义：

```
package cn.CITCfy.ssm.entity;
public class User {
    private Integer id;          //用户 id
    private String userName;     //账号
    private String pwd;          //密码
    private String realName;     //真实姓名
    private Integer r_id;        //角色 id
    private String img;          //头像
    /**
     * 多对一
     * @return
     */
    private Role role;
    public Integer getId() {
```

```
        return id;
    }
    public void setId(Integer id) {
        this.id = id;
    }
    public String getUserName() {
        return userName;
    }
    public void setUserName(String userName) {
        this.userName = userName;
    }
    public String getPwd() {
        return pwd;
    }
    public void setPwd(String pwd) {
        this.pwd = pwd;
    }
    public String getRealName() {
        return realName;
    }
    public void setRealName(String realName) {
        this.realName = realName;
    }
    public Integer getR_id() {
        return r_id;
    }
    public void setR_id(Integer r_id) {
        this.r_id = r_id;
    }
    public String getImg() {
        return img;
    }
    public void setImg(String img) {
        this.img = img;
    }
    public Role getRole() {
        return role;
    }
    public void setRole(Role role) {
        this.role = role;
    }
    }
}
```

这里取值与赋值进行了分开定义，当然也可以在一个里面实现。

23.4.3　数据库访问类

数据库访问使用 Dao 包，用来操作数据库驱动、连接、关闭等数据库操作方法，这些方法包括不同数据表的操作方法。在数据库访问层，实现数据库对数据库的增删改查，进行两层封装设计，先抽象出操作类规范操作，通过接口进行继承和具体实现，抽象操作 BaseDao.java 实现代码如下：

```java
public interface BaseDao<T> {

    public int save(T entity);                      //插入，用实体作为参数

    public int deleteById(Serializable id);         //按 id 删除，删除一条；支持整数型和字符串类型 ID

    public void deletePart(Serializable[] ids);     //批量删除；支持整数型和字符串类型 ID

    public T get(Serializable id);                  //只查询一个，常用于修改

    public int update(T entity);                    //修改，用实体作为参数

    public List<T> getAll(Map map);                 //分页

    public int getCount(Map map);                   //分页记录数
}
```

实现层 BaseDaoImpl.java 代码如下：

```java
public class BaseDaoImpl<T> extends SqlSessionDaoSupport implements BaseDao<T> {

    @Autowired
    public void setSqlSessionFactory(SqlSessionFactory sqlSessionFactory){
        super.setSqlSessionFactory(sqlSessionFactory);
    }

    //命名空间
    private String nameSpace;

    public String getNameSpace() {
        return nameSpace;
    }

    public void setNameSpace(String nameSpace) {
        this.nameSpace = nameSpace;
    }
    //主要业务
    //增
    public int save(T entity) {
        int num=0;
        num=this.getSqlSession().insert(nameSpace+".save",entity);
        return num;
    }
    //删一个
    public int deleteById(Serializable id) {
        int num=0;
        num=this.getSqlSession().delete(nameSpace+".deleteById",id);
        return num;
    }
    //批量删
```

```
public void deletePart(Serializable[] ids) {

    this.getSqlSession().delete(nameSpace+".deletePart",ids);

}

//获得一个对象
public T get(Serializable id) {

    return this.getSqlSession().selectOne(nameSpace+".get", id);

}

//改
public int update(T entity) {
    int num=0;
    num=this.getSqlSession().update(nameSpace+".update",entity);
    return num;

}

//分页
public List<T> getAll(Map map) {
    List<T> list=null;
    list=this.getSqlSession().selectList(nameSpace+".getAll",map);
    return list;

}

public int getCount(Map map) {
    int num=0;
    num=this.getSqlSession().selectOne(nameSpace+".getCount",map);
    return num;

}
}
```

上述 basedao.java 定义了一个公共访问操作抽象类，basedaoimp.java 定义了一个公共数据访问的实现类，系统中还有其他数据访问类实现。

23.4.4 控制器实现

控制器使用 Action 包，系统根据操作的主要过程定义了 3 个控制器，分别是错题控制器（QuestionController.java）、课程控制器（SubController.java）、用户控制器（UserController.java）， UserController.java 实现代码如下：

```
public class UserController {

    @Resource
    private UserService userService;

    /**
     * 用户登录
     * @throws IOException
     * @throws ServletException
```

```
    */
    @RequestMapping("/login.action")
    public String login(User us,Model md,HttpServletRequest request)
            throws ServletException, IOException{

        //获取对象账户
        User user = userService.getUser(us.getUserName());

        //登录验证 (账户--密码)
        if(user!=null){
            //账户、密码正确，跳转首页
            if(user.getPwd().equals(us.getPwd())){
                request.getSession().setAttribute("user",user);
                request.getSession().setAttribute("img",user.getImg());
                return "/web/index.jsp";

            }else{
            //若密码不正确
                md.addAttribute("msg","密码有误!");
                return "/login.jsp";
            }
        }else{
        //用户不存在
        md.addAttribute("msg","用户不存在...");
        return "/login.jsp";
        }
    }


    /**
     * 修改密码
     */
    @RequestMapping("/editPwd.action")
    public String editPwd(HttpServletRequest request){

        String newpass=request.getParameter("newpass");
        //获得 User 的 session
        User user=(User) request.getSession().getAttribute("user");

         user.setPwd(newpass);
        //改密码
        int num=userService.update(user);
        if(num==1){
         request.getSession().removeAttribute("user");
        }
        return "/login.jsp";

    }

    /**
     * 添加用户
```

```
    * @throws Exception
    */
@RequestMapping("/addUser.action")
public String addUser(HttpServletRequest request,Model md) throws Exception{
    User user=upload(request);
    //增
    userService.save(user);
    System.out.println(user.getUserName());
    //查询的参数
    md.addAttribute("ke", user.getUserName());
    //返回跳转的页面
    md.addAttribute("hre", "getAllUser.action");
    //跳转到成功界面
    return "/web/tips.jsp";
}

/**
 * 根据 ID 删除用户
 */
@RequestMapping("/deleteUser.action")
public String deleteUser(HttpServletRequest request,Model md,String pageCurrent){

    Integer id=Integer.parseInt(request.getParameter("id"));

    //获取正在登录用户
    User u=(User) request.getSession().getAttribute("user");

    if(u.getId()!=id){

    //获取删除对象的 ID
    userService.deleteById(id);
    //当前页
    md.addAttribute("pageCurrent",pageCurrent );
    //返回跳转的页面
    md.addAttribute("hre", "getAllUser.action");
    //跳转到成功界面
    return "/web/tips.jsp";

    }else{
     request.setAttribute("msg","用户正在使用中...无法删除!");
     return "/getAllUser.action";
    }
}

/**
 * 查找一个用户: 供修改
 */
@RequestMapping("/queryById.action")
public String queryById(HttpServletRequest request,String pageCurrent,int id){
```

```
        //查
        User u=userService.get(id);
        request.setAttribute("u",u);
        //当前页
        request.getSession().setAttribute("pagecu", pageCurrent);
        return "/web/updateUser.jsp";
    }


    /**
     * 修改选中的用户信息
     * @throws Exception
     */
    @RequestMapping("/updateUser.action")
    public String updateUser(HttpServletRequest request,Model md) throws Exception{
        //执行修改操作
        userService.update(upload(request));
        //移除供修改的 u   session
        request.getSession().removeAttribute("u");
        //当前页
        md.addAttribute("pageCurrent",request.getSession().getAttribute("pagecu") );
        //移除 pagecu session
        request.getSession().removeAttribute("pagecu");
        //返回跳转的页面
        md.addAttribute("hre", "getAllUser.action");
        //跳转到成功界面
        return "/web/tips.jsp";
    }


    /**
     * 批量删
     */
    @RequestMapping("/deletePartUser.action")
    public String deletePartUser(HttpServletRequest request,String pageCurrent,Model md){

        String[] strs = request.getParameterValues("wId");

        Serializable[] ids = new Serializable[strs.length];

        for (int i = 0; i < strs.length; i++) {
            ids[i] = Integer.parseInt(strs[i]);

        }
        //批量删
        userService.deletePart(ids);
        //当前页
        md.addAttribute("pageCurrent",pageCurrent );
        //返回跳转的页面
        md.addAttribute("hre", "getAllUser.action");
        return "/web/tips.jsp";
    }
```

```
/**
 * 查询所有用户
 */
@RequestMapping("/getAllUser.action")
public String getAllUser(Model md,String ke,String pageCurrent){

    Map<String, Object> map=new HashMap<String, Object>();
    if(WebUtils.isNotNull(ke)){
        map.put("ke", "%"+ke+"%");
    }

    //创建 pageBean 对象
    PageBean<User> bean=new PageBean<User>();
    bean.setTotalCount(userService.getCount(map));              //设置总记录数
    if(WebUtils.isNotNull(pageCurrent)){
        if(Integer.parseInt(pageCurrent)<1){
            bean.setCurrentPage(1);                             //设置当前页
        }else if(Integer.parseInt(pageCurrent)>bean.getTotalPage()){
            bean.setCurrentPage(bean.getTotalPage());           //设置当前页
        }else{
            bean.setCurrentPage(Integer.parseInt(pageCurrent)); //设置当前页
        }
    }else{
        pageCurrent=""+1;
    }
    Integer firtPage=(bean.getCurrentPage()-1)*bean.getMaxNum(); //起始条数
    Integer countPage=bean.getCurrentPage()*bean.getMaxNum()+1;  //尾条数
    //给 map 添加值
    map.put("firtPage", firtPage);
    map.put("countPage", countPage);
    map.put("bean", bean);

    //执行查询所有用户
    List<User> list=userService.getAll(map);

    if(list.size()==0){
     return "/web/error1.jsp";
    }

    bean.setDatas(list);
    md.addAttribute("bean",bean);
    md.addAttribute("ke", ke);

    //跳转到用户管理界面
    return "/web/advUser.jsp";
}


/**
```

```
 *  上传图片
 *  @param request
 *  @return
 *  @throws Exception
 */
public User upload(HttpServletRequest request)
        throws Exception{
    //创建对象
    User user=new User();

    //图片上传
    //1.创建工厂对象
    FileItemFactory factory=new DiskFileItemFactory();
    //2.文件上传核心工具类
    ServletFileUpload upload=new ServletFileUpload(factory);
    //3.设置上传文件大小限制
    upload.setFileSizeMax(10*1023*1023);       //单个文件大小限制
    upload.setSizeMax(50*1023*1023);           //总文件大小限制
    upload.setHeaderEncoding("UTF-8");         //对中文文件编码处理

    //判断是否是上传的表单
    //表单添加 enctype="multipart/form-data" 才能上传表单数据
    if(upload.isMultipartContent(request)){
    //把请求数据转换成 list 集合
    List<FileItem> list=upload.parseRequest(request);

    //FileItem 代表请求的内容
    for(FileItem item:list){
      //jsp name 属性值
      String name=item.getFieldName();
      //jsp 属性对应的 value 值
      String value=new String(item.getString().getBytes("iso8859-1"),"utf-8");

      //保存其他表单数据
        if("id".equals(name)){
          user.setId(Integer.parseInt(value));
        }

        if("userName".equals(name)){
        user.setUserName(value);
        }

        if("pwd".equals(name)){
         user.setPwd(value);
        }

        if("realName".equals(name)){
         user.setRealName(value);
        }
        if("r_id".equals(name)){
```

```
                user.setR_id(Integer.parseInt(value));
            }

        //判断是否上传
        if(!item.isFormField()){

            //获取 tomcat 所在工程的真实绝对路径
            String realPath=request.getSession().getServletContext().getRealPath("/");

            //把 item 的文件内容写入另一个文件
            //创建文件
            File newFile=new File(realPath+"/web/images/"+item.getName());
            item.write(newFile);
            item.delete();                              //删除临时文件

            String img="web/images/"+item.getName();    //数据库保存字段
            user.setImg(img);

        }
      }
    }
    return user;
}


//账户名异步验证
@RequestMapping("/addUserAjax.action")
public void addUserAjax(String userName,HttpServletResponse response) throws IOException{
    User user=userService.getUser(userName);
    if(user!=null){
        response.getWriter().write("账户名已存在");
    }else{
        response.getWriter().write("");
    }
}

//导入 Excel 文档
@RequestMapping("/import.action")
public String importExecl(HttpServletResponse response) {

    try {
        String title = "用户信息";
        String[] rowName = new String[] { "序号", "账号", "密码", "真实姓名","角色"};
            ImportExecl.importExecl(response, title, rowName,userService.getExecl());
        } catch (Exception e) {
            return "/web/error1.jsp";
        }
        return null;

    }
}
```

可以看到在收到解析地址并处理后，通过 return 直接返回处理结果页面，逻辑清晰。另外，由于用户具有头像，这里定义了 upload(HttpServletRequest request)上传头像的方法。

23.4.5　业务数据处理

业务逻辑使用 Service 包，业务逻辑同样使用两层实现，先进行抽象进行规范操作，再继承具体实现。以用户业务实现为例，抽象 UserService.java 实现代码如下：

```java
public interface UserService {

    public int save(User user);                    //插入，用实体作为参数

    public int deleteById(Serializable id);        //按 id 删除，删除一条；支持整数型和字符串类型 ID

    public void deletePart(Serializable[] ids);    //批量删除；支持整数型和字符串类型 ID

    public User get(Serializable id);              //只查询一个，常用于修改

    public int update(User user);                  //修改，用实体作为参数

    public List<User> getAll(Map map);             //分页

    public int getCount(Map map);                  //分页记录数

    //------------------------------------------------------------------

    /**
     * 根据用户名查找用户
     * @param userName
     * @return
     */
    public User getUser(String userName);

    /**
     * 获得 Execl
     * @return
     */
    public List<User> getExecl();
}
```

具体实现 UserServiceImpl.java 代码如下：

```java
public class UserServiceImpl implements UserService {
    @Resource
    private UserDao dao;
    public void setDao(UserDao dao) {
        this.dao = dao;
    }
    public int save(User user) {
        int num=dao.save(user);
        return num;
    }
    public int deleteById(Serializable id) {
        return dao.deleteById(id);
```

```
        }
        public void deletePart(Serializable[] ids) {
            dao.deletePart(ids);
        }
        public User get(Serializable id) {
            User user=dao.get(id);
            return user;
        }
        public int update(User user) {
            int num=dao.update(user);
            return num;
        }
        public List<User> getAll(Map map) {
            List<User> users=dao.getAll(map);
            return users;
        }
        public User getUser(String userName) {
            return dao.getUser(userName);
        }
        public int getCount(Map map) {
            return dao.getCount(map);        }
        public List<User> getExecl() {
            return dao.getExecl();
        }
    }
```

细心的读者可以看到，在业务层正式调用了数据库访问层方法，获取了自己需要的数据操作。

23.4.6　SpringMVC 的配置

SpringMvc 的配置主要是用来配置包扫描和视图解析，代码如下：

```
        <!-- 1.扫描包, controller -->
    <context:component-scan base-package="cn.CITCfy.ssm.action"/>

        <!-- 2.视图解析器, jspViewResolver -->
    <bean id="jspViewResolver" class="org.springframework.web.servlet.view.InternalResourceViewResolver">
        <property name="prefix" value=""/>
        <property name="suffix" value=""/>
    </bean>
```

23.4.7　MyBatis 的配置

学生错题管理系统使用 MyBatis 作为持久层访问框架，MyBatis 具有支持普通 SQL 查询、存储过程和高级映射的优秀持久层框架等特点，但由于其自身限制问题，系统使用 MyBatis 与 Sping 相结合，其配置如下：

```
        <!-- 改包名 -->
        <!-- 1.扫描包 service,dao -->
    <context:component-scan base-package="cn.CITCfy.ssm.dao,cn.CITCfy.ssm.service"/>
        <!-- 2.数据库链接 jdbc.properties 文件 -->
    <context:property-placeholder location="classpath:jdbc.properties"/>
        <!-- 3.数据源 DataSource -->
    <bean id="dataSource" class="com.mchange.v2.c3p0.ComboPooledDataSource">
        <property name="driverClass" value="${jdbc.driverClassName}"/>
```

```
            <property name="jdbcUrl" value="${jdbc.url}"/>
            <property name="user" value="${jdbc.username}"/>
            <property name="password" value="${jdbc.password}"/>
            <property name="maxPoolSize" value="${c3p0.pool.maxPoolSize}"/>
            <property name="minPoolSize" value="${c3p0.pool.minPoolSize}"/>
            <property name="initialPoolSize" value="${c3p0.pool.initialPoolSize}"/>
            <property name="acquireIncrement" value="${c3p0.pool.acquireIncrement}"/>
    </bean>
    <!-- 4.Session 工厂 SqlSessionFactory -->
    <bean id="sqlSessionFactory" class="org.mybatis.spring.SqlSessionFactoryBean">
        <property name="dataSource" ref="dataSource"/>
        <!-- 跟 mybatis 进行整合 -->
        <property name="configLocation" value="classpath:sqlMapConfig.xml"/>
        <property name="mapperLocations" value="classpath:cn/CITCfy/ssm/entity/*.xml"/>
    </bean>
    <!-- 5.事务 tx -->
    <bean id="txManager" class="org.springframework.jdbc.datasource.DataSourceTransactionManager">
        <property name="dataSource" ref="dataSource"/>
    </bean>
```

配置分为 5 个部分，包扫描、数据库链接、数据源、会话工厂和事物。

23.5 熟悉 SpringMVC 和 MyBatis 框架

23.5.1 SpringMVC

　　SpringMVC 属于 SpringFrameWork 的后续产品，是 Spring 框架三层结构体系方式具体实现，是 Spring 框架的延伸，即只通过 Spring 框架就可实现一个三层架构的框架产品，而不需要与 Struts 进行组合。

　　使用 SpringMVC 对于初学者来说具有很显著上手快的优点，在同一体系内，SpringMVC 三层结构逻辑清晰，代码可读可跟踪性强，省去学习其他框架的精力和时间。

23.5.2 MyBatis 框架的使用

　　MyBatis 是一款优秀的持久层框架，它支持定制化 SQL、存储过程及高级映射。MyBatis 避免了几乎所有的 JDBC 代码和手动设置参数及获取结果集。MyBatis 可以使用简单的 XML 或注解来配置和映射原生信息，将接口和 Java 的 POJOs（Plain Old Java Objects，普通的 Java 对象）映射成数据库中的记录。

　　MyBatis 加载大致分为三步：

1. 加载配置并初始化

　　触发条件：加载配置文件。

　　处理过程：将 SQL 的配置信息加载成为一个个 MappedStatement 对象（包括传入参数映射配置、执行的 SQL 语句、结果映射配置），存储在内存中。

2. 接收调用请求

　　触发条件：调用 MyBatis 提供的 API。

　　传入参数：为 SQL 的 ID 和传入参数对象。

处理过程：将请求传递给下层的请求处理层进行处理。

3. 处理操作请求

触发条件：API 接口层传递请求过来。

传入参数：为 SQL 的 ID 和传入参数对象。

处理过程：

（1）根据 SQL 的 ID 查找对应的 MappedStatement 对象。

（2）根据传入参数对象解析 MappedStatement 对象，得到最终要执行的 SQL 和执行传入参数。

（3）获取数据库连接，根据得到的最终 SQL 语句和执行传入参数到数据库执行，并得到执行结果。

（4）根据 MappedStatement 对象中的结果映射配置，对得到的执行结果进行转换处理，并得到最终的处理结果。

（5）释放连接资源。

（6）将最终的处理结果返回。

MyBatis 与 Hibernate 都是持久层框架，优势对比如表 23-8 所示。

表 23-8　MyBatis 与 Hibernate 优势对比

MyBatis 优势	Hibernate 优势
（1）MyBatis 可以进行更为细致的 SQL 优化，可以减少查询字段。 （2）MyBatis 容易掌握，而 Hibernate 门槛较高	（1）Hibernate 的 DAO 层开发比 MyBatis 简单，MyBatis 需要维护 SQL 和结果映射 （2）Hibernate 对对象的维护和缓存要比 MyBatis 好，对增删改查的对象的维护要方便 （3）Hibernate 数据库移植性很好，MyBatis 的数据库移植性不好，不同的数据库需要写不同的 SQL 语句 （4）Hibernate 有更好的二级缓存机制，可以使用第三方缓存。MyBatis 本身提供的缓存机制不佳

第 24 章
大型电子商务网站系统

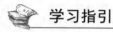 学习指引

　　不积跬步无以至千里，不积小流无以成江河，通过前面章节的学习，我们已经具有一定的分析和解决问题的能力。本章通过一个大型电子商务网站系统的实现，带你去领略 Oracle 在互联网开发中的应用，如果你能自己动手实现本章内容，举一反三，你也能发散思考解决其他同类问题。可以很高兴地对你说，你已经步入了 Oracle 数据库设计的殿堂。

重点导读

- 掌握电子商务网站系统的案例运行和配置方法。
- 掌握电子商务网站系统开发流程。
- 掌握电子商务网站系统的数据库设计方法。
- 熟悉电子商务网站系统的数据库访问类。

24.1　案例运行及配置

本系统作为一个教学实例，大家可以通过运行本程序对程序功能有一个基本了解。

24.1.1　开发及运行环境

本系统的软件开发环境如下：（添加项目符号）
（1）编程语言：Java。
（2）操作系统：Windows 7、Windows 8、Windows 10。
（3）JDK 版本：Java SE Development KIT（JDK）　Version 7.0。
（4）开发工具：MyEclipse。
（5）数据库：Oracle。
（6）Web 服务器：Tomcat 7.0。

24.1.2 系统运行

首先大家要学会运行本系统，可对本程序的功能有所了解。下面简述案例运行的具体步骤。

步骤 1：安装 Tomcat 7.0 或更高版本（本例安装 Tomcat 8.0），假定安装在 E:\Program Files\Apache Software Foundation\Tomcat 8.0，该目录记为 TOMCAT_HOME。

步骤 2：部署程序文件。

（1）把素材中的 ch24/shop 文件夹复制到 TOMCAT_HOME\webapps\，如图 24-1 所示。

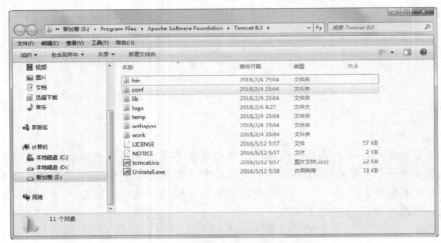

图 24-1　复制输出文件到本地硬盘

（2）运行 Tomcat，进入目录 TOMCAT_HOME\bin，运行 startup.bat，终端打印"Info: Server startup in xxx ms"，表明 Tomcat 启动成功，如图 24-2 所示。

图 24-2　正确运行 tomcat

（3）安装 Oracle 数据库，版本为 Oracle Database 11g 第 2 版（11.2.0.1.0）（也可安装其他版本，本项目以本版本为例）。

（4）安装 Oracle 数据库管理工具 PLSQL Developer 软件。

（5）运行 PLSQL Developer 软件，双击桌面上的"PLSQL Developer 快捷方式"图标，如图 24-3 所示。

（6）在 Oracle Logon 界面中的 Username 文本框中选择 System 选项，在 Password 文本框中输入 orcl，在 Database 下拉列表框中选择 ORCL 选项（密码和数据库名在数据库安装时设置），在 Connect as 下拉列表框中选择 SYSDBA 选项，完成设置后单击 OK 按钮，登录数据库，如图 24-4 所示。

图 24-3　启动 PLSQL Developer 软件

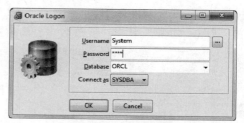

图 24-4　登录数据库

（7）数据库成功登录成功后，右击 Object 选项卡下的 Users 选项，在弹出的快捷菜单中选择 New 命令，如图 24-5 所示。

（8）在打开的 Create User 对话框的 Name 文本框中输入用户名：shop，在 Password 文本框中输入密码：1244，其他选择项如图 24-6 所示，单击 Apply 按钮，应用设置。

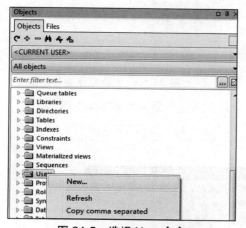

图 24-5　选择 New 命令

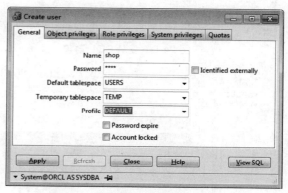

图 24-6　新建用户

（9）在 Role privileges 选项卡中进行图 24-7 所示的设置，赋予新用户权限，赋予其角色权限：connect、resource、dba，这样用户才能登录操作数据库。

（10）使用新建用户登录数据库管理工具后，单击此工具项并在展开的菜单中选择 SQL Window 菜单项，如图 24-8 所示。

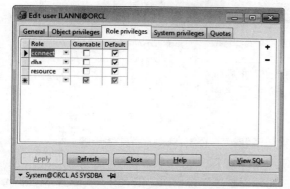

图 24-7　设置用户权限

图 24-8　选择 SQL Window 菜单项

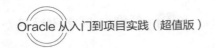

（11）在 SQL Window-New 窗口的 SQL 选项卡中把本例创建数据表与数据的 SQL 语句（素材 ch24/dbsql 下）粘贴进来，如图 24-9 所示。

（12）单击"执行"按钮，完成数据表与数据的创建，如图 24-10 所示。

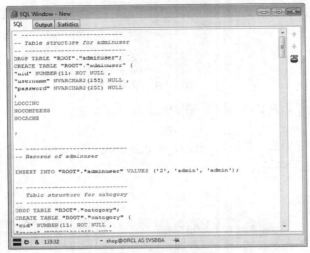

图 24-9　复制 SQL 语句

图 24-10　创建数据表与数据

步骤 3：打开浏览器，访问 http://localhost:8080/shop，登录进入主界面，如图 24-11 所示。

图 24-11　"在线购物系统"主界面

24.1.3　项目开发及导入步骤

首先大家要学会运行本系统，才能对本程序的功能有所了解，下面简述运行的具体步骤。

（1）把素材中的"ch24"目录复制到硬盘中，本例使用"D:\ts\"。

（2）单击 Windows 窗口中的"开始"按钮，在展开的"所有程序"菜单项中依次展开并选择 MyEclipse Professional 2014 程序名称，如图 24-12 所示。

（3）双击 MyEclipse Professional 2014 程序名称，启动 MyEclipse 开发工具，如图 24-13 所示。

图 24-12　启动 MyEclipse 程序

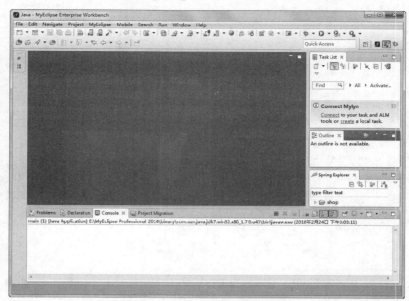

图 24-13　MyEclipse 开发工具界面

（4）在菜单栏中选择 File→Import 命令，如图 24-14 所示。

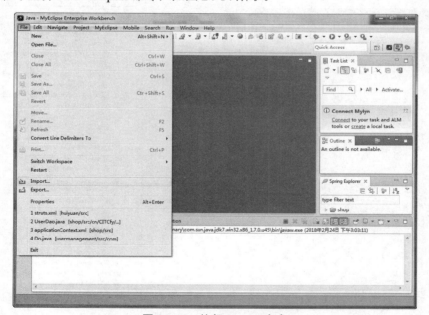

图 24-14　执行 Import 命令

（5）在打开的 Import 窗口中选择 Existing Projects into Workspace 选项并单击 Next 按钮，执行下一步操作，如图 24-15 所示。

（6）在 Import Projects 对话框中单击 Select root directory 单选按钮右边的 Browse 按钮，在打开的"浏览文件夹"对话框中依次选择项目源码根目录，本例选择 D:\ts\ ch24\shop 目录，单击"确定"按钮，确认选择，如图 24-16 所示。

图 24-15　选择项目工作区

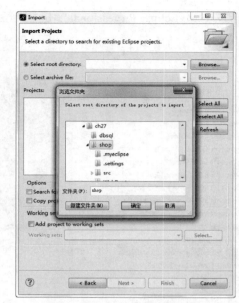

图 24-16　择项目源码根目录

（7）完成项目源码根目录的选择后，单击 Finish 按钮，完成项目导入操作，如图 24-17 所示。

（8）在 MyEclipse 项目现有包资源管理器中，可发现和展开 shop 项目包资源管理器，如图 24-18 所示。

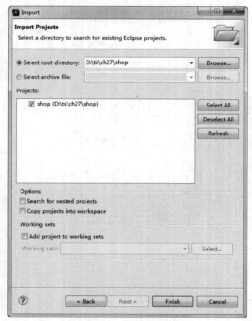

图 24-17　完成项目导入

图 24-18　项目包资源管理器

（9）加载项目到 Web 服务器。在 MyEclipse 主界面中单击 Manage Deployments 按钮，打开 Manage Deployments 界面，如图 24-19 所示。

（10）单击 Server 选项右边的下三角按钮，在弹出的下拉列表中选择 MyEclipse Tomcat 7 选项。单击 Add 按钮，打开 New Deployment 界面，如图 24-20 所示。

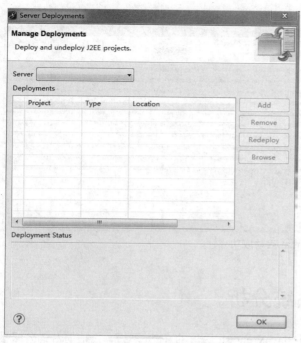

图 24-19　Manage Deployments 界面

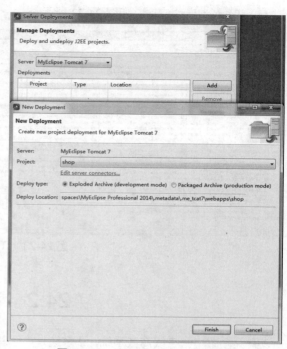

图 24-20　New Deployment 界面

（11）设置 Project 为 shop 后，单击 Finish 按钮，再单击 OK 按钮，如图 24-21 所示。

（12）在 MyEclipse 主界面中，单击 Run/Stop/Restart MyEclipse Servers 菜单，在展开菜单中选择 MyEclipse Tomcat 7→Start 命令，启动 Tomcat，如图 24-22 所示。

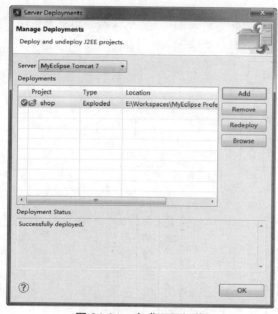

图 24-21　完成项目加载

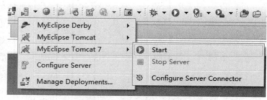

图 24-22　启动 Tomcat

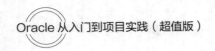

（13）Tomcat 启动成功，如图 24-23 所示。

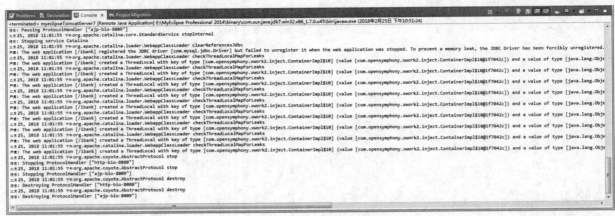

图 24-23　Tomcat 启动成功

24.2　系统分析

该案例介绍一个在线商城系统，该系统是一个基于 JavaWeb-ssh 后台的 B/S 系统，包括前台的分级搜索商品功能。游客可以浏览商品，普通顾客可以进入前台购买界面购买商品，系统管理人员可以进入后台管理界面进行管理操作。

24.2.1　系统总体设计

在线购物系统在移动互联时代案例层出不穷，是应用广泛的一个项目，本例从买家的角度去实现相关管理功能（本例仅实现基础需要部分）。图 24-24 所示为在线购物系统结构图。

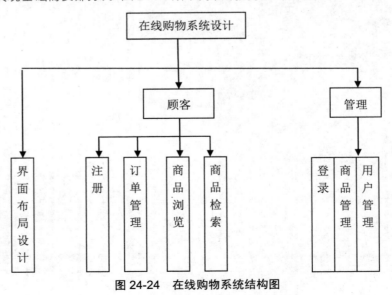

图 24-24　在线购物系统结构图

24.2.2　系统界面设计

在业务操作类型系统界面设计过程中，一般使用单色调，考虑使用习惯，不能对系统使用产生影响，要以行业特点为依据、用户习惯为基础。基于以上考虑，在线购物系统设计界面如图 24-25～图 24-27 所示。

图 24-25　商品列表

图 24-26　商品详情

图 24-27　购物车

24.3　功能分析

本节将对在线购物系统的功能进行简单的分析和探讨。

24.3.1　系统主要功能

可以在线购物进行交易，其主要功能应包括商品管理、用户管理、商品检索、订单管理、购物车管理等。具体描述如下。

（1）商品管理：商品分类的管理，包括商品种类的添加、删除、类别名称更改等功能。商品信息的管理，包括商品的添加、删除、商品信息（包括优惠商品、最新热销商品等信息）的变更等功能。

（2）用户管理：用户注册，如果用户注册为会员，就可以使用在线购物功能。用户信息管理：用户可以更改个人私有信息，如密码等。

（3）商品检索：商品速查，根据查询条件，快速查询用户所需商品；商品分类浏览，按照商品的类别列出商品目录。

（4）订单管理：订单信息，浏览订单结算，订单维护。

（5）购物车管理：购物车中商品的增删，采购数量的改变，生成采购订单。

（6）后台管理：商品分类管理、商品基本信息管理、订单处理、会员信息管理。

24.3.2　系统文件结构图

项目开发为了方便对文件进行管理，对文件进行了分组管理，这样做的好处是方便管理，和团队合作。在编写代码前，规划好系统文件组织结构，把窗体、公共类、数据模型、工具类或者图片资源放到不同的文件包中。系统文件结构图如图 24-28 所示。

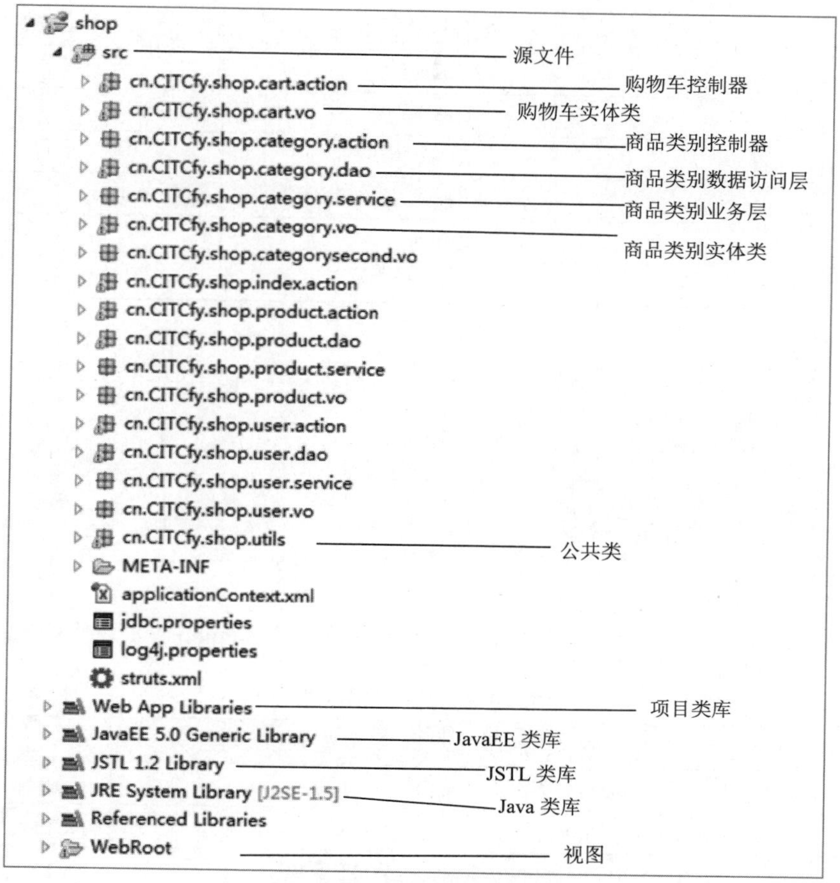

```
▲ 📂 shop
   ▲ 📁 src ────────────────────── 源文件
      ▷ 🏢 cn.CITCfy.shop.cart.action ───────── 购物车控制器
      ▷ 🏢 cn.CITCfy.shop.cart.vo ──────────── 购物车实体类
      ▷ 🏢 cn.CITCfy.shop.category.action ────── 商品类别控制器
      ▷ 🏢 cn.CITCfy.shop.category.dao ──────── 商品类别数据访问层
      ▷ 🏢 cn.CITCfy.shop.category.service ───── 商品类别业务层
      ▷ 🏢 cn.CITCfy.shop.category.vo ──────── 商品类别实体类
      ▷ 🏢 cn.CITCfy.shop.categorysecond.vo
      ▷ 🏢 cn.CITCfy.shop.index.action
      ▷ 🏢 cn.CITCfy.shop.product.action
      ▷ 🏢 cn.CITCfy.shop.product.dao
      ▷ 🏢 cn.CITCfy.shop.product.service
      ▷ 🏢 cn.CITCfy.shop.product.vo
      ▷ 🏢 cn.CITCfy.shop.user.action
      ▷ 🏢 cn.CITCfy.shop.user.dao
      ▷ 🏢 cn.CITCfy.shop.user.service
      ▷ 🏢 cn.CITCfy.shop.user.vo
      ▷ 🏢 cn.CITCfy.shop.utils ───────────── 公共类
      ▷ 📂 META-INF
        📄 applicationContext.xml
        📄 jdbc.properties
        📄 log4j.properties
        ⚙ struts.xml
   ▷ 📚 Web App Libraries ──────────────────── 项目类库
   ▷ 📚 JavaEE 5.0 Generic Library ──────── JavaEE 类库
   ▷ 📚 JSTL 1.2 Library ──────────── JSTL 类库
   ▷ 📚 JRE System Library [J2SE-1.5] ──── Java 类库
   ▷ 📚 Referenced Libraries
   ▷ 📂 WebRoot ─────────────────────────── 视图
```

图 24-28　系统文件结构图

24.4　系统主要功能实现

本节将对在线购物系统功能的实现方法进行分析和探讨，引领大家学习如何使用 Java 进行电子商务项目开发。

24.4.1　数据库与数据表设计

在线购物系统是购物信息系统，数据库是其基础组成部分，系统的数据库是由基本功能需求制定的。

1．数据库分析

根据管理系统的实际情况，本系统采用一个数据库，数据库的命名为 orcl 数据库。整个数据库包含了系统几大模块的所有数据信息。orcl 数据库总共分 6 张表，如表 24-1 所示，使用 Oracle 数据库进行数据存储管理。

表 24-1　orcl 数据库表名称

表　名　称	说　　明	备　　注
adminuser	管理员表	
category	商品类别表	
categorysecond	二级分类表	
orderitem	订单表	
product	商品表	
user	用户表	

2. 创建数据表

在已创建的数据库 Orcl 中创建 6 个数据表，这里列出管理员表的创建表过程，代码如下：

```
CREATE TABLE  "adminuser" (
"uid" NUMBER(11) NOT NULL ,
"username" NVARCHAR2(255) NULL ,
"password" NVARCHAR2(255) NULL
)
```

这里创建了与需求相关的 3 个字段，并创建一个自增的标识索引字段 UID。

由于篇幅所限，这里只给出数据表结构。

（1）管理员表。管理员表用于存储后台管理用户信息，表名为 adminuser，结构如表 24-2 所示。

表 24-2　adminuser 表

字 段 名 称	字 段 类 型	说　　明	备　　注
Uid	NUMBER(11)	唯一标示符	NOT NULL
username	NVARCHAR2(255)	用户名	NULL
Password	NVARCHAR2(255)	用户密码	NULL

（2）一级商品分类表。一级商品分类表用于存储商品大类信息，表名为 category，结构如表 24-3 所示。

表 24-3　category 表

字 段 名 称	字 段 类 型	说　　明	备　　注
cid	NUMBER(11)	一级商品目录唯一标示符	NOT NULL
cname	NVARCHAR2(255)	一级商品目录名称	NULL

（3）二级商品分类表。二级商品分类表用来存储商品大类下的小类信息，表名为 categorysecond，结构如表 24-4 所示。

表 24-4　categorysecond 表

字 段 名 称	字 段 类 型	说　　明	备　　注
csid	NUMBER(11)	二级商品目录唯一标示符	NOT NULL
csname	NVARCHAR2(255)	二级商品目录名称	NULL
cid	NUMBER(11)	一级商品目录唯一标示符	NULL

（4）订单表。订单表用来存储用户下单信息，表名为 orderitem，结构如表 24-5 所示。

表 24-5　orderitem 表

字 段 名 称	字 段 类 型	说　　明	备　　注
itemid	NUMBER(11)	唯一标示符	NOT NULL
count	NUMBER(11)	商品数量	NULL
subtotal	NUMBER	商品总计	NULL
pid	NUMBER(11)	商品 id	NULL
oid	NUMBER(11)	订单 id	NULL

（5）商品明细表。商品明细表用于存储出售的商品信息，表名为 product，结构如表 24-6 所示。

表 24-6　product 表

字 段 名 称	字 段 类 型	说　　明	备　　注
pid	NUMBER(11)	商品 id	NOT NULL
pname	NVARCHAR2(255)	商品名称	NULL
market_price	NUMBER	商品单价	NULL
shop_price	NUMBER	商品售价	NULL
image	NVARCHAR2(255)	订单 id	NULL
pdesc	NVARCHAR2(255)	商品描述	NULL
is_hot	NUMBER(11)	是否热卖商品	NULL
pdate	DATE	商品生产日期	NULL
csid	NUMBER(11)	一级商品分类目录	NULL

（6）用户表。用户表存储买家个人信息，表名为 User，结构如表 24-7 所示。

表 24-7　User 表

字 段 名 称	字 段 类 型	说　　明	备　　注
uid	NUMBER(11)	唯一标示符	NOT NULL
username	NVARCHAR2(255)	用户名	NULL
password	NVARCHAR2(255)	用户密码	NULL
name	NVARCHAR2(255)	用户姓名	NULL
email	NVARCHAR2(255)	用户邮箱	NULL
phone	NVARCHAR2(255)	用户电话	NULL
addr	NVARCHAR2(255)	用户地址	NULL
state	DATE	注册日期	NULL
code	NVARCHAR2(64)	用户身份标识码	NULL

24.4.2　实体类创建

实体类是用于对必须存储的信息和相关行为建模的类。实体对象（实体类的实例）用于保存和更新一些现象的有关信息，在本项目中实体类放在 cn.CITCfy.shop.vo 类包中，cn.CITCfy.shop.vo 类中含有 cart.java 购物篮实体、category.java 一级目录实体、categorysecond.java 二级目录实体、product.java 商品实体和 user.java 用户实体。例如，用户实体 user.java 代码如下：

```java
public class User {
    private Integer uid;
    private String username;
    private String password;
    private String name;
    private String email;
    private String phone;
    private String addr;
    private Integer state;
    private String code;
    public Integer getUid() {
        return uid;
    }
    public void setUid(Integer uid) {
        this.uid = uid;
    }
    public String getUsername() {
        return username;
    }
    public void setUsername(String username) {
        this.username = username;
    }
    public String getPassword() {
        return password;
    }
    public void setPassword(String password) {
        this.password = password;
    }
    public String getName() {
        return name;
    }
    public void setName(String name) {
        this.name = name;
    }
    public String getEmail() {
        return email;
    }
    public void setEmail(String email) {
        this.email = email;
    }
    public String getPhone() {
        return phone;
    }
}
```

```
    public void setPhone(String phone) {
        this.phone = phone;
    }
    public String getAddr() {
        return addr;
    }
    public void setAddr(String addr) {
        this.addr = addr;
    }
    public Integer getState() {
        return state;
    }
    public void setState(Integer state) {
        this.state = state;
    }
    public String getCode() {
        return code;
    }
    public void setCode(String code) {
        this.code = code;
    }

}
```

24.4.3　数据库访问类

数据库访问使用 Dao 包，用来操作数据库驱动、连接、关闭等数据库操作方法，这些方法包括不同数据表的操作方法。本例使用 Hibernate 框架操作数据库，在数据访问层需要继承 HibernateDaoSupport，其中 UserDao.java 实现代码如下：

```
public class UserDao extends HibernateDaoSupport{

    //按名次查询是否有该用户
    public User findByUsername(String username){
        String hql = "from User where username = ?";
        List<User> list = this.getHibernateTemplate().find(hql, username);
        if(list != null && list.size() > 0){
            return list.get(0);
        }
        return null;
    }

    //注册用户存入数据库代码实现
    public void save(User user) {
        this.getHibernateTemplate().save(user);
    }

    //根据激活码查询用户
    public User findByCode(String code) {
        String hql = "from User where code = ?";
```

```
        List<User> list = this.getHibernateTemplate().find(hql,code);
        if(list != null && list.size() > 0){
            return list.get(0);
        }
        return null;
    }


    //修改用户状态的方法
    public void update(User existUser) {
        this.getHibernateTemplate().update(existUser);
    }


    //用户登录的方法
    public User login(User user) {
        String hql = "from User where username = ? and password = ? and state = ?";
        List<User> list = this.getHibernateTemplate().find(hql, user.getUsername(),user.
getPassword(),1);
        if(list != null && list.size() > 0){
            return list.get(0);
        }
        return null;
    }
}
```

24.4.4 控制器实现

控制器使用 Action 包，存放在 cn.CITCfy.shop.action 类包中，设置各个类的响应类，如 user.java 实体的响应实现代码如下：

```
/**
 *
 * @项目名称:UserAction.java
 * @java 类名:UserAction
 * @描述:
 * @时间:2017-10-20 下午 6:44:17
 * @version:
 */
public class UserAction extends ActionSupport implements ModelDriven<User> {
    //模型驱动使用的对象
    private User user = new User();

    public User getModel() {
        return user;
    }
    //接收验证码
    private String checkcode;

    public void setCheckcode(String checkcode) {
        this.checkcode = checkcode;
    }
```

```java
//注入 UserService
private UserService userService;

public void setUserService(UserService userService) {
    this.userService = userService;
}


/**
 * 跳转到注册页面的执行方法
 */
public String registPage() {
    return "registPage";
}


/**
 * AJAX 进行异步校验用户名的执行方法
 *
 * @throws IOException
 */
public String findByName() throws IOException {
    //调用 Service 进行查询:
    User existUser = userService.findByUsername(user.getUsername());
    //获得 response 对象,项页面输出
    HttpServletResponse response = ServletActionContext.getResponse();
    response.setContentType("text/html;charset=UTF-8");
    //判断
    if (existUser != null) {
        //查询到该用户:用户名已经存在
        response.getWriter().println("<font color='red'>用户名已经存在</font>");
    } else {
        //没查询到该用户:用户名可以使用
        response.getWriter().println("<font color='green'>用户名可以使用</font>");
    }
    return NONE;
}


/**
 * 用户注册的方法
 */
public String regist() {
    //判断验证码程序
    //从 session 中获得验证码的随机值
    String checkcode1 = (String) ServletActionContext.getRequest()
            .getSession().getAttribute("checkcode");
    if(!checkcode.equalsIgnoreCase(checkcode1)){
        this.addActionError("验证码输入错误!");
        return "checkcodeFail";
    }
    userService.save(user);
    this.addActionMessage("注册成功!请去邮箱激活!");
```

```java
        return "msg";
}


/**
 * 用户激活的方法
 */
public String active() {
    //根据激活码查询用户
    User existUser = userService.findByCode(user.getCode());
    //判断
    if (existUser == null) {
        //激活码错误的
        this.addActionMessage("激活失败:激活码错误!");
    } else {
        //激活成功
        //修改用户的状态
        existUser.setState(1);
        existUser.setCode(null);
        userService.update(existUser);
        this.addActionMessage("激活成功:请去登录!");
    }
    return "msg";
}


/**
 * 跳转到登录页面
 */
public String loginPage() {
    return "loginPage";
}


/**
 * 登录的方法
 */
public String login() {
    User existUser = userService.login(user);
    //判断
    if (existUser == null) {
        //登录失败
        this.addActionError("登录失败:用户名或密码错误或用户未激活!");
        return LOGIN;
    } else {
        //登录成功
        //将用户的信息存入到 session 中
        ServletActionContext.getRequest().getSession()
                .setAttribute("existUser", existUser);
        //页面跳转
        return "loginSuccess";
    }
```

```
    }

    /**
     * 用户退出的方法
     */
    public String quit(){
        //销毁 session
        ServletActionContext.getRequest().getSession().invalidate();
        return "quit";
    }

}
```

24.4.5 业务数据处理

业务逻辑使用 Service 包，存放在 cn.CITCfy.shop.service 类包中，如 UserService.java 定义了用户实体所有数据访问操作，并实现对 UserDao 的调用，实现代码如下：

```
/**
 *
 * @项目名称:UserService.java
 * @java 类名:UserService
 * @描述:
 * @时间:2017-10-20 下午 6:44:39
 * @version:
 */
@Transactional
public class UserService {
    //注入 UserDao
    private UserDao userDao;

    public void setUserDao(UserDao userDao) {
        this.userDao = userDao;
    }


    //按用户名查询用户的方法
    public User findByUsername(String username){
        return userDao.findByUsername(username);
    }

    //业务层完成用户注册代码
    public void save(User user) {
        //将数据存入到数据库
        user.setState(0); //0:代表用户未激活. 1:代表用户已经激活.
        String code = UUIDUtils.getUUID()+UUIDUtils.getUUID();
        user.setCode(code);
        userDao.save(user);
        //发送激活邮件
        MailUitls.sendMail(user.getEmail(), code);
```

```
    }

    //业务层根据激活码查询用户
    public User findByCode(String code) {
        return userDao.findByCode(code);
    }

    //修改用户的状态的方法
    public void update(User existUser) {
        userDao.update(existUser);
    }

    //用户登录的方法
    public User login(User user) {
        return userDao.login(user);
    }
}
```

24.5 项目打包发行

经过以上章节的学习，我们了解了不少开发知识，但怎么打包发行程序我们还没有了解，下面讲解 Java 项目的打包发行。

打包发行步骤：

（1）右击要打包发行的项目，在弹出的快捷菜单中选择 Export 命令，如图 24-29 所示。

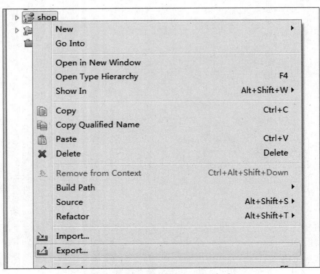

图 24-29 选择 Export 命令

（2）在弹出的 Export 窗口中，如果是 java application 项目，需选择 Java→JAR file 选项，如果是 java web 项目，需选择 MyEclipse JEE→WAR file 选项，本例是一个 java web 项目，选择 MyEclipse JEE→WAR file 选项，单击 Next 按钮，如图 24-30 所示。

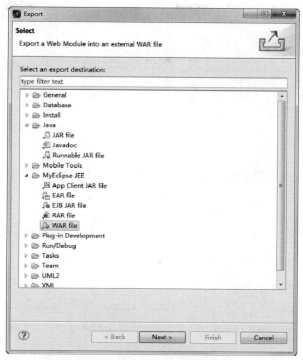

图 24-30　选择导出格式

（3）在窗口中设定 Destination 文本框中的值为 D:\ts\ch24\shop.war，单击 Finish 按钮，完成项目打包，如图 24-31 所示。

图 24-31　导出完成

（4）将打包后的 shop.war 复制到 TOMCAT_HOME\webapps\目录下，如图 24-32 所示。

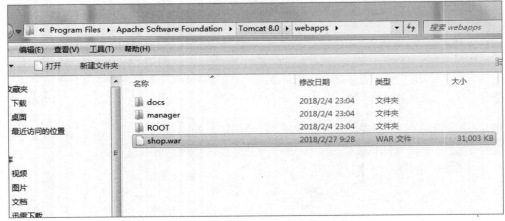

图 24-32　部署包文件到 Web 服务器

（5）在该目录下使用 WinRAR 创建一个 ZIP 文件，如图 24-33 和图 24-34 所示。

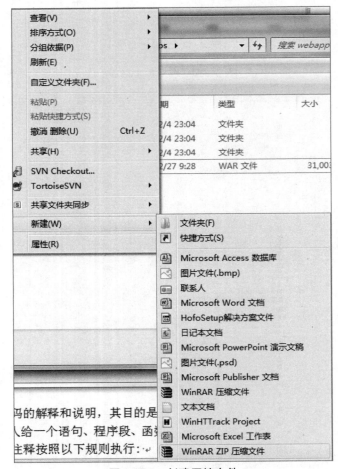

图 24-33　创建压缩文件

图 24-34　创建压缩文件

（6）双击新建 WinRAR ZIP 压缩文件，在打开的界面中单击"向上"按钮，如图 24-35 所示。

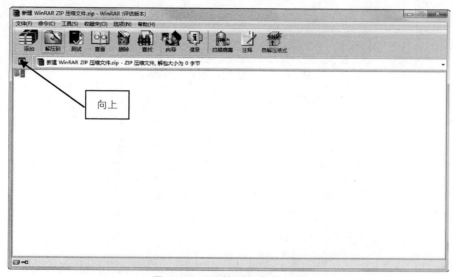

图 24-35　导航到包文件目录

（7）选中项目文件 shop.war，单击"解压到"按钮，在弹出的对话框中单击"确定"按钮，如图 24-36 所示。

图 24-36　解压包文件

（8）文件解压到相应目录中，如图 24-37 所示。

图 24-37　解压后的项目文件夹

至此，就可以启动 Tomcat，浏览相应项目了。